气象新媒体创新与实践

四川省气象服务中心 编

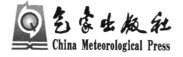

气象出版社
China Meteorological Press

内容简介

随着手机的普及,气象新媒体的传播已经迅速成为当今人们获取气象信息的重要于段之一,气象新媒体编辑也成为近几年来快速发展壮大的一个职业。本书较为系统地介绍了以短信、网站、微博和微信为代表的气象新媒体的定位和编写创作,并选编了 2013 年至 2017 年期间,四川省公众气象服务在新媒体编写中的优秀短信、新闻报道和微博、微信。

本书内容广泛,图文并茂,深入浅出,可供广大气象新媒体编辑参考,也可供广大气象爱好者阅读,还可作为新闻工作者的参考用书。

图书在版编目(CIP)数据

气象新媒体创新与实践 / 四川省气象服务中心编
. --北京 : 气象出版社,2018.7
ISBN 978-7-5029-6815-1

Ⅰ. ①气… Ⅱ. ①四… Ⅲ. ①气象服务-四川 Ⅳ. ①P451

中国版本图书馆 CIP 数据核字(2018)第 172714 号

Qixiang Xinmeiti Chuangxin yu Shijian

气象新媒体创新与实践

四川省气象服务中心 编

出版发行:气象出版社

地　　址:北京市海淀区中关村南大街 46 号	邮政编码:100081	
电　　话:010-68407112(总编室)　010-68408042(发行部)		
网　　址:http://www.qxcbs.com	E-mail:qxcbs@cma.gov.cn	
责任编辑:蔺学东	终　审:张　斌	
责任校对:王丽梅	责任技编:赵相宁	
封面设计:楠竹文化		
印　　刷:北京中石油彩色印刷有限责任公司		
开　　本:787 mm×1092 mm　1/16	印　张:11.125	
字　　数:295 千字		
版　　次:2018 年 7 月第 1 版	印　次:2018 年 7 月第 1 次印刷	
定　　价:70.00 元		

编 委 会

主　　编：詹万志

执行主编：郭　洁

副 主 编：王西波　张登国

编　　委（按姓氏笔画排序）：

序

  四川省是自然灾害频发的省份之一。四川省气象服务中心从 2013 年开始，创新发展气象短信、微博、微信、网站等新媒体，着力打造"四川气象"系列公众气象服务，为政府、公众传递及时准确的气象消息，已经成为气象部门公众气象服务和防灾减灾的重要手段，得到了省委、省政府领导以及社会各界和老百姓的高度赞扬，取得了可喜的成绩。

  "四川气象"官方微博、微信，从设立之初就确定为"身边的气象专家"角色，用新媒体方式解读专业的天气预报，根据不同的天气特点和用户需求，提供多样化、个性化、智能化的服务，通过近五年的耕耘培育，"川川"已经被网友誉为一个接地气、有温度的气象服务公众号。并先后获得"2013 年度全省十大最受欢迎的政务微博""2015 年度最具影响力政务服务微博""2015 年度四川十佳省级部门政务微信""2017 年度最具影响力政务服务微博"等荣誉。

  实践证明，随着社会的发展进步，气象服务产品和信息传播途径只有不断创新，不断满足公众的需求，气象服务才能得到不断的发展。在气象新媒体服务推陈出新的今天，系统分析新媒体在气象服务中的特点及定位是非常关键和重要的，并从定位出发，从各种新媒体的传播特性，研究和梳理不同新媒体的编写和创作，如何提升技术和语言应用能力，信息整合能力也是非常关键的。

  《气象新媒体创新与实践》系统地介绍了以短信、网站、微博和微信为代表的气象新媒体的定位和编写创作，并选编了 2013 年至 2017 年期间，新媒体编写中的优秀短信、气象新闻和微博、微信分类汇编。希望有更多的人关注并探讨如何将新媒体更好地应用到气象服务中去，促进气象信息化的发展，促进公众气象服务的发展。

  我相信，经过我省气象部门长期坚持不懈的努力，"互联网＋服务"必定在公众气象服务和气象防灾减灾中发挥更加重要的作用。

彭广

2018 年 7 月

前　言

在互联网背景下,公众气象服务如何顺应社会发展,满足人民群众对天气预报和气象知识日益增长的需求,成为公众气象服务中亟待解决的问题。四川省气象服务中心从 2013 年开始,探索创新开展气象短信、微博、微信、网站等新媒体传播方式,着力打造"四川气象"系列公众气象服务品牌,获得了极高的社会认可。

四川省气象服务中心是最早在全国开展手机气象短信服务的单位之一。2013 年,四川省气象局与四川移动合作打造了移动自有业务的手机短信品牌"天气与健康",因其内容丰富,形式新颖,使用便利,被四川移动评为年度创新产品。目前,气象短信在我省防灾减灾工作中发挥了重要作用。中国天气网四川站 2009 年正式上线运行,"四川气象"官方微博、微信于 2011 年和 2013 年相继开通,越来越多的新媒体手段被运用到公众气象服务中,每天及时准确地向公众发布权威预报预警信息、传播气象科技知识。

在新媒体服务推陈出新的今天,互联网媒体、掌上媒体、数字互动媒体、车载移动媒体、户外媒体等新媒体形式越来越多样化。因此,分析新媒体在气象服务中的特点及定位是非常关键和重要的,并从定位出发,从各种新媒体的传播特性,研究和梳理不同新媒体的编写和创作,如何提升技术和语言应用能力,信息整合能力也是非常关键的。对于气象编辑人员来说,如何提升其信息获取与创造能力、信息选择与评价能力也将变得越来越重要。

本书就是在这样的背景下,较为系统的介绍了以短信、网站、微博、微信为代表的气象新媒体的定位和编写创作,希望有更多的人关注并探讨如何将新媒体更好地应用到气象服务中去,促进气象信息化的发展,促进公众气象服务的发展。本书共分为三章,分别是气象短信编创、网络气象新闻编创和气象微博、微信的编创。其中气象短信集锦又分为二十四节气、三伏三九、气象灾害、气象科普、专题资讯、健康生活、春光旖旎、暑夏炎炎、秋雨绵绵、寒冬腊月、节日假期、旅游交通、心灵鸡汤等十三个类别;气象新闻集锦中也分为暴雨灾害、强对流天气灾害、暴雪灾害、大雾灾害、霾灾害、高温灾害和专题资讯等七个类别。

本书由詹万志和郭洁全面策划、谋篇布局和最终统稿。第 1 章主要由郭洁、陈洁默、纪欣、粟畅、单莹、蔡冰茹撰写;第 2 章主要由徐诚、孙明撰写;第 3 章主要由陶丽、曾科、粟畅撰写。陶丽、徐诚和潘媞主要负责排版校对,王西波、张登国负责联络协调。

　　本书中有丰富的素材汇编,集中的展示了近年来四川新媒体服务中的优秀短信、文章和微博微信,可以作为气象新媒体编辑掌握气象科普知识,防灾减灾知识和业务知识的工具书。同时也为气象爱好者和广大公众提供走进气象,了解气象提供参考。

　　在四川省气象服务中心的精心组织下,经过数名气象服务专家以及气象出版社编审人员认真细致的工作,《气象新媒体创新与实践》正式出版。

　　我们特别感谢四川省气象局局长彭广对本书出版的支持,感谢四川省气象服务中心原主任王赛西对四川省新媒体气象服务的创新发展做出的重要贡献。

　　本书在编写过程中得到了中国气象局公共气象服务中心、四川省气象局、四川省各市(州)气象局领导以及众多专家的鼓励、支持和帮助,并引入了全国很多同行的思路、观点,在此谨向他们一并表示诚挚的感谢!

　　由于我们水平有限,全书中不免有纰漏和不足之处,热忱希望广大读者给予批评和指正,以便我们进一步改正和改进。

编著者

2018 年 3 月于成都

目　　录

第1章 气象短信的编创

1.1 气象短信定位与编写

随着手机的普及,手机短信息迅速成为当今人们交流和获取信息的重要手段之一,它具有传输速度快、覆盖面广等优点,因而特别适合天气预报等气象信息的传播。从 2000 年开始,全国各省(区、市)气象部门先后开展起气象短信服务业务,利用气象短信为政府、公众提供及时准确的气象消息,已经成为气象部门防灾减灾、为民服务的重要途径之一。手机气象短信息是气象科学与现代通信传输技术相结合的产物,是具有新闻价值和丰富科学内涵的服务性项目,因而气象短信既具备实用性、权威性,同时又充满个性、贴近生活。而随着互联网技术发展,目前手机气象短信业务面临新的挑战。气象短信业务如何转型继续发展,已经成为气象部门关注的重点。

1.1.1 气象短信的定位

气象短信是随着手机的出现、普及而产生的新鲜事物,其最重要的作用就是防止、减少气象灾害对人民造成的危害,造福人民。因此,将手机气象短信定位为具有新闻性的通俗化、人性化的气象科技服务产品是恰当的。

(1)科学性

气象短信作为气象科技产品的一种,应该首先具备科学性,即在制作气象短信的整个过程中,保持气象学科的本质。目前,全国气象短信的制作流程主要有两类:一类是整个制作流程均由天气预报员独立完成,另一类是由专门的短信编写人员根据天气预报员的预报结论编写气象短信。在这两类制作过程中,天气预报的准确性是首要的。其次要确保气象短信编写过程中的用语准确性。在制作气象短信时必须采取严谨的科学态度,不能对预报结论随意曲解和增减,特别是在第二类制作过程中,如果编写人员对近期天气背景知之甚少,不可避免地会发生对预报结论的误解和曲解。所以,在第二类制作过程中预报员和短信编写人员必须加强沟通,预报员除了拿出预报结论以外,还需要交代近期的天气背景,比如气温的变化、天气的转折或持续、灾害性天气出现的强度等,便于引导编写人员的写作思路。最后,必须有特定人员对气象短信进行检查审定,不能让不符合预报结论、语言表达含糊不清、文字错误的预报信息发布给公众,必须经得起用户的推敲。

(2)新闻性

迅捷高效是气象短信显著的特点,因此在坚持科学性的基础上,应突出气象短信的新闻性。手机短信具有"随时、随地、随身"的特点,利用短信传播气象信息,特别是暴雨、雷暴、冰雹、台风、寒潮等灾害性天气预报和灾情信息的传播,将显著提高气象信息的服务时效和范围。

因而,气象短信的新闻性质决定了气象短信编写人员要有一双关注天气的"慧眼",具备在天气变化中找寻气象新闻的敏感性,时时刻刻都能捕捉到天气的"热点",将灾害性、转折性以及异常的天气写入气象短信中,才能引起公众的关注与共鸣。例如,"受冷空气影响,强雷雨云团已移入我省北部,未来将南移,请提醒您的家人和朋友密切关注"的短信息一经发布,将立刻引起公众的警觉,做好防雷雨的准备;又如"昨天 05 时到今天 05 时降水量已达 72.3 毫米"的短信息使广大群众在第一时间了解到了灾害性天气发生强度。气象短信利用短短几个字,就能很好地起到防灾减灾的作用,突出了气象短信的新闻性。

(3)服务性

手机气象短信是一项服务公众、造福人民的服务项目,因此在保持科学性、具备新闻性的同时,应更加注重服务性,这是气象短信的根本要求。只有站在公众的立场上去编写短信,时刻心系群众的冷暖,从生活、交通、旅游、医疗等方面,制作贴近公众、贴近生活的气象短信,公众才会感到亲切,感到实用,才能赢得公众的认可。例如,阴雨天时写上"今吹北风天稍凉,起床加一件长袖衫,出门最好带雨具"的话,流露出气象工作者对群众的关切;在晴天时加上"多好的天,有利于你的外出和旅游,大自然欢迎您!"的话,让人看后情不自禁地想融入丽日晴天中去。还有在不同的节假日中,给出问候、祝福的话语,都能使短信充满人情味,得到公众的认可。

1.1.2　手机气象短信的创意与编写

一年有四季,年年却不同,我们无法找出两个完全相同的天气,因此气象短信也不能固定一个模式,只有紧密结合每天的天气来创作才能赋予其旺盛的生命力。将复杂多变的天气用形象直观的方式表现出来,将阴、晴、雨、雪进行新的组合和创新,在看似相同的天气背景下找出每一天的特殊之处,才是气象短信的创意。目前,气象短信已经由最初的50~60 字发展到现在的 200 字左右,在有限的字数中既要讲述天气,又要兼备服务,所谓字字千金,所以短信的编写就必须思路清晰,突出重点,语言简短生动、通俗易懂。

(1)短信的创意

在了解预报结论和天气背景以后,首先要进行短信的构思,一般的气象短信应具有天气预报和生活提示两方面内容。为了使公众不失去阅读的兴趣,气象短信中的天气预报不能仅仅是预报结论的简单罗列,也不能维持阴、晴、雨、雪的单一模式。比较适当的办法是采用描述天气的手法,叙述天气的连续性或转折性,使天气变化具有情节性,从而使气象短信具有倾向性和感情色彩。例如,"经过凉爽的一周,我们将进入一段炎热的时间""熬过漫漫苦夏,迎来金秋季节"这两条气象短信从人的感觉出发,如讲故事一般指出天气变化和季节转换,让人通俗易懂。此外,再从天气预报出发,有针对性地加上服务用语,帮助公众更好的使用气象短信。

(2)短信的编写

俗话说"隔行如隔山",气象在很多人眼中仍然是深奥的,要使气象短信很快被社会公众接受和喜欢,大量使用通俗易懂的大众语言是必需的。另外,同一风格、同一类型、同一格式的短信若长期使用,将使气象短信缺乏生命力。所以,短信编写人员要细致体验生活,在编写短信时融入自己的亲身体验与想象,使自己的感觉和公众形成共鸣。首先,应大胆借鉴、探索和采用生动活泼、喜闻乐见的写作形式,通过不断创新使气象短信具有旺盛的生命力。如将天气特征采用对联、诗词等中国传统的文学形式表述,不但形式新颖,而且朗朗上口。其次,应扩大视野,将不同的季节、不同的天气条件与人们的起居、健康、心理、活动等结合起来,以人为本,把握公众的心态编写短信。也可以在短信中加入一些人们熟悉的气象谚语、气象知识等,比如"一场秋雨一场凉""一早彩虹西边挂,今日有雨机会大"等,不但可以简练准确地表述天气,还能普及气象科学。再次,气象短信中的语言要尽量活泼、优美而生动,富有亲切感、贴近群众,在写作时可借鉴比喻、夸张、拟人等多种修辞手法。如采用拟人的手法将让人畏惧的台风、雷暴等剧烈天气人性化处理,将使严肃的话题顿时变得轻松。

（3）短信的格式

气象短信服务产品一般分定时和不定时两类。定时产品以点播、包月定制方式提供服务。不定时产品则是以突发性、灾害性、各种重要消息(包括暴雨消息、大风消息、高温消息、降水量消息等)为主要内容。各地气象局每天将所属地县局定时预报产品,按规定时间上传至省气象业务平台,业务平台按时完成气象短信定时服务产品的审核工作,并及时提交到气象短信平台统一发布。如遇突发性、灾害性、重要消息等天气时,由省级气象部门按有关规定签发后,可随时以短信群发方式向有关领导、防汛抗旱指挥部和受灾害影响地区用户发布,并注明气象信息来源和发布时间。气象短信发布时应注明气象信息的来源,标明发布该信息气象台站的名称和时间。可成立专门的气象短信审查小组,确保气象信息及时播发和信息安全,杜绝错发、漏发和滞发的现象,保障气象短信服务达到及时、准确、规范和高效的质量。

气象短信的发展已有十几年的历史,并逐渐形成了一定的模式。例如,自2013年起推出"天气与健康"短信产品,经过几年的摸索,"天气与健康"短信形成了"短信关键词(【】)＋7天天气＋分隔符(★)＋生活提示语"的模式。其中,生活提示语一般紧扣未来一周内天气状况可能带来的生活影响、周边已经发生的天气对沿线城市带来的影响提示,以及节气、重大节日等温馨提示用语。例如,【气温先降后升】新的一周晴好无雨,除了今夜冷空气会来小骚扰一番,明天气温有小幅下降之外,后天起气温就像坐火箭一样要直冲云霄啦。终于可以跟厚重的大衣说拜拜了。★今天多云,7到21℃,明天8到16℃,后天5到19℃。★怎么穿衣您自己看着办吧,但千万不要感冒哦,不要迷信板蓝根,感冒了要多喝白开水哦!

随着气象短信在防灾减灾中的进一步推广,使用气象短信的用户也逐步增长并保持,因此,科学、系统地做好气象短信是气象科技服务中的重要课题,每一位从事气象短信工作的人员都应该不断总结、不断学习、不断创新,心系群众,围绕服务来创作每一条短信,实现"寓气象于乐""寓气象于日常生活",形成真正具有气象特色的手机短信。

1.2　气象短信集锦

1.2.1　二十四节气

二十四节气,是中国古代订立的一种用来指导农事的补充历法,是我国劳动人民长期经验的积累和智慧的结晶。二十四节气的命名反映了季节、物候现象、气候变化。反映四季变化的节气有立春、春分、立夏、夏至、立秋、秋分、立冬、冬至8个节气,其中立春、立夏、立秋、立冬齐称"四立",表示四季开始的意思。反映温度变化的有小暑、大暑、处暑、小寒、大寒5个节气。反映天气现象的有雨水、谷雨、白露、寒露、霜降、小雪、大雪7个节气。反映物候现象的有惊蛰、清明、小满、芒种 4 个节气。

二十四节气歌
李秋林（当代）

春雨惊春清谷天，夏满芒夏暑相连，

秋处露秋寒霜降，冬雪雪冬小大寒。

每月两节不变更，最多相差一两天。

上半年来六、廿一，下半年来八、廿三。

立春

立春是农历二十四节气中的第 1 个节气。立春是从天文上来划分的，即太阳到达黄经 315°时。立春是汉族民间重要的传统节日之一。"立"是"开始"的意思，自秦代以来，中国就一直以立春作为孟春时节的开始。所谓"一年之计在于春"，春是温暖，鸟语花香；春是生长，耕耘播种。立春之日迎春已有三千多年历史，中国自官方到民间都极为重视。立春时，天子亲率三公九卿、诸侯大夫去东郊迎春，祈求丰收。回来之后，要赏赐群臣，布德令以施惠兆民。这种活动影响到庶民，使之成为后来世世代代沿袭的全民的迎春活动。

立　春
左河水（当代）

东风带雨逐西风，大地阳和暖气生。

万物苏萌山水醒，农家岁首又谋耕。

【明日立春】　今晚到明天白天多云间阴，早上局部有雾，气温 2～12℃；4 日晚到 6 日阴转多云；7 日阴天，8 到 10 日以多云或阴天间多云天气为主，气温逐渐回升。★明天是二十四节气中的立春，俗语说得好：立春雨水到，早起晚睡觉；要想庄稼好，一年四季早。同时今年的春运大幕也正式拉开了，提醒返程的朋友要随时关注天气变化，注意交通安全，祝您开心地上路，平安地返家！

【明日立春】　立春是二十四节气中的第一个，表示着春天的开始。俗语说得好：立春雨水到，早起晚睡觉；要想庄稼好，一年四季早。大家准备好迎接春天了吗？★今晚到明天白天多云转阴，气温 10～14℃；明晚到 6 日阴有小雨，气温 6～13℃。

【今日立春】　今晚到明天白天多云，局部地区早上有雾，气温 2～12℃；5 日晚到 7 日以多云天气为主，其中 6 日晚阴天；8 到 11 日以多云或阴天间多云天气为主。★今天迎来二十四节气之首"立春"。立春节气的到来标志着寒冬即将过去，春季即将来临。但是节气立春与气候上的春季还有很大差别，还是要谨防"倒春寒"和多种疾病。听说，立春的这一天可以决定一年的运气，这一天大家不要说不吉祥的话，不能吵架，不能搬弄是非。

【冷空气来袭】　立春刚过，冷空气尾随而来，准备把厚衣服收起来的朋友先不要着急了，春捂秋冻还是有必要的。抓紧最后的假期，尽情地玩耍、努力地玩耍。★今晚到明天白天阴转小雨，气温 9～13℃；明晚到 6 日阴天，气温 7～12℃；7 日多云转阴，气温 4～14℃。

【萌动生机待绿田】　今晚到明天白天多云，气温 2～14℃；20 日晚到 22 日阴天有小雨；23

到 24 日阴天有小雨;25 到 26 日阴天间多云。★如果说"立春"是春天到来前的第一乐章"奏鸣曲",那么"雨水"之后,便进入了走向春天的第二乐章"变奏曲",乍寒乍暖。随着空气中水分增加,导致寒中有湿,寒湿之邪最易困扰脾脏。因此,雨水前后应着重养护脾脏。

【好天迎好年】 今晚到明天白天阴天有小雨转多云,气温 1～13℃;4 日晚到 9 日以多云为主;10 日阴天,有分散小雨。★阴沉天气在今晚结束,明日开始天气将逐渐转好,老天爷也是知晓春节将至,"改头换面"迎接新年。明日就是立春,预示着春季的到来,万物有了勃勃生机,一年四季从此开始。

雨水

雨水是二十四节气中的第 2 个节气。每年的正月十五前后(公历 2 月 18—20 日),太阳黄经达 330°时,是二十四节气的雨水。此时,气温回升、冰雪融化、降水增多,故取名为雨水。雨水节气时段一般从公历 2 月 18 日或 19 日开始,到 3 月 4 日或 5 日结束。雨水和谷雨、小雪、大雪一样,都是反映降水现象的节气。

《月令七十二候集解》中有"正月中,天一生水。春始属木,然生木者必水也,故立春后继之雨水。且东风既解冻,则散而为雨矣"。意思是说,雨水节气前后,万物开始萌动,春天就要到了。如在《逸周书》中就有雨水节后"鸿雁来""草木萌动"等物候记载。

春夜喜雨

杜甫(唐)

好雨知时节,当春乃发生。

随风潜入夜,润物细无声。

野径云俱黑,江船火独明。

晓看红湿处,花重锦官城。

【春雨贵如油,大雁始北归】 明天"雨水"节气,乍暖还寒,抵抗力较低的老人和孩子不要过早地脱掉棉衣,谨防感冒。★今晚到明天白天多云,气温 0～11℃;19 日晚到 20 日白天,多云转阴;20 日晚上到 21 日白天,阴间多云。

【生物盼甘霖,春风把手招】 今晚到明天白天多云,气温 2～12℃;明晚到 21 日白天阴间多云,局部阵雨;21 日晚到 22 日白天多云间阴。★雨水节气除了要"春捂"外,还要常开窗,保持空气清新;饮食少酸多甜,早睡早起。

【你好,羊年!今日雨水】 今晚到明天阴天间多云,早上局部有雾,气温 10～17℃;21 到 22 日多云间阴;23 到 24 日多云;25 到 26 日阴天间多云。★"百年难逢水浇春"——今年雨水节气,恰逢正月初一。天文专家表示,雨水和春节同一天属于小概率事件,更加增添了春天的气息。这一天正处在数九的"七九"第 6 天,已经是"七九河开,八九燕来"的时节。

【雨水节气护脾脏】 今天晚上到明天白天多云间阴,气温 7～18℃;19 日晚到 20 日多云转小雨;21 到 22 日阴天有小雨;23 到 25 日阴天间多云为主。★雨水节气过后,随着空气中水分的增加,寒湿之邪更容易困扰脾脏,应注意加强对脾脏的养护。

惊蛰

　　惊蛰，古称"启蛰"，是农历二十四节气中的第 3 个节气，标志着仲春时节的开始，即太阳到达黄经 345°时。《月令七十二候集解》中有"二月节……万物出乎震，震为雷，故曰惊蛰，是蛰虫惊而出走矣"。此前，动物入冬藏伏土中，不饮不食，称为"蛰"；到了"惊蛰节"，天上的春雷惊醒蛰居的动物，称为"惊"。故惊蛰时，蛰虫惊醒，天气转暖，渐有春雷，中国大部分地区进入春耕季节。

惊　蛰
长卿（公元前）

陌上杨柳方竞春，塘中鲫鲥早成荫。

忽闻天公霹雳声，禽兽虫豸倒乾坤。

　　【惊蛰节气】　今晚到明天白天多云间阴，气温 6～14℃；7 日晚到 9 日多云间晴；10 到 13 日以阴天间多云到多云间晴天气为主，其中 10 到 11 日部分地区有小雨。★今天是二十四节气的惊蛰，标志着万物复苏，但天气干燥，容易上火，饮食应以清淡为主，少油腻，多补水，合理安排作息，防止春困。天气转好，气温回升，这样的天气很适宜外出踏青访友。

　　【今日惊蛰】　惊蛰时节尽管天气转暖，但冷空气活动仍较频繁，天气变化快，尤其是早晚和中午的温差相当大，很容易着凉感冒，并引起呼吸道疾病。★今天晚上到 7 日白天阴天有间断小雨，气温 7～12℃；7 日晚上到 8 日白天小雨转阴天间多云；8 日晚上到 9 日白天多云。

　　【今日"惊蛰"】　今天白天到晚上阴天有小雨，气温 8～13℃；6 日阴天，早晚有小雨；7 到 9 日阴天间多云。★今天是二十四节气的惊蛰，标志着万物复苏，但天气干燥，容易上火，饮食应以清淡为主，少油腻，多补水，合理安排作息，防止春困。

　　【明日惊蛰节气】　今晚到明天白天阴天有小雨，气温 8～13℃；5 日晚到 6 日白天阴天有小雨；6 日晚到 7 日小雨转阴；8 到 11 日多云间阴。★明天是惊蛰节气，指的是春雷始鸣，惊醒蛰伏冬眠的动物，不仅标志春耕开始，也表示天气冷暖变化频繁，要注意预防感冒哦。

　　【惊蛰】　今天晚上到明天白天多云间晴，气温 8～23℃；6 日晚到 7 日多云转阴；8 到 10 日，将有一次明显的降温天气过程，日平均气温将累计下降 7～9℃，大部地区有小雨，部分地区中雨，局地大雨。★今日"惊蛰"节气，惊蛰是指天气回暖，春雷始鸣，惊醒蛰伏于地下冬眠的昆虫。惊蛰不仅是春耕农活开始忙碌的标志，也是天气冷暖变化频繁的时候，应当注意预防感冒的发生。

春分

　　春分，是春季九十天的中分点，二十四节气之一，每年二月十五日前后（公历为 3 月 20—21 日期间），即太阳位于黄经 0°（春分点）时。春分这一天太阳直射地球赤道，南北半球季节相反，北半球是春分，在南半球来说就是秋分。春分是伊朗、土耳其、阿富汗、乌兹别克斯坦等国的新年，有着 3000 年的历史。《月令七十二候集解》中有"二月中，分者半也，此当九十日之半，故谓之分。秋同义"。《春秋繁露·阴阳出入上下篇》中说："春分者，阴阳相半也，故昼夜均而寒暑平。"

偷声木兰花·春分遇雨

徐铉（宋）

天将小雨交春半，谁见枝头花历乱。

纵目天涯，浅黛春山处处纱。

焦人不过轻寒恼，问卜怕听情未了。

许是今生，误把前生草踏青。

【明日春分】　今晚到明天白天多云间晴，气温 7～23℃；21 日晚到 22 日白天阴天间多云；22 日晚到 23 日多云转阴；24 日到 25 日阴天为主，部分地区有小雨；26 日到 27 日以多云为主。★明天是春分节气，又是农历二月初二，人们认为这天理发会鸿运当头，有"二月二剃龙头，一年都有精神头"的说法。春光无限，春风拂面，桃花的红、梨花的白、油菜花的黄、垂柳的绿构成了绚丽多彩的春日美景。

【春分时节春过半　白天夜晚无长短】　今日春分，这一天，太阳位于赤道的正上方，昼夜持续时间几乎相等；春分正当春季三个月之中，平分了春季，故称"春分"。★24 日开始转为多云到晴天气，气温有所回升。其中 27 日晚部分地方有小雨。各区县今晚到明天白天阴转小雨，气温 8～15℃；明晚到后天阴天间多云，气温 8～16℃；23 日晚到 24 日阴转多云，气温 8～18℃。

【今日"春分"】　今天晚上到明天白天阴转小雨，局部中雨，气温 11～16℃；21 日晚到 22 日小雨转阴；23 到 24 日阴天有阵雨或小雨；25 到 27 日阴天间多云。★春分时节，天气变化频繁，气温忽冷忽热，减衣不宜过早过多。同时，还要多喝水，定时作息，规律睡眠。

【今日春分】　今天白天到晚上多云，气温 9～20℃；21 日小雨；22 日多云间晴；23 日多云转小雨；24 日阴有小雨。★今天是"春分"节气，昼夜长短平均，气温回升；饮食应讲求"和"，不吃偏热或偏寒的食物。

【听，雨水的脚步声近了】　今天晚上到明天白天阴天有小雨，气温 13～18℃；21 日晚到 22 日阴天有小到中雨；23 日阴天有中雨；24 日小雨，部分地方有中雨；25 日小雨转阴；26 到 27 日多云。★短暂的周末即将结束，好天气也将会随着这个周末一同离去。阴云已经占据天空，听，雨水的脚步声也近了，外出记得带上雨伞哦！春分饮食忌大热大寒，力求中和。

清　明

清明节是中国重要的"时年八节"之一，一般是在公历 4 月 5 日前后，节期很长，有"10 日前 8 日后"及"10 日前 10 日后"两种说法，这近 20 天内均属清明节。清明节原是指春分后 15 天，1935 年"中华民国"政府确定 4 月 5 日为国定假日清明节，也叫作民族扫墓节。

《历书》中有"春分后十五日，斗指丁，为清明，时万物皆洁齐而清明，盖时当气清景明，万物皆显，因此得名"。清明一到，气温升高，正是春耕的大好时节，故有"清明前后，种瓜点豆"之说。

清　明

杜牧（唐）

清明时节雨纷纷,路上行人欲断魂。

借问酒家何处有,牧童遥指杏花村。

【说好的清明雨,今夜就来】　今日清明,赶早踏青扫墓的同志们是否已经隐约感到一丝凉意,说好的降雨今晚就到,届时小雨淅沥,局部中雨;明天到后天阴间多云,早、晚的阵雨带来些许凉意,雨后天清地明,适宜游春踏青,不过这个小长假出游,保温防雨措施必不可少哦!

【清明时节】　太阳暂时隐去了身影,如油的春雨纷纷洒落大地,做一个长长的深呼吸,感觉空气质量是不是好了许多呢?温馨提醒小长假期间出门踏青扫墓的朋友们要带好雨具,同时一定要注意野外用火安全,谨防引发火灾。★小长假天气:4 日晚到 5 日白天阴天有小雨,气温 12～17℃;5 日晚到 6 日白天小雨转多云,气温 13～22℃;6 日晚到 7 日白天晴间多云;8到 9 日多云间晴为主,10 到 11 日有阵雨。

【阴雨袭来】　今天晚上到明天白天阴天间多云,早晚有小雨,气温 13～18℃;2 日晚到 4日阴天间多云天气为主,早、晚有小雨;5 到 6 日多云间阴;7 到 8 日阴天间多云,部分地方有小雨。★愉快的清明小长假就要到了,然而好天气将暂告一段落,阴雨天卷土重来。

【维持阴云天】　今晚到明天白天小雨转阴,气温 11～18℃;3 日晚到 4 日多云间阴,早、晚有小雨;5 到 6 日以多云为主;7 到 9 日阴天间多云,部分地方有小雨。★清明假期,祭扫高峰,大家要提高防火意识,注意用火安全;建议多使用鲜花,尽量减少使用明火。

【春天的气息】　今日小雨转阴天,气温 13～19℃;31 日到 4 月 1 日多云间晴;2 到 5 日阴天间多云,早晚有小雨。★天气不冷不热,陪伴我们的是祥和的云、柔情的风。花儿绽放甜美娇艳,蝶舞蜂鸣诉说着诗意。清明扫墓时切记要注意用火安全哦。

【阳光渐隐】　今天白天到晚上阴天间多云,局部有小雨,气温 12～20℃;30 日阴天有小雨;31 日到 4 月 1 日多云间阴;2 日阴天间多云,局部有小雨。★温馨提醒:清明前后为森林火灾的高发时期。因此在户外扫墓祭拜时一定要格外小心,避免烛火引燃草木从而引发火灾。

【明日清明节】　今天晚上到明天白天阴天间多云,午后到傍晚局部地方有阵雨,气温 15～25℃;4 日晚到 6 日阴天有阵雨或小雨;7 到 8 日阴天转阵雨,局部中到大雨;9 到 10 日阵雨转多云。★明日清明节,"万物生长此时,皆清洁而明净,故谓之清明"。天空云层将逐渐增厚,局部地方偶有雨水的光临,天气还是比较给力,漫步在最美的 4 月,到处都是葱绿苍翠、清香入肺,到处都是唯美惊喜,到处都是"百花娇艳争颜,心灵释然沉醉花间"。

【感受春韵】　今天晚上到明天白天阴天转多云,夜间局部地方有小雨,气温 12～24℃;3日多云间晴;4 日多云间阴,局部地方有小雨;5 到 6 日阴天,早晚多阵雨或小雨,7 到 8 日阴天转阵雨。★一声声清翠悦耳的鸟鸣,唤醒了最美的 4 月天,扑面而来的沁脾花香,展示着华美优雅的春之韵味,清明节期间,云层缠绵着天空,天气平稳,气温舒适,降水弱,适宜外出活动哦。

【阴雨天气重返】　今晚到明天白天阴天间多云,局部小雨,气温 11～19℃;28 日晚到 29日白天阴有小雨;29 日晚到 30 日白天小雨转晴;31 日到 4 月 1 日以白天多云为主;4 月 1 日晚到 2 日阴天有阵雨。★阴天搭档小雨,清洗着天空,连街边绿树红花都格外耀眼。清明前后,阴雨天和扫墓更配哦。雨后野径湿滑,扫墓祭祀注意安全,最好穿上轻便防滑的鞋子。

【清明阴云覆盖】 "万物生长此时,皆清洁而明净,故谓之清明。"昨夜的雷雨带来了一片宁静,随着冷空气深入,空气质量得到进一步改善。不过气温下降,雨后轻寒,外出穿衣不可再任性,出门踏青还要带伞添衣。★今晚到明天白天阴天有小雨,气温12～16℃;6日晚到7日阵雨转阴天间多云,7日晚到8日阴天间多云,局部阵雨;9到11日阴天间多云,部分地方有小雨。12日多云。

谷雨

谷雨是二十四节气的第6个节气,也是春季最后一个节气,每年4月19—21日时太阳到达黄经30°时为谷雨,源自古人"雨生百谷"之说。同时也是播种移苗、埯瓜点豆的最佳时节。

"清明断雪,谷雨断霜",气象专家表示,谷雨是春季最后一个节气,谷雨节气的到来意味着寒潮天气基本结束,气温回升加快,大大有利于谷类农作物的生长。

送前缑氏韦明府南游

许浑(唐)

酒阑横剑歌,日暮望关河。

道直去官早,家贫为客多。

山昏函谷雨,木落洞庭波。

莫尽远游兴,故园荒薜萝。

【降雨因故延迟至今晚】 不知是不是为了配合明日的谷雨节气,今日老天爷才招来风神开始造势,说好的昨日降雨因故延迟到今晚,未来两日云层较厚,时而有不服输的阳光穿透,气温16～27℃。明日谷雨,意味着春姑娘将功成身退,夏姑娘将华丽登场,周末抓紧体验春的气息吧,错过机会再等一年!

【明日谷雨】 明日谷雨节气,盆地谷雨前后的降雨,常常"随风潜入夜,润物细无声",这是因为"巴山夜雨"以4、5月份出现机会最多;"蜀天常夜雨,江槛已朝晴",这种夜雨昼晴的天气,非常适宜周末出游踏青。★今晚到明天白天多云转阴,气温18～25℃;20日晚到22日阴间多云有阵雨或雷雨,其中21日晚局部地方中到大雨;23到24日多云转阵雨;25到26日阴转多云。

【谷雨时节雨纷飞】 今天是春季最后一个节气谷雨,此时气温适宜,雨量充足而及时,有利于各类农作物的生长。★今晚到明天白天阴有小雨,局部中雨,气温15～20℃;21日晚到22日白天阴天间多云有阵雨,22日晚到23日多云间阴;24到25日小到中雨转阴天;26日到27日阴间多云转多云。

【今日谷雨】 今天晚上到明天白天阴转多云,夜间部分地方有阵雨,气温15～27℃;20日晚到21日多云转阴,21日晚到22日小雨转阴;23到26日以阴天间多云天气为主,早晚多阵雨。★今日是谷雨,春天的最后一个节气。俗话说,清明宜晴,谷雨宜雨。谷雨以后,降水逐渐增多,气温回升加快,大大有利于谷类农作物的生长。此后大地将逐渐呈现出柳絮飞落、杜鹃夜啼、牡丹吐蕊、樱桃红熟的景象。

【谷雨节气雨水有约】 今晚到明天白天阴天间多云有阵雨或雷雨,气温16～24℃;20日晚到 21 日小雨转多云;22 到 23 日多云为主;24 日阴有阵雨;25 到 26 日多云间阴。★明天就是二十四节气的谷雨,暂别多日的雨水将与我们有约,不见不散哦!

【清新舒适的天气】　今天白天到晚上阴转多云,气温 12～24℃;22 日多云间晴;23 日晚到 24 日阴天有阵雨;25 日阴转多云。★雨生百谷,昨晚的雨还真应了“谷雨”的景,目前降雨已经结束,雨后空气更是格外清新,天气开始逐渐转好。祝各位周五愉快。

【雨水过后阳光可待】　雨水的飘洒换来了清新的空气,大可外出尽情感受呼吸。天气渐渐转好,阳光重返大地。明日是谷雨节气,是春季最后一个节气。此时节,春花开满枝头,杨花柳絮飞舞,过敏体质的人应做好防护。★今晚到明天白天多云,气温 12～26℃;20 日晚到 22 日阴天,有阵雨或小雨;23 到 24 日阴天为主,有阵雨或小雨;25 到 26 日多云间阴。

立夏

立夏是农历二十四节气中的第 7 个节气,夏季的第一个节气,表示盛夏时节的正式开始,太阳到达黄经 45°时为立夏节气。“斗指东南,维为立夏,万物至此皆长大,故名立夏也。”

《月令七十二候集解》中有“立夏,四月节。立字解见春。夏,假也。物至此时皆假大也”。在天文学上,立夏表示即将告别春天,是夏天的开始。人们习惯上都把立夏当作是温度明显升高,炎暑将临,雷雨增多,农作物进入旺季生长的一个重要节气。

立　夏

陆游(南宋)

赤帜插城扉,东君整驾归。

泥新巢燕闹,花尽蜜蜂稀。

槐柳阴初密,帘栊暑尚微。

日斜汤沐罢,熟练试单衣。

【明日立夏】　今天晚上到 5 日白天小雨转阴,气温 16～25℃;5 日晚上到 6 日白天阴天转小雨,气温 17～26℃。★明日就是“立夏”节气,表示正式进入夏天。进入立夏后气温逐步升高,炎暑步步临近,雷雨逐渐增多,农作物进入旺季生长时期。

【二十四节气之立夏】　未来三天都是以阴天有小雨的天气为主,局部中雨,气温 16～23℃。★阴雨天气请勤带雨具,并及时添加衣物,谨防感冒。多吃蔬菜与水果,提高身体的抵抗力。今天是“立夏”节气,人们有吃竹笋、豆腐、槐豆、李子等习俗,寄托着祈福保平安的愿望,还有吃青梅、烧青茶,以防“蛀夏”。

【夏的气息】　今晚到 7 日多云,气温 15～27℃;8 日阴天有阵雨或雷雨;9 日阴天间多云,早晚阵雨;10 日阴天有小雨;11 到 12 日多云为主。★天气维持晴好,太阳热情微笑,气温继续升高,夏意显露头脚。今日立夏,未来几天天气晴好,气温回升,你准备好告别春天,迎接夏天了吗?

【雨水落,气温降】　今晚到明天白天阴天有阵雨或雷雨,局部地方中雨,明日气温 16～23℃;明晚到 8 日白天阴天有小雨,局部中到大雨;8 日晚上到 9 日白天阵雨转阴。★立夏时节本应阳光明媚、气温攀升,但近日的气温却并不同步,凉煞人也。各位朋友,出门记着穿外套,小心“流清鼻涕”哦!

【舒适周末】　今天白天到晚上阴天间多云,晚上部分地方有小雨,气温 13～21℃;7 日阴转多云;8 到 10 日以多云为主。★立夏节气后,天气渐热,易烦躁不安,此时节养生须遵循"静心养肝戒躁怒"的原则。

【雨水早晚来报道】　今晚到明天白天阴天间多云,早晚有小雨,气温 13～21℃;6 日晚到 7 日阵雨转阴大间多云;8 到 12 日以多云到晴天气为主。★今儿虽是立夏节气,但也让我们感受到了本次冷空气的实力。明天早晚雨水不休假,温度稍有回升,请及时添减衣物哦。

【"立夏"节气遇雨水】　今日阴天有阵雨,降雨时伴有 4 到 6 级偏北风,气温 17～22℃;6 日阴天有阵雨;7 日阵雨转多云;8 到 9 日多云。★今天是二十四节气中的"立夏"。天空阴沉雨飘洒,驾车出行防路滑。

【多云伴"立夏"】　今晚到明天白天多云间阴,午后局部地方有阵雨或雷雨,气温 18～31℃;5 日晚到 7 日中雨,局部地方大雨到暴雨;8 日小雨转多云;9 到 11 日多云间晴为主。★明天就是"立夏"了,立夏之后,天气逐渐转热,饮食上宜清淡,应以易消化、富含维生素的食物为主,大鱼大肉和油腻辛辣的食物要少吃。

【雨水压境】　今天晚上到明天白天阴天有中到大雨,局部地方暴雨,气温 18～25℃;7 日晚到 8 日小雨;9 日多云;10 到 12 日以多云天气为主;13 日阴天有小雨。★持续的高温在"立夏"节气后"歇了口气",大范围的雨水将席卷而至。雨天路况差,请注意交通安全。降雨较强时尽量避免外出。

【立夏吃只蛋,石板会踏烂】　5 日晚上到 7 日白天有阵雨或雷雨,雨量中雨到大雨,局部暴雨,主要降雨时段在 6 日晚上到 7 日白天;8 到 11 日以多云天气为主。★今天是夏季的第一个节气——立夏,这一天后气温明显升高,万物成形,雷雨增多,开始进入多雨闷热的时期。立夏时节有利于心脏的生理活动,应特别养护心脏;膳食应以低脂、低盐、多样、清淡为主。立夏当天吃茶叶蛋,会有强健的体魄。

【渐热立夏时节】　今晚到明天白天多云,午后到傍晚有阵雨,气温 17～30℃;7 日晚到 8 日白天阵雨转多云;8 日晚到 9 日白天多云间晴;10 到 12 日晴阴相间,13 日有阵雨或雷雨。★今日立夏,你有迎夏尝新吗? 这可是习俗呢。未来 3 到 5 天气温呈上升态势,饮食要注意清淡,心情也不要焦躁,来碗养生粥,补水养胃护脾。

【立夏升温】　今晚到明天白天阴天间多云,夜间局部地方有阵雨,气温 16～28℃;6 日晚到 7 日白天多云;7 日晚到 8 日阵雨转多云;9 到 12 日以晴好天气为主。★转眼之间,已是"立夏"节气,这也预示着就要进入全年最为炎热的季节。你准备好了吗? 明天气温上升,注意补水哦!

小满

小满,是二十四节气之一,一般在每年 5 月 20—22 日,太阳到达黄经 60°时开始。《月令七十二候集解》中有"四月中,小满者,物至于此小得盈满"。这时中国北方夏熟作物籽粒逐渐饱满,早稻开始结穗,在禾稻上始见小粒的谷实满满的,南方进入夏收夏种季节。小满——其含义是夏熟作物的籽粒开始灌浆饱满,但还未成熟,只是小满,还未大满。农家,从庄稼的小满里憧憬着夏收的殷实。

小　满

欧阳修（宋）

夜莺啼绿柳，皓月醒长空。

最爱垄头麦，迎风笑落红。

【未来三天气温继续攀高】　今晚到 22 日白天多云间晴，气温 19～33℃；22 日晚上到 23 日白天多云间阴，局部地方有雷雨。★气温节节高，"热"字心头绕，"遮阳伞、太阳镜、防晒霜"防晒三宝要带好。明日是"小满"节气，是指谷物将结穗盈满，但尚未成熟。

【今日小满】　今晚到明天白天多云间晴，气温 19～33℃；22 日晚上到 23 日白天多云转阴，部分地方有雷阵雨，气温 20～30℃；23 日晚上到 24 日白天阴有中雷雨，局部地方大雨到暴雨。★今日小满，预示着闷热、潮湿的天气也即将来临。此时，要注意作息时间，必要时准备一些常用的防暑降温药品。

【小满至夏初始】　今晚到明天白天阴转多云，气温 18～27℃；22 日晚到 23 日白天阵雨转多云，23 日晚到 24 日小到中雨转阴间多云；25 日晚阴有阵雨；26 到 28 日多云。★今日小满啦！养生注意要保证睡眠时间，以保持精力充沛。进入小满后，气温不断升高，人们往往喜爱用冷饮消暑降温，但冷饮过量会导致腹痛、腹泻等病症。气温上升，人们也易感到烦躁不安，此时要调适心情。此时的着装宜宽松舒适，通风透凉，有利于散热。

【小满节气】　今晚到明天白天小雨转阴天间多云，午后到傍晚前后局部有短时阵性大风，气温 19～27℃；22 日晚到 25 日阴天间多云，早晚多阵雨；26 到 28 日以多云为主。★今天是小满节气，应以清淡的素食为主，注意多饮水，别贪凉，多吃蔬果。

【今日迎小满】　今天晚上到明天白天阴天，夜间部分地方有阵雨，气温 19～25℃；22 日阴天有大雨；23 日小雨转多云；24 日多云；25 到 27 日阴天有分散阵雨。★今日是小满节气，其含义是夏熟作物的籽粒开始灌浆饱满，但又还未成熟。这里把"满"用来形容雨水的盈缺，指出小满时田里如果不蓄水，就可能造成田坎干裂，甚至芒种时也无法栽插水稻。

【今日小满节气】　今晚到明天白天阴有小到中雨，个别地方大雨，气温 16～22℃；明晚到 23 日白天阵雨转多云；23 日晚到 24 日多云；25 到 27 日为阴天到多云天气，早晚多阵性降雨；28 日阴有阵雨。★小满是夏季的第二个节气，此时夏熟作物的籽粒开始灌浆盈满，但还未成熟，尚未完全饱满，故名小满。小满的到来，预示着夏季闷热潮湿的天气将要来临。此时节，要注意防暑祛湿，预防皮肤病，也要避免过量吃冷食，保护脾胃。

芒　种

芒种是二十四节气之一，是二十四节气中的第 9 个节气，在公历 6 月 6 日或 7 日，此时太阳到达黄经 75°的位置。芒种是反映农业物候现象的节令。其中"芒"指大麦、小麦等有芒作物种子已经成熟，将要收割；"种"指晚谷、黍、稷等夏播作物正是播种最忙的季节。由于天气炎热，已经进入典型的夏季，农事种作都以这一时节为界，过了这一节气，农作物的成活率就越来越低。芒种时节天气炎热，中国长江中下游地区将进入多雨的梅雨季节。

芒种后积雨骤冷三绝
范成大（宋）

梅霖倾泻九河翻，百渎交流海面宽。
良苦吴农田下湿，年年披絮插秧寒。

【阳光如影随形】　今晚到明天白天多云间晴，气温 18～32℃；6 日晚到 7 日多云间阴；8 到 10 日阴天有小雨，局部中雨；11 到 12 日多云。★"芒种"遇上太阳天，简直不要太配，阳光持续在线的日子里，防暑防晒必不可少。

【今日芒种节气】　今天白天到晚上多云间晴，气温 18～31℃；6 到 7 日多云；8 到 9 日阴天有小到中雨。★今儿天空晴朗，阳光绚烂，注意调整着装。今日是芒种节气，表示仲夏时节的正式开始。"芒种"二字谐音，表明一切作物都在"忙种"了。

【芒种节气到，农夫地头忙】　6 日晚上阴有阵雨；7 日白天多云间阴，气温 19～30℃；7 日晚到 9 日以多云为主；10 日多云；11 日阴有阵雨或雷雨，局部中到大雨；12 到 13 日多云。★今天是"芒种"，预示着农民开始了忙碌的田间生活。芒种期间的饮食宜以清补为主，可以多食蔬菜、豆类、水果，如菠萝、苦瓜、西瓜、荔枝、芒果、绿豆、赤豆等。明天开始高考，高三的同学们加油呀！你们是最棒的！

夏 至

夏至是二十四节气之一，在每年公历 6 月 21 日或 22 日。夏至这天，太阳直射地面的位置到达一年的最北端，几乎直射北回归线，此时，北半球各地的白昼时间达到全年最长。对于北回归线及其以北的地区来说，夏至日也是一年中正午太阳高度最高的一天。在北京地区，夏至日白昼可长达 15 小时，正午太阳高度高达 73°32′。这一天北半球得到的阳光最多，比南半球多了将近一倍。天文专家称，夏至是太阳的转折点，这天过后它将走"回头路"，阳光直射点开始从北回归线逐渐向南移动，北半球白昼将会逐日变短。夏至日过后，北回归线及其以北的地区，正午太阳高度角也会逐日降低。同时，夏至到来后，夜空星象也逐渐变成夏季星空。

夏 至
张耒（北宋）

长养功已极，大运忽云迁。
人间漫未知，微阴生九原。
杀生忽更柄，寒暑将成年。
崔巍干云树，安得保芳鲜。
几微物所忽，渐进理必然。
题哉观化子，默坐付忘言。

【今日夏至】　今天晚上到 22 日阴天有中雨，局部地方有大雨到暴雨，气温 23～29℃；23 日阵雨转阴天间多云；24 日阴天有小到中雨，局地大雨。★经过前几日雨水的冲刷，气温虽然有所回落，但闷热仍在持续。今天是夏至，意味着气温会继续升高，雷阵雨天气会越来越频繁。

【周末好天气】 少了猛烈的阳光和几分闷热,多了宜人的温度,好天气将为你开启周末,伴你在家看球赛。明天迎来夏至,意味"最热"模式即将开启,你准备好迎接了吗?★今晚到22日白天阴天间多云,气温21～29℃;22日晚上到23日白天阴天间多云有阵雨;24到26日盆地内以阴天间多云天气为主,多阵性降水,东部、南部局部中到大雨。

【夏至到来】 今日蓝天白云,阳光穿透,照醒蓉城。夏至来到,昼晷云极,蝉躁好鸣,快雨时惊。游玩带伞,防晒防雨!★今天晚上到22日多云转阴,气温20～29℃;23日阵雨转小到中雨;24到26日有明显降水过程,部分地方雨量较大;27日转为多云天气,气温上升明显。

【天气随性】 今晚到明天白天多云转阴,有阵雨或雷雨,气温22～30℃;22日晚到24日阴天间多云有阵雨,局部中雨;25到28日多云到晴。★夏至以后雨水就变得跃跃欲试,近期不时会拜访大家;因为地面受热强烈,对流天气开始增多,要注意对流天气带来的不利影响。

【明日夏至】 今晚到明天白天多云,气温21～33℃;22日多云间阴;23到24日阴天有阵雨或雷雨;25日阴天间多云;26到27日多云。★明日"夏至"节气,意味着"最热"模式即将开启,夏至时节注意防晒避暑,勤洗手、多补水,饮食清淡,并注意调节情绪。

【明日夏至】 今晚到明天白天多云转阴有阵雨,气温24～33℃;21日晚到22日阴天间多云有阵雨;23日中到大雨,局部暴雨;24日到27日雷雨或阵雨,雨量普遍有大到暴雨,局部大暴雨。★明天是"夏至"节气,民间有"吃过夏至面,一天短一线"的说法。

【湿热天气】 夏至过后,雨水和云层交互更替,让原本就湿热的天气也变得越来越任性。虽说身体感觉很闷热,但并不影响大家周末放松的心情,准备好属于自己的阳光,储备足活力,为周末充个满电吧。★今晚到明天白天阴天间多云有分散的阵雨或雷雨,个别地方暴雨,气温23～32℃;28日晚到29日大到暴雨;30日阴转多云;7月1到2日以多云为主;3到4日有中到大雨。

【出门记得带把伞】 今晚到明天白天阴天有中雨,局部地方暴雨,气温21～30℃;24日晚到25日白天阵雨转多云;25日晚到26日白天多云;27到30日阴天间多云,早晚多阵雨,局部中到大雨。★不是夏至了么,想问:夏天你怎么了? 不是夏天不给力,是雨水来得有点多。这两天出门,必备物品之一就是雨伞,别让雨水阻挠了你前进的步伐。夏季天气变化快,请及时关注天气变化!

【雨水模式开启】 今晚到明天白天阴天有阵雨,局部地方中到大雨,气温21～28℃;23日晚到24日白天阴有阵雨;24日晚到25日阵雨转多云;26到29日阴天间多云,早晚多阵雨,局部中到大雨。★今天虽然是夏至节气,但却是夏日里难得的舒爽天。这样的小长假返程日真真儿让人心情大好啊!但雨水将开始逐渐回归,为明天节后第一个工作日带来更多清新的感觉。无论天气怎样,大家依然要保持愉悦的好心情哟。

小暑

小暑是农历二十四节气的第11个节气,夏天的第5个节气,表示季夏时节的正式开始;太阳到达黄经105°时叫小暑节气。暑,表示炎热的意思,小暑为小热,还不十分热。意指天气开始炎热,但还没到最热,全国大部分地区基本符合。全国的农作物都进入了苗壮成长阶段,须加强田间管理。

端午三殿侍宴应制探得鱼字

张说（唐）

小暑夏弦应，徽音商管初。

愿赍长命缕，来续大恩馀。

三殿褰珠箔，群官上玉除。

助阳尝麦彘，顺节进龟鱼。

甘露垂天酒，芝花捧御书。

合丹同蝘蜓，灰骨共蟾蜍。

今日伤蛇意，衔珠遂阙如。

【小暑好天气】　今天晚上到明天白天多云，气温24～33℃；明晚到8日白天多云转阵雨，部分地方大雨；8日晚上到9日白天阴天有大雨，部分地方暴雨。★周日天气晴朗，气温较高，出去耍的朋友们别忘防暑防晒，及时补充身体水分。游泳是个消暑的好办法。明日小暑，表示盛夏开始了。

【今日小暑，开启湿热模式】　今晚到明天白天阴有阵雨，局部地方中雨，气温23～29℃；明晚到10日白天阴有阵雨，部分地方中到大雨；11日阴天间多云，局部地方有阵雨；12到14日以多云间阴天气为主。★今日"小暑"，民间有"小暑大暑，上蒸下煮"之说。这个节气养生要注意补充体力，避热解暑。午后可小憩，但不宜贪睡。论及饮食，宜清淡不宜油腻。

【暑热】　今晚到明天白天阵雨转多云，气温21～31℃；16日多云；17日阴转阵雨；18到21日阴有小到中雨，部分地方大雨。★炎炎夏季，骄阳普照，地热蒸腾。小暑时节，最好坚持"少动多静"的原则，可以到大自然中去，步山径、抚松竹，还可以在环境清幽的室内，读书习字、品茶吟诗、观景纳凉。运动最好选在早上和晚上，晨练不宜过早，以免影响睡眠。

【小暑节气】　今天白天到晚上多云间晴，气温22～31℃；8到11日天气以多云到晴为主。★小暑节气过后，天气更加闷热，空气湿度逐步增大，气温也将呈上升趋势，"桑拿模式"即将开启。外出注意防晒防暑，适当多补充水分。

【小暑节气，雨一直下】　今晚到明天白天阴天到中雨，局部地方大雨到暴雨，气温22～29℃；8日晚到9日大雨转中雨，局部暴雨；9日晚到10日小雨；11日阴天间多云有阵雨；12到14日阴有小到中雨，部分地方大雨，局部暴雨。★最后提醒大家：暴雨时节加强防灾避险的个人意识。

【明日小暑，有点小热】　今晚到明天白天多云，气温21～31℃；7日晚到8日雷雨或阵雨；9日阵雨转多云；9日晚到13日多云间晴，局部有阵雨。★明天将迎来小暑节气，小暑即为小热，气温渐升。高温、高热、高湿的天气逐渐开始。戏水消暑纳凉成为不少人的选择，但一定要注意安全。

大暑

大暑，是二十四节气中的第12个节气，在每年的阳历7月22日至24日，太阳到达黄经120°，表示天气酷热，最炎热时期到来。这时气温最高，雷阵雨较多，在中国很多地区，经常会出现40℃的高温天气。民间有饮伏茶、晒伏姜、烧伏香等习俗。

夏日闲放

白居易（唐）

时暑不出门，亦无宾客至。

静室深下帘，小庭新扫地。

裹裳复岸帻，闲傲得自恣。

朝景枕簟清，乘凉一觉睡。

【明日大暑，小心中暑】　今晚到明天白天多云，有分散性阵雨，气温 24～33℃；明晚到 24 日白天阵雨转多云；24 日晚到 25 日多云；26 到 29 日多云间阴，有阵雨。★明日带来滚滚热浪的大暑节气将正式登场。大暑是农历的第十二个节气，也是一年中最热的时节。此时要当心中暑，多喝水，如果出汗多可以适当喝点盐水；不要吹着风扇或开着空调睡觉；少吃冷饮，食物宜清淡、易消化。

【今日大暑】　今天晚上到明天白天阴天间多云，有分散性阵雨，个别地方中到大雨，气温 23～29℃；23 日晚上到 24 日白天阴天有雷雨或阵雨；24 日晚上到 25 日白天阴天间多云有中雨。今日"大暑"，表示天气酷热，是一年中最炎热的时节，民间有饮伏茶、晒伏姜、烧伏香等习俗。

【高温与暴雨打擂】　今晚到明天白天中雨转多云，局部大到暴雨，气温 25～34℃；明晚到 26 日白天多云间晴；27 到 28 日多云为主，局部阵雨；29 到 30 日阴间多云有阵雨或雷雨。★今日老天发疯，高温和暴雨互掐，害苦了黎民，不仅要先忍受"非常得热"，还要遭遇电闪雷鸣和暴雨！今日大暑。请注意防暑降温，尽量避免在高温时段进行户外活动。

【今日大暑】　今天白天到晚上多云，有分散性阵雨或雷雨，雨量中雨，局部暴雨，气温 23～34℃；23 到 26 日以多云为主，有分散性阵雨或雷雨。★大暑时节天气闷热、潮湿，要尽量避免长时间暴露在露天环境里。运动健身应该选择强度较小的有氧运动，如健走、瑜伽、游泳等。

【明日大暑】　今晚到明天白天多云，有分散性阵雨或雷雨，雨量中雨，雷雨时有短时阵性大风，气温 23～34℃；22 日晚到 28 日以多云为主，多分散性阵雨或雷雨，山区个别地方雨量较大。★"大暑"是一年中日照最多、气温最高的时段。提醒大家注意预防中暑，主动喝水。

【闷热迎大暑】　今晚到明天白天中雨，部分地方暴雨，个别大暴雨，雷雨时伴有短时阵性大风，气温 23～31℃；22 日晚到 24 日中到大雨；25 到 28 日多云为主，局部阵雨或雷雨。★大暑时节高温酷热，易动"肝火"，要避免生气、着急等极端情绪，尽量做到"心静自然凉"。

【大暑至，天气晴热】　今晚到明天白天多云间晴，气温 22～35℃；24 日晚到 26 日多云到晴；27 到 29 日以多云到晴为主；30 日多云间阴，部分地方有雷雨或阵雨。★今天是大暑，同时也是三伏天的中伏开始，这个中伏可是加长版的，足足有 20 天，慢慢熬吧。大暑时节常常"极端的热"，最好避免在烈日下暴晒，不要吹着风扇或空调睡觉。

立秋

立秋，是农历二十四节气中的第 13 个节气，更是秋天的第一个节气，标志着孟秋时节的正式开始。"秋"就是指暑去凉来。到了立秋，梧桐树开始落叶，因此有"落叶知秋"的成语。从文字角度来看，"秋"字由禾与火字组成，是禾谷成熟的意思。秋季是天气由热转凉，再由凉转寒的过渡性季节。

立秋，七月节。立字解见春。秋，揫也，物于此而揫敛也。初候，凉风至。西方凄清之风曰凉风。温变而凉气始肃也。《周语》曰火见而清风戒寒是也。二候，白露降。大雨之后，清凉风来，而天气下降茫茫而白者，尚未凝珠，故曰白露降，示秋金之白色也。三候，寒蝉鸣。寒蝉，《尔雅》曰"寒螀蝉，小而青紫者"；马氏曰"物生于暑者，其声变之矣"。宋时立秋这天宫内要把栽在盆里的梧桐移入殿内，等到"立秋"时辰一到，太史官便高声奏道："秋来了。"奏毕，梧桐应声落下一两片叶子，以寓报秋之意。

立　秋

刘翰（宋）

乳鸦啼散玉屏空，一枕新凉一扇风。

睡起秋声无觅处，满阶梧桐月明中。

【明日立秋】　立秋将至，雨水已经提前来洗礼，阳光与雨水，伏天与立秋的碰撞。但立秋并不代表夏天已过去，仍要注意防暑降温，小心上火，及时补水，保证睡眠，规律作息，多食果蔬。★今晚到 8 日白天中到大雨，局部暴雨，气温 23～30℃；8 日晚到 10 日大到暴雨，局部大暴雨；11 日阵雨，12 到 13 日转为多云天气。

【最冷的一个立秋日】　今天晚上到明天白天中到大雨，部分地方暴雨，气温 21～29℃；8日晚上到 9 日白天阵雨转多云；9 日晚上到 10 日白天多云间阴，有分散阵雨。★今日黑云压顶，电闪雷鸣，暴雨如注，气温降至 22℃左右，是近年来最冷的一个立秋日。请根据天气情况带好雨具，并防范城市内涝和雷电。

【雨势逐渐加强】　今天是立秋节气，也是三伏天末伏的第一天，立秋后日夜温差逐渐加大，注意及时添加衣被，尤其是要防止夜间着凉。而立秋后暑气仍然徘徊不退，朋友们仍须注意防晒和补水。雨势逐渐在加强，山区因此发生地质灾害的风险较高，提醒朋友们不要到山区旅游，注意出行安全。★今晚到 9 日中到大雨，局部暴雨，气温 23～29℃；10 日阵雨；11 日阵雨；12 到 14 日多云。

【多阵雨的天】　今天白天到晚上阴天间多云，有分散性阵雨或雷雨，气温 23～32℃；17 日阴天间多云，有阵雨或雷雨；18 日阴有中到大雨。★立秋之后，天气依旧热，早晚温差变大，久坐很容易导致体内湿气加重，可以选择刮痧等保健方法祛湿哦。

【立秋　凉飕飕】　今日立秋，清风拂面，特别凉爽。一候凉风至，二候白露生，三候寒蝉鸣。气有节，风有度，立秋"凉风至"，季风气候中的人们首先从风中阅读时令。立秋到处暑，是由"乘凉入佛寺"到"夜眠寻被单"的过渡阶段。★今晚到明天白天阴转多云，大部地方夜间有阵雨，气温 20～30℃；9 日晚到 11 日白天以多云天气为主；12 日到 15 日以多云天气为主，其中，12 日有一次弱的降水过程。

处　暑

处暑，即为"出暑"，是炎热离开的意思。是农历二十四节气之中的第 14 个节气，时间点为公历 8 月 23 日左右，太阳到达黄经 150°。

处暑节气意味着即将进入气象意义的秋天，处暑后中国黄河以北地区气温逐渐下降。

天文专家称,处暑当天,太阳直射点已经由"夏至"那天的北纬 23°26′向南移动到北纬 11°28′。北京城区,白昼长度已经由夏至的 15 小时缩短到 13 小时 25 分钟,正午太阳高度也由夏至的 73°32′降低至 61°34′,人们可以明显感觉到太阳开始偏南了。随着太阳高度的继续降低,所带来的热力也随之减弱。

长江二首其一

苏洞(宋)

处暑无三日,新凉直万金。

白头更世事,青草印禅心。

放鹤婆娑舞,听蛩断续吟。

极知仁者寿,未必海之深。

【处暑节气】　今晚到明天白天晴转多云,午后或傍晚前后部分地方有阵雨或雷雨,个别地方大雨到暴雨,气温 24～35℃;24 日晚到 25 日白天阴天有阵雨或雷雨,局部地方暴雨;25 日晚上到 26 日多云,局部地方有阵雨。★高温肆虐,不过雨水正在赶来的路上了。

【雨水渐远】　雨姑娘曲终舞止,悄然离去,阳光再次微笑,清新的空气,动听的蝉鸣,柔和的微风,适宜的气温,将陪伴我们度过休闲的周末。今日是处暑节气,今后夏天将慢慢离去,朋友们舍得和夏天说再见吗?★今晚到 25 日白天多云间阴天,气温 20～29℃;25 日晚到 26 日阴天间多云有阵雨,气温 21～27℃;27 到 28 日阴天间多云,局部阵雨;29 到 30 日大部地方有明显的降雨天气。

【享受舒适的天气】　今晚到 25 日白天多云间阴,气温 20～29℃;25 日晚到 26 日白天阴有阵雨,气温 20～25℃;26 日晚到 27 日阵雨转多云;28 到 29 日多云为主;30 到 31 日大部地方有明显的降雨天气过程。★处暑过后天气会由炎热向凉爽过渡,特别是下过雨之后,人们会感到较明显的降温。大家要注意天气变化,特别是昼夜的温差较大,小心别感冒了。还需要大家调整起居,保证睡眠充足,最好比平时增加 1 小时睡眠。

【雨水送清凉】　今晚到明天白天多云间阴,有分散性阵雨或雷雨,气温 24～31℃;24 日晚到 30 日多云为主,多阵雨或雷雨。★雨水不时亮相,出门带好雨具,处暑后天气将由炎热向凉爽过渡,昼夜温差加大,小心受凉感冒。

【今日处暑】　今天白天到晚上多云间阴,有分散性阵雨或雷雨,气温 24～32℃;24 到 27 日阴天间多云,有阵雨或雷雨,局部大到暴雨。★处暑期间虽然白天气温仍然较高,但早晚明显凉爽起来,昼夜温差加大。夏秋交替之际,无论在穿衣、饮食、睡眠方面都应多加注意,保护好自己的身体。

【明日处暑节气】　今晚到明天白天阴天间多云有分散性的阵雨或雷雨,局部地方有中雨到大雨,气温 24～32℃;23 日晚到 29 日多云间阴,多阵雨或雷雨。★雨水逞威,部分地方雨势仍强,出门注意安全,明天是处暑节气,表示炎热的夏天即将过去,逐渐向秋凉转换。

【雨水飞洒带凉意】　今晚到明天白天阴天有中到大雨,局部地方暴雨,气温 20～27℃;25 日晚到 26 日白天多云;26 日晚到 27 日白天多云转阴,局部阵雨;28 到 29 日多云间阴;30 到 31 日多云间阴,有阵雨或雷雨。★处暑节气刚过,雨水就立马亮相,且来势还不小,虽将闷热感一扫而光,带来一丝凉意,也提升了空气质量,但给交通出行带来诸多不便,请注意预防降水带来的不利影响,外出备好雨具,并及时添衣!

白露

白露是二十四节气中的第 15 个节气。每年八月中(公历 9 月 7 日到 9 日)太阳到达黄经 165°时为白露。《月令七十二候集解》中有"八月节……阴气渐重,露凝而白也"。天气渐转凉, 会在清晨时分发现地面和叶子上有许多露珠,这是因夜晚水汽凝结在上面,故名。古人以四时 配五行,秋属金,金色白,故以白形容秋露。白露节气过后,在晚上会感到一丝丝的凉意。俗语 云:"处暑十八盆,白露勿露身。"这两句话的意思是说,处暑仍热,每天须用一盆水洗澡,过了 18 天,到了白露,就不要赤膊了,以免着凉。还有句俗话:"白露白迷迷,秋分稻秀齐。"意思是 说,白露前后若有露,则晚稻将有好收成。

白　露

杜甫(唐)

白露团甘子,清晨散马蹄。

圃开连石树,船渡入江溪。

凭几看鱼乐,回鞭急鸟栖。

渐知秋实美,幽径恐多蹊。

【明日迎白露】　今晚到明天白天阴有小雨,气温 17～23℃;7 日晚到 8 日白天阴有小雨, 气温 18～24℃;8 日晚到 9 日白天阴间多云,部分地方晚上有阵雨。★又到周末了,明日迎来 白露节气,一般白露前后都有一段秋雨绵绵的天气。周末天气依然保持这节奏。早晚温差大, 莫忘添衣!

【白露勿露】　今晚到明天白天阴有小到中雨,部分地方中到大雨,气温 17～23℃;8 日晚 到 9 日白天阴有小雨;9 日晚到 10 日白天阴间多云,晚上部分地方有阵雨。★相伴一周多的 连阴雨并未打算就此离去,将在周末继续陪伴左右。今日进入白露节气,小胳膊小腿什么的就 快藏起来啦!

【露从今夜白,月是故乡明】　今晚到明天白天小到中雨,气温 21～26℃;9 日晚到 11 日阴 天有阵雨;12 日到 14 日阴天转阵雨,局部中雨;15 日阴天间多云。★今天中秋佳节,恰逢白露 节气,首先祝大家中秋快乐!要提醒大家的是,白露时节暑气渐去,凉意渐生,昼夜温差增大, 要注意适时添衣保暖,同时也要小心"秋燥"伤身。

【分散性阵雨】　今晚到明天白天阴天间多云,早晚多阵雨,气温 22～28℃;10 日晚到 11 日白天阴有阵雨;11 日晚到 12 日阴天,局部阵雨;13 日到 14 日阵雨,局部中雨;15 日到 16 日 阵雨转阴天。★白露到来后,就不能再像夏天那样贪凉了,现在的天气中午稍热,早晚偏凉,要 及时添加衣物,注意保暖,饮食上要多吃一些清心润燥的食物来消除秋燥,远离感冒。

【天空阴沉】　今天白天到晚上多云间阴有阵雨,气温 19～26℃;10 到 12 日多云到晴;13 日阴天间多云有阵雨。★白露过后养生三字经:勿露身,撤凉席,多泡脚,常搓耳,推鼻梁,登登 高,少生冷,喝汤粥,吃莲藕,护好心。

【夜雨来袭】　今天白天多云间阴,今晚阴有小雨,气温 21～27℃;9 日阴有小雨;10 到 11 日多云到晴;12 日多云转阴。★白露过后,气温逐渐转凉,特别是一早一晚,更添几分凉意。

因此,穿衣不能赤膊露体,以防寒邪侵袭。

【白露时节　注意保暖】　今晚到明天白天多云转阴,局部地方有阵雨,气温 19～27℃;8日晚到 10 日阴天有阵雨或雷雨;11 到 12 多云;13 到 14 阴天间多云有阵雨。★今日白露阳光相伴,明天白天云层增厚,雨水或在夜晚相约。白露时节,睡觉时注意双足和腹部的保暖哦。

【白露节气　阳光在线】　今天白天到晚上多云,气温 18～31℃;8日阴天转小雨;9 到 10 日阴天有阵雨或雷雨;11 日多云间阴天。★阳光继续在线,午后气温较高,紫外线较强,外出要注意防晒补水。白露过后,一定要注意足部保暖,以防寒邪侵袭。

【夜寒日里热】　今晚到明天白天多云,气温 18～31℃;8日阴转小雨;9 到 10 日阴天有阵雨或雷雨;11 到 12 多云;13 日阴天间多云有阵雨。★明日白露到,夜寒日里热,好天气继续,午后气温略高,外出注意补水,但早晚凉意犹在,注意合理添减衣物。白露是全年昼夜温差最大的一个节气。

【降雨继续】　今晚到明天白天阴有中到大雨,部分地方暴雨,有大于等于 6 级的阵性大风,气温 21～24℃;9 日晚到 11 日中雨,局部大到暴雨;12 到 13 日多云间阴;14 到 15 日阴天间多云,有阵雨。★近日南下的较强冷空气与暖空气势均力敌,双方较量进退维艰,此时易形成连阴雨。本次白露时节的降水,带你充分体会"白露秋分夜,一夜冷一夜"。白露至,天渐凉,注意保暖哦!

【降雨迎白露】　今晚到明天白天阴有中雨,局部大到暴雨,气温 21～27℃;8 日晚到 10 日阴有中雨,局部大到暴雨。11 日阴有小雨,12 到 14 日以多云为主。★明天白露,迎接白露的不是还没绽放多久的阳光,而是迫不及待回归的雨水。未来三天,将会有持续的降水,气温也会随之下降,夏天的清凉装可以收起了,睡觉记得盖薄被、毛毯。当然,外出一定要带雨具!

秋分

秋分,农历二十四节气中的第 16 个节气,时间一般为每年的 9 月 22 或 23 日。南方的气候由这一节气起才始入秋。太阳在这一天到达黄经 180°,直射地球赤道,因此这一天 24 小时昼夜均分,各 12 小时;全球无极昼极夜现象。秋分之后,北极附近极夜范围渐大,南极附近极昼范围渐大。《月令七十二候集解》中有"八月中,解见春分""分者平也,此当九十日之半,故谓之分"。分就是半,这是秋季九十天的中分点。

秋　分

陆游(南宋)

今年秋气早,木落不待黄。

蟋蟀当在宇,遽已近我床。

况我老当逝,且复小彷徉。

岂无一樽酒,亦有书在傍。

饮酒读古书,慨然想黄唐。

耄矣狂未除,谁能药膏肓。

【明日秋分,注意添衣】　今晚到明天白天小雨转阴,气温 19～23℃;23 日晚到 25 日白天多云间阴;26 到 28 日阴天间多云有阵雨或小雨,局部中到大雨;29 日多云为主。★明日"秋分",一场秋雨一场寒,十场秋雨好穿棉。"秋分"后,到户外活动时要适当增衣,此外,饮食要遵守"少辛增酸"原则,如葱、姜、蒜、辣椒等要少吃。

【今日秋分】　今天晚上到明天白天阴天间多云,气温 20～27℃;24 日晚上到 26 日白天阴天间多云,局部地方有阵雨。★今日"秋分"。进入深秋,寒凉渐重,多出现"凉燥"。要保持放松、乐观的情绪,以适应秋季收敛之性。在饮食上以清润、温润为主。

【秋雨绵绵秋意浓】　今晚到明天白天阵雨转阴天间多云,气温 18～25℃;24 日晚到 25 日白天阴天间多云;25 日晚到 26 日阴有阵雨;27 到 28 日阴天间多云有阵雨,局部中到大雨;29 日多云为主;30 日多云转阵雨。★秋风阵阵,秋雨绵绵,秋分时节充分体会了浓浓的秋意。雨水仍随时窜扰,昼夜温差大,要及时添加秋装,防止感冒。但秋装要晾晒后再穿,因衣服经长时间放置,若不经过消毒或晾晒,可能会有损皮肤健康。

【秋分后,小阴天】　今天白天到晚上阴天间多云,气温 20～27℃;25 到 28 日阴天间多云为主,有分散性阵雨。★温馨提示:圣女果中的果胶成分能增加皮肤弹性,平时当成零食来吃,既能美容又能护眼哦。

【小雨伴秋分】　今天白天到晚上零星小雨转阴天间多云,气温 19～25℃;24 到 27 日阴天间多云为主,局部地方有阵雨。★温馨提示:火龙果的果实中含有花青素,具有抗氧化、抗自由基、抗衰老的作用,并且能够预防细胞变性,抑制痴呆哦。

【明日秋分至】　今晚到明天阴天间多云,早晚有阵雨,气温 19～25℃;24 到 29 日阴天间多云,有分散性阵雨。★明日迎来秋分节气,双休日以阴天间多云为主,比较适宜外出。秋分时节,在饮食调养方面,应多喝水,尽量吃温润的食物。

【今日"秋分"】　今晚到明天白天阴天有中雨,个别地方大雨到暴雨,气温 19～23℃;23 日晚到 24 日阴天有小雨;25 日到 26 日阴天间多云有阵雨;27 到 29 日多云为主,局部阵雨。★"秋分"节气后气温降低速度明显加快,早晚天气更加偏凉,夜间睡觉要盖好被子,以防着凉感冒。

【阴云重聚】　今晚到明天白天多云转阴,气温 18～25℃;22 日晚到 24 日阴有小到中雨,局部大雨;25 到 27 日,以阴天间多云天气为主,早晚多阵雨;28 日多云。★还没有尽享秋日里温柔的阳光,阴云又开始重新聚集,天公的心思谁也猜不透,要注意天气变化哦,明天是秋分节气。

【平分秋色,阴雨留驻】　凌晨 5 点的卫星云图上,晨线与子午线完美重合,东半球一半是阳光,一半是黑夜。秋分已至,阳光在地球上平分秋色,"燕将明日去,秋向此时分。"奋斗春夏,收获金秋,努力生活,不负青春!★今晚到明天白天阴天有小到中雨,个别地方大雨,气温18～24℃;24 日晚到 26 日阴天间多云,有分散性阵雨;27 日阴天间多云,早晚有分散性阵雨;28 到 30 日阴天有小雨,局部中雨。

【明日秋分】　天气阴沉,不断飘洒的阵雨依然是主旋律。明日将迎来秋分节气,秋分者,阴阳相半也,故昼夜均而寒暑平,此后将转为日短夜长,气温逐渐下降,渐渐步入深秋季节。希望大家调节好心情,远离悲秋的情绪。★今天晚上到明天白天多云间阴,局部地方小雨,气温17～26℃;23 日晚到 24 日阴有小雨;25 日阴天间多云,早晚阵雨;26 到 27 日阴天间多云,早晚有分散性阵雨;28 到 29 日阴天有小雨。

寒露

　　寒露是农历二十四节气中的第 17 个节气,属于秋季的第 5 个节气,表示秋季时节的正式开始,时间在公历每年 10 月 7—9 日。《月令七十二候集解》中有"九月节,露气寒冷,将凝结也"。寒露时节,南岭及以北的广大地区均已进入秋季,东北进入深秋,西北地区已进入或即将进入冬季。

　　白露、寒露、霜降三个节气,都表示水汽凝结现象,而寒露是气候从凉爽到寒冷的过渡。夜晚,仰望星空,你会发现星空换季,代表盛夏的"大火星"(天蝎座的心宿二星)已西沉。我们可以隐约听到冬天的脚步声了。

　　这一时节,我国南方大部分地区各地气温继续下降。华南日平均气温多不到 20℃,即使在长江沿岸地区,水银柱也很难升到 30℃ 以上,而最低气温却可降至 10℃ 以下。西北高原除了少数河谷低地以外,候(5 天)平均气温普遍低于 10℃,用气候学划分四季的标准衡量,已是冬季了。千里霜铺,与华南秋色迥然不同。

月夜梧桐叶上见寒露

戴察(唐)

萧疏桐叶上,月白露初团。

滴沥清光满,荧煌素彩寒。

风摇愁玉坠,枝动惜珠干。

气冷疑秋晚,声微觉夜阑。

凝空流欲遍,润物净宜看。

莫厌窥临倦,将晞聚更难。

　　【明日寒露节气】　今天晚上到明天白天阴天间多云,气温 18～26℃;8 日晚上到 9 日白天阴天间多云,局部阵雨;9 日晚上到 10 日阵雨转阴天;11 到 12 阴天有小到中雨;13 到 14 日阴天转多云。★长假结束,身心都得到放松了吗? 回来的路上"添堵"了吗? 没有玩过瘾的朋友们要提前调节生物钟,收拾心情,以饱满精神迎接新的一天! 明天是寒露节气,是天气转凉的象征,标志着天气由凉爽向寒冷过渡。

　　【寒露无"寒"意】　今日是节后第一天上班,也是寒露节气,意指天气转凉,露珠寒光四射。但温暖的阳光完全不为所动,高调地宣示着主体地位,未来两天晴歌高唱,风和日丽的节奏继续。★今天晚上到明天白天晴间多云,气温 16～30℃;9 日晚到 11 日白天将以多云间晴天气为主。

　　【寒露过后防秋燥】　今晚到明天白天阴天间多云有分散阵雨,气温 19～25℃;9 日晚上到 10 日白天阴转小雨;10 日晚上到 11 日小到中雨转阵雨;12 日阴天有小雨;13 到 14 日阴天转多云;15 日多云。★长假鸣金,天气也由阳光的晴歌高唱转换为阴天或多云的低调浅吟,雨水也不时清灰除尘。寒露过后,秋意渐浓,凉意增强,秋燥加重,多喝蜂蜜水,少食辛辣。今夜的天空是月亮的主场,希望天公作美,让我们一睹红月亮的芳容。

　　【入秋的第一场冷空气来了】　从 9 日开始,未来 72 小时我市有一次明显的降温降雨天气过程,日平均气温累计下降 4℃ 左右;8 日晚上到 9 日白天阴天有小雨到中雨,个别地方大雨,傍晚前后有 3～5 级的偏北风,气温 18～22℃。★今日是寒露节气,进入寒露后要特别注意保暖,尤其是脚部哦。

【今日寒露】　今天白天到晚上阴天间多云,傍晚前后有小雨,气温17～25℃;9日阴天有小雨,局部中雨;10到11日阴天有小雨;12日阴天间多云,局部有小雨。★今日寒露节气,标志着天气由凉爽逐渐向寒冷过渡。此节气宜食用润肺生津的食物,注意安排好日常的起居,增强机体免疫力。

【雨水迎寒露】　今晚到明天白天小雨转阴天间多云,气温17～25℃;9到11日有降温、降雨;12到14日阴天间多云,部分地方小雨。★秋季养生宜吃南瓜,南瓜多糖能提高机体免疫功能,通过活化补体等途径对免疫系统发挥多方面的调节功能。

【今日寒露】　今晚到明天白天阴天,部分地方有小雨或零星小雨,气温17～23℃;9日晚到10日白天阴天间多云;10日晚到11日白天多云;12到15日以多云为主。★秋风萧萧,树叶渐黄,依依秋色。阳光隐去,云伴阴天,雨水不时窜扰,气温下降,注意及时添加衣物,谨防感冒。今天是寒露节气,是凉爽向寒冷的转折点,今后将走向阴天增多、寒意渐增的萧瑟深秋。

【假期完　迎寒露】　今天晚上到明天白天小雨转阴,气温17～21℃;9到10日阴有小雨;11到14日以阴天为主,有小雨或零星小雨,局部有中雨。★掀过国庆假期的日历,新的成就等我们开启,祝:假后快乐,工作顺利！明日迎寒露节气,秋意渐浓,记得添衣哦！

霜降

霜降,二十四节气之一,每年公历10月23日左右。霜降节气含有天气渐冷、初霜出现的意思,是秋季的最后一个节气,也意味着冬天即将开始。霜降时节,养生保健尤为重要,民间有谚语"一年补透透,不如补霜降",足见这个节气对人们的影响。

岁　晚

白居易(唐)

霜降水返壑,风落木归山。

冉冉岁将宴,物皆复本源。

何此南迁客,五年独未还。

命屯分已定,日久心弥安。

亦尝心与口,静念私自言。

去国固非乐,归乡未必欢。

何须自生苦,舍易求其难。

【明日霜降】　今晚到明天白天阵雨转多云,气温15～23℃;23日晚到25日以多云天气为主。26日多云;27到29日有一次降温降雨天气过程。★刚享受了几日的阳光,云层又迫不及待地占据了整个天空,雨水也不时地洒落大地,提醒大家关注天气变化哦。明日也是二十四节气的"霜降",指的是天气渐冷、初霜出现,是秋季的最后一个节气,也意味着冬天的开始。

【霜降节气】　今天白天到晚上多云间阴,晚上局部地方有小雨,气温12～21℃;24日阴天有小雨;25到27日多云间阴天为主。★今天是二十四节气的霜降,此节气是秋季向冬季过渡的开始,天气渐寒,是胃肠道和呼吸系统疾病多发时期,切记添衣保暖,防咳护胃。

【明日迎霜降节气】　今晚到明天白天小雨转多云间阴,气温11～21℃;23日晚到24日阴转小雨;25 到 27 日以阴天间多云为主;28 到 29 日阴天间多云,早晚多分散性的小雨或阵雨。★明日将迎来秋季的最后一个节气——霜降,即天气渐冷、初霜出现,冬天就要开始了!

【天气渐冷】 今晚到明天白天阴间多云,气温 16~21℃;25 日晚到 26 日白天小雨转阴天间多云;26 日晚到 27 日白天阴转小雨;28 到 29 日有一次降温降雨天气过程;30 到 31 日以阴天间多云为主,部分地方有小雨。★霜降过后,身体易出现腹泻、感冒、咳嗽等,进补应以清补、平补为主。

【今日霜降】 今晚到明天白天阴天,夜间有零星小雨,气温 16~21℃;24 日晚到 25 日白天阴天间多云;25 日晚到 26 日白天小雨转阴;27 到 30 日阴天有小雨,局部中到大雨,受冷空气影响,气温将逐渐下降。★霜降是秋季的最后一个节气,也意味着冬天即将开始。

立冬

立冬是农历二十四节气之一,也是中国传统节日之一;时间点在公历每年 11 月 7—8 日,即太阳位于黄经 225°。此时,地球位于赤纬 -16°19′,北京地区正午太阳高度仅有 33°47′。立冬过后,日照时间将继续缩短,正午太阳高度继续降低。中国民间以立冬为冬季之始,立冬期间,有"需进补以度严冬"的食俗。

立,建始也,表示冬季自此开始。冬是终了的意思,有农作物收割后要收藏起来的含意,中国又把立冬作为冬季的开始。

立冬节气,高空西风急流在亚洲南部地区已完全建立。此时高空西风南支波动的强弱和东移,对江淮地区降水天气影响很大。当亚洲区域成纬向环流,西风南支波动偏强时,会出现大范围阴雨天气。此外,纬向环流结束和经向环流也会建立,并有寒潮和大幅度降温。

立冬前后,中国大部分地区降水显著减少。中国北方地区大地封冻,农林作物进入越冬期。中国江淮地区的"三秋"已接近尾声,中国江南则须抢种晚茬冬麦,赶紧移栽油菜,中国南部则是种麦的最佳时期。另外,立冬后空气一般渐趋干燥,土壤含水量较少,中国此时开始注重林区的防火工作。

立冬日作

陆游(南宋)

室小财容膝,墙低仅及肩。

方过授衣月,又遇始裘天。

寸积篝炉炭,铢称布被绵。

平生师陋巷,随处一欣然。

【明日立冬】 今晚到 7 日白天阴天间多云,早上局部有雾,气温 13~18℃;7 日晚到 8 日白天阴天间多云;8 日晚到 9 日白天阴天间多云。★现在的天气适宜外出。但早晚气温偏低,注意添衣保暖。早上部分地方仍然有雾,出行的朋友仍要注意雾气带来的不利影响。

【今夜雨水轻扰】 落叶有声,秋意无痕,今夜雨雾的秋叶又将掀开了你的窗帘。雨水袭扰,衣到冷时方恨少,适当选择风度和温度,别着凉。明日是立冬节气,也是农历冬季的第一个节气,标志着一个新季节的开始。★今晚到明天白天小雨转多云,气温 12~18℃;7 日晚到 9 日白天以多云为主;10 到 11 日阴,早晚有小雨或零星小雨;12 到 13 日阴天间多云。

【周末好天气】　虽说今日是立冬节气,但仍旧是一派深秋的景色。周末天气虽好,但时值深秋,寒意渐浓,偶尔的阳光也褪不去早晚的凉意,防寒保暖是首要哦!此时节是上呼吸道疾病的高发期,要注意预防。★今晚到明天白天多云间阴,气温11～17℃;8日晚到9日白天多云;9日晚到10日白天阴天间多云;11到14日以阴天或阴天间多云天气为主,早晚有小雨或零星小雨。

【"立冬"节气阳光洒】　今日多云,早上部分地方有雾,气温11～23℃;8日多云间阴,早上有雾;9到10日阴天有小雨或零星小雨;11日阴天间多云。★气象学上,连续5天日均温低于10℃是冬季开始的标准。据此标准,四川仍是秋季哦。立冬节气后,冷空气活动逐渐频繁,气温下降趋势加快。

【明日立冬节气】　今晚到明天白天多云,早上部分地方有雾,气温13～23℃;8日多云间阴,早上有雾;9到11日有一次弱的降温降雨天气过程;12到13日阴天间多云,有分散的小雨或阵雨。★部分地方仍然有雾,出行注意交通安全。立冬将至无冬意,天气舒适秋意浓。

【天气转好】　今晚到明天白天阴天转多云,夜间有分散性小雨,气温9～14℃;9日晚到11日以多云天气为主;12到15日以多云或阴天间多云天气为主。★明天天气开始转好。立冬后日出时间晚,一般日出前后天最冷,早上上班时气温接近最冷,提醒早出晚归的人们加衣保暖,切忌忘穿秋裤!

【立冬非入冬】　今晚到明天白天阴天有小雨,气温8～13℃;8日晚到10日阵雨转多云;11到14日以多云或阴天间多云天气为主。★立冬即入冬?答案为否。气象学上有规定:要连续5日平均气温低于10℃时才算进入冬天,而第一天为入冬日。

【阳光遇上立冬】　今天晚上到明天白天多云转阴,气温10～20℃;9日晚到11日阴天有小雨;12到14日以多云为主;15日阴天间多云有小雨。★立冬的太阳特别给力,今儿吸收的阳光将作为满满的能量开始新一周吧!"立冬"表示冬季开始、万物收藏、规避寒冷的意思。此后要特别注意关注天气变化,降温时及时增衣;平时加强身体锻炼,增强免疫力。

小雪

小雪,是二十四节气中的第20个节气。一般在11月22日或23日,称为小雪节气。这一天北京地区白昼时间仅9小时49分钟,正午太阳高度角仅29°50′。

"小雪"节气间,夜晚北斗七星的斗柄指向北偏西(相当钟面上的10点钟)。每晚20:00以后,若到户外观星,可见北斗星西沉,而"W"形的仙后座升入高空,代替北斗星担当起寻找北极星的坐标任务,为观星的人们导航。四边形的飞马座正临空,冬季星空的标识——猎户座已在东方地平线探头儿了。

进入该节气,中国广大地区西北风开始成为常客,气温下降,逐渐降到0℃以下,但大地尚未过于寒冷,虽开始降雪,但雪量不大,故称小雪。此时阴气下降,阳气上升,而致天地不通,阴阳不交,万物失去生机,天地闭塞而转入严冬。黄河以北地区会出现初雪,提醒人们该御寒保暖了。

春近四绝句

黄庭坚（宋）

小雪晴沙不作泥,疏帘红日弄朝晖。

年华已伴梅梢晚,春色先从草际归。

【低迷阴冷天】　夹着小雨的阴沉天气似乎在迎接着明日小雪节气的到来,低迷的阴天将继续维持,气温有所下降,要特别注意保暖。★今晚到明天白天以阴天为主,部分地方有零星小雨,气温 11～15℃;22 日晚到 23 日白天阴天有小雨,气温 7～12℃;23 日晚到 24 日白天多云。

【明日小雪节气】　今晚到明天白天阴,早晚有零星小雨,气温 10～14℃;22 日晚到 23 日白天阴有小雨,气温 9～13℃;23 日晚到 24 日小雨转阴;25 日多云;26 日阴天;27 到 28 日小雨转阴。★老天爷的心情似乎没有好转的迹象,天气仍阴沉依旧,雨水也不时地洒落大地,早间略有寒意,出门要裹厚实点。明天也是二十四节气的小雪,此节气过后外面寒冷,屋内燥热,须预防感冒,也要当心"上火"喔。

【气温下降】　小雪节气到,冷空气翩然而至。气温下降,寒意愈加明显,冬装都可以拿出来与寒冷交锋了。湿度加大,明日多阴雨天气,要出行的朋友做好防护准备!★今天晚上到明天白天阴有小雨,气温 8～12℃;23 日晚上到 24 日白天阴转多云;24 日晚上到 25 日白天多云。

【小雪节气,冷空气来袭】　今晚到明天白天阴天有小雨或零星小雨,气温 14～18℃;23 日晚到 24 日白天阴有小雨;24 日晚到 25 日阴转多云;26 日多云转阴;27 到 28 日小雨转阴;29 日阴转多云。★今天是二十四节气的小雪节气。陆游的《初寒》中的诗句"久雨重阳后,清寒小雪前"描述的正是小雪时节的情景。提醒大家未来两日将迎来降温天气,气温偏低,出门注意保暖哦!

大雪

"大雪"是农历二十四节气中的第 21 个节气,也是冬季的第 3 个节气,标志着仲冬时节的正式开始。《月令七十二候集解》中有"大雪,十一月节,至此而雪盛也"。大雪的意思是天气更冷,降雪的可能性比小雪时更大了,并不是指降雪量一定很大。

大　雪

陆游（南宋）

大雪江南见未曾,今年方始是严凝。

巧穿帘罅如相觅,重压林梢欲不胜。

毡幄掷卢忘夜睡,金羁立马怯晨兴。

此生自笑功名晚,空想黄河彻底冰。

【明日大雪节气】　今晚到 7 日白天多云间阴,早上局部有雾,气温 3～15℃;7 日晚上到 8 日白天阴天有阵雨;8 日晚上到 9 日白天多云。★雾/霾持续,出门仍须做好防护。明日就是

"大雪"节气,朋友们要注意了,寒冷的感觉会更加的明显。防寒保暖,从脚做起。

【明日迎来"大雪"节气】　今晚到明天白天阴转多云,气温 6～13℃;7 日晚到 8 日白天阴天间多云;8 日晚到 9 日阴有小雨;10 到 11 日小雨转阴;12 到 13 日多云间阴。★明天 13 时 04 分迎大雪节气,俗话说"小雪封地,大雪封河",此时节寒风萧萧,雪花飘飘,特别要注意防寒保暖,护好颈肩背,当心"寒从脚起"。另外,心脑血管病、关节炎、消化系统等疾病患者更要注意防寒保暖。

【"大雪"来了】　今晚到明天白天阴天间多云,气温 4～13℃;8 日晚到 10 日阴有小雨;11 日小雨转阴;12 到 14 日多云间阴。★今日是二十四节气中的"大雪",意味着将要进入隆冬时节,御寒成为头等大事。畏寒怕冷的人要加强保暖、适度运动,适当多吃些牛肉、羊肉,有助于增强机体抗寒能力。外出的朋友穿上坎肩,可防肩背受寒。颈椎不好的人,最好穿高领衣服、出门戴围巾。

【暖阳迎"大雪"】　今晚到 8 日白天多云间晴,早上部分地方有雾,气温 3～16℃;8 日晚到 9 日多云;11 日阴有小雨;12 日阴天间多云;13 到 14 日阴天间多云。★"养生贵在养神",经常排除杂念、静养心神、闭目休息,是一种调养精神的简便方法。

【明日"大雪"节气】　今晚到明天白天多云间晴,早上局部地方有雾,气温 3～17℃;明晚到 8 日多云间晴;9 到 10 日多云间阴;11 日阴有小雨;12 到 13 日阴天有小雨。★天气干燥易上火,应多喝水、多吃新鲜果蔬。此外,在皲裂的手脚处涂些牙膏能止血止痛,加速愈合。

【阴云交替】　今晚到明天白天阴天有零星小雨,气温 9～13℃;8 日晚到 9 日白天阴天间多云;9 日晚到 10 日多云;11 到 14 日以阴为主,多小雨或零星小雨。★阴天正式回归,局部地方有零星小雨在慢慢靠近。"大雪"节气标志着仲冬时节的正式开始,天气将会变得更冷,降雪的可能性更大。因此,保暖工作更加要引起重视,小心受冻感冒哦。

冬至

冬至,是中国农历中一个重要的节气,也是中华民族的一个传统节日,冬至俗称"冬节""长至节""亚岁"等。早在 2500 多年前的春秋时代,中国就已经用土圭观测太阳,测定出了冬至,它是二十四节气中最早制定出的一个节气,时间在每年的公历 12 月 21 日至 23 日。冬至这天,太阳直射地面的位置到达一年的最南端,几乎直射南回归线(南纬 23°26′)。这一天北半球得到的阳光最少,比南半球少了 50%。北半球的白昼达到最短,且越往北白昼越短。冬至过后,夜空星象完全换成冬季星空,而且从今天开始"进九"。而此时南半球正值酷热的盛夏。比较常见的是,在中国北方有冬至吃饺子的风俗。俗话说:"冬至到,吃水饺。"而南方则是吃汤圆,当然也有例外,如在山东滕州、曲阜、邹城一带,冬至习惯叫作"数九",流行过数九当天喝羊肉汤的习俗,寓意驱除寒冷之意。各地食俗不同,但吃水饺最为常见。

小　至

杜甫(唐)

天时人事日相催,冬至阳生春又来。

刺绣五纹添弱线,吹葭六管动浮灰。

岸容待腊将舒柳,山意冲寒欲放梅。

云物不殊乡国异,教儿且覆掌中杯。

【明日冬至】　冬至的脚步渐渐临近,寒意越加明显。可多食富含脂肪、蛋白质的食物为身体储备热量。周末出游的朋友们注意带好大围巾、厚手套等各类保暖物品。★今晚到明天白天阴天,部分地方有零星小雨,气温2～9℃;22日晚到24日白天阴天为主,部分地方有小雨。

【明日迎冬至节气】　今晚到明天白天多云为主,气温－2～12℃;22日晚到23日多云间阴;24日到26日阴天间多云,局部有小雨;27日到28日多云为主。★明天就是冬至了,在古代有"冬至大如年"的说法。"气始于冬至",是养生的好时机。冬至时节宜吃温热的食物以保护脾肾,宜少量多餐。同时应注意"三多三少",即蛋白质、维生素、纤维素多,糖类、脂肪、盐少。

【冬至】　一年冬至夜偏长,心中问候常思量;气温慢慢往下降,防寒保暖放心上;出门记得添衣裳,莫要感冒医院逛。★预计今天晚上到明天白天阴天,有小雨或零星小雨,气温2～8℃;23日晚上到25日白天阴天有小雨。

【冬至到,气温低迷】　今晚到明天白天阴转多云,气温－1～11℃;23日晚到25日以阴天为主;26日阴有小雨或零星小雨;27日阴间多云;28到29日多云间晴。★今儿就进入一年中最冷的"数九"寒天啦。俗话说"今年冬令补,明年可打虎",北方吃饺子,广东吃汤圆,江西吃麻糍,江南吃赤豆糯米饭,还有吃羊肉、喝羊汤的。祝大家冬至快乐,别忘了防寒保暖!

【阴云当空罩】　今晚到明天白天阴天间多云,气温6～13℃;23日晚到24日白天阴天;24日晚到25日阴天,部分地方有小雨;26日阴天,部分地方有小雨;27到29日以阴天间多云天气为主。★冬至后饮食应以优质蛋白质为主,可以采用煲汤炖制的方式,以便于消化吸收。

【今日冬至,数九寒天开始】　今晚到明天白天多云,早上部分地方有雾,气温3～15℃;22日晚到23日多云;24到25日阴天有小雨;26到28日多云为主。★冬至过后寒意更浓,多补充富含脂肪、蛋白质、碳水化合物的食物,出门要穿厚实暖和,谨防感冒。

【过好冬至,养好身体】　冬至的阳光带来了惊喜,但寒冷不减,从冬至开始进入"数九寒天",即人们常说的"进九",也是一年中养生保健的关键时期。养生当注重"藏",宜早睡晚起,加强体育锻炼,注意防寒保暖。★今晚到明天白天阴天间多云,气温2～11℃;23日晚到24日白天阴转小雨;24日晚到25日阴间多云;26到27日阴天间多云天气为主;28到29日部分地方有阵雨。

【明日或见阳光】　飘落的银杏叶让冬季倍感萧瑟阴冷,明日太阳君间或现身与大家见面,不过冬至将近,阳光已经不再能添暖,气温依旧低调,周末调理好饮食起居,出门注意头部和脚部保暖哦!★今晚到明天白天阴天间多云,夜间局部地方有零星小雨,气温3～10℃;20日晚到22日阴天间多云为主;23到25日阴天,大部分地方有小雨;26日阴天间多云。

小寒

"小寒"是农历二十四节气中的第23个节气,也是冬季的第5个节气,是反映温度变化的节气,标志着冬季时节的正式开始。在阳历1月上半月,中国农历十二月(腊月)上半月。对于中国而言,小寒标志着开始进入一年中最寒冷的日子。根据中国的气象资料,小寒是气温最低的节气,只有少数年份的大寒气温低于小寒的。《月令七十二候集解》中有"十二月节,月初寒尚小,故云。月半则大矣"。

小寒食舟中作

杜甫（唐）

佳辰强饭食犹寒，隐几萧条带鹖冠。

春水船如天上坐，老年花似雾中看。

娟娟戏蝶过闲慢，片片轻鸥下急湍。

云白山青万馀里，愁看直北是长安。

【小寒节气防寒保暖】　"小寒"一过就进入"出门冰上走"的三九天了，睡前热水泡脚驱寒效果好，要注意身体哟！★今晚到明天白天阴转小雨，气温 3～8℃；明晚到 7 日白天阴有小雨；7 日晚到 8 日白天小雨转阴天间多云。

【小寒节气，严寒渐近】　今晚到明天白天阴天间多云，局部地方有小雨，早晨局部地方有雾，气温 4～10℃；7 日晚上到 8 日小雨转阴；9 到 11 日以多云间阴天气为主，早上部分地方有雾；12 到 13 日阴天有小雨或零星小雨。★今日"小寒"，天气渐寒，尚未大冷，隆冬"三九"也基本上处于本节令内。在此期间养生应注意"冬藏"，适度运动。

【"小寒"不寒】　今晚到明天白天阴天间多云，气温 6～13℃；6 日晚到 8 日阴天，部分地方有小雨；9 到 12 日阴天有小雨。★今日 15 时气温达到 15.5℃，为近 10 年来最暖和的"小寒"。但是，从 9 日开始将有一次明显的降温、降雨天气过程。提醒大家到时候注意防寒保暖。

【今日"小寒"】　今天白天到晚上多云间阴，早上部分地方有雾，气温 6～15℃；6 到 8 日阴天间多云；9 日阴有小雨。★今日"小寒"节气，标志着我省也进入全年最冷的一个时期。在此提醒大家：这个时期要特别注意防寒防冻，注意肩颈部、脚部的保暖，外出最好戴个帽子，睡前可用热水泡泡脚。

【明日小寒节气】　今天晚上到明天白天阴天间多云，夜间西部沿山局部地方有零星小雨，气温 6～15℃；5 日晚到 6 日阴天间多云；7 到 11 日阴天有小雨。★明日是二十四节气的小寒，也是传统的腊八节，喝上一碗热气腾腾、香气四溢的腊八粥，暖心又补身喔。

【雾/霾消散　天气阴冷】　持续的霾天拉锯战终于结束，小寒过后冷空气活跃，天气稍显阴冷，要做好"保胃战"，吃点含碘食物，能够促进身体中的蛋白质、碳水化合物、脂肪转化成能量，从而产生热能，抵御寒冷。★今天晚上到明天白天阴天间多云，局部地方有零星小雨，气温 4～10℃；8 日晚到 10 日阴天有小雨；11 到 12 日阴天有小雨；13 到 14 日多云。

【冷空气在靠近】　今晚到明天白天阴天，部分地方有小雨，气温 2～8℃；22 日晚到 24 日阴天为主，局部有雨夹雪；25 到 27 日多云间阴；28 日阴天间多云为主。★大寒时节虽不像小寒期间那样冷，但仍处于"三九四九冰上走"的数九寒天。大寒时节寒潮南下也比较频繁，寒潮和强冷空气通常会带来大风降温和雨雪天气，公众出行要注意防寒保暖。

大寒

大寒，是全年二十四节气中的最后一个节气。每年公历 1 月 20 日前后，视太阳到达黄经 300°时，即为大寒。

《月令七十二候集解》中有"十二月中，解见前（小寒）"。《授时通考·天时》引《三礼义宗》："大寒为中者，上形于小寒，故谓之大……寒气之逆极，故谓大寒。"此时寒潮南下频繁，是中国部分地区一年中的最冷时期,风大,低温,地面积雪不化,呈现出冰天雪地、天寒地冻的严寒景象。这个时期,铁路、邮电、石油、电力输送、水上运输等部门要特别注意及早采取预防大风降温、大雪等灾害性天气的措施。农业上要加强牲畜和越冬作物的防寒防冻。

大寒吟

邵雍(宋)

旧雪未及消,新雪又拥户。

阶前冻银床,檐头冰钟乳。

清日无光辉,烈风正号怒。

人口各有舌,言语不能吐。

【明日暖阳迎大寒】　今早雨水及时赶来,城市瞬间小清新,午后阳光登场,气温升至14℃左右;今晚到明天白天多云转晴,早上部分地方有雾,气温1~14℃;明晚到22日晴好天气继续。★有暖阳来迎接一年的最后一个节气——大寒,但早晚温差大,防寒保暖还是必不可少的!

【明日迎"大寒"】　今晚到明天白天阴天转多云,早上局部地方有雾,气温2~14℃;20日晚到22日多云,早上部分地方有雾;23到24日阴天间多云;25到26日阴天间多云,局部有阵雨或小雨。★明日迎"大寒",这是一年中最后一个节气,本应是一年中最冷的时候,可今年的大寒却显得实力"薄弱"。但近日早晚温差较大,防寒保暖还是必不可少!年底又忙又累,别让病毒有机可乘哟!

【今日大寒】　今日大寒却不寒,倒是有了些许初春的感觉。好天气依旧,明日将再续"晴缘",但注意早晚温差大,防寒保暖仍必不可少!年底又忙又累,别让病毒有机可乘哟!★今晚到明天白天晴间多云,早上部分地方有雾,零下1度到14度;明晚到23日多云间晴。

【早上多雾　小心慢行】　今晚到明天白天多云间晴,早上部分地方有雾,气温2~15℃;21日晚到23日多云,早上部分地方有雾;24到25日多云间阴天;26到27日阴天间多云,局部有阵雨或小雨。★今天一年中最后一个节气——大寒如期而至,却未带来意料中的寒意。明天阳光依然是主角,早间雾弥漫,午后阳光暖。多雾的季节里,出行前最好先了解相关路况,路上小心行驶。

【"大寒"遇"小年"】　今天晚上到明天白天阴转多云,气温2~12℃;22日多云间阴;23到24日阴天间多云,局部零星小雨;25到27日多云间阴。★明日温差较大,请注意防寒保暖。"大寒到顶点,日后天渐暖。"今日大寒,又是小年,祝大家阖家欢乐。

【大寒节气】　今天白天到晚上阴天,气温5~10℃;21日多云;22到24日阴天间多云。★今天是"大寒",迎来了一年中最寒冷的日子。此时的养生原则是"养肾防寒"。多喝麦片、核桃、红薯等煮的热粥;饮食要精粗搭配,荤素兼吃;应减咸增苦,起到养肾的功效。

【气温持续走低】　今晚到明天白天阴天间多云有小雨,气温3~9℃;强降温天气消息:21日晚开始,未来72小时我市有一次明显的降温、降雨天气过程;22到24日平均气温累计下降5~7℃,冷空气影响时伴有3到5级偏北风,请防范强降温、道路结冰、霜冻等灾害。★今天也是大寒节气,是一年中最寒冷的日子,秋裤、毛裤、棉裤你都穿上了吗?饮食方面可以适当选择产热高和温热性的食物,以提高肌体的抗寒能力。

1.2.2　三伏与三九

"三伏"是初伏、中伏和末伏的统称,出现在小暑与处暑之间,是一年中最热的时节。其气候特点是气温高、气压低、湿度大、风速小。与三伏对应的是三九,"三九"是指冬至后的第三个"九天",即冬至后的第十九天到第二十七天。中国俗语有"夏练三伏,冬练三九"之说法。

数九歌

一九二九,怀中插手;

三九四九,冻死猪狗;

五九六九,沿河看柳;

七九六十三,路上行人把衣担;

八九七十二,猫狗卧阴地,

九九八十一,庄稼老汉田中立。

夏之三伏天

"三伏"是初伏、中伏和末伏的统称,是一年中最热的时节。每年出现在阳历7月中旬到8月中旬。"伏"表示阴气受阳气所迫藏伏地下。按我国阴历(农历)气候规律,前人早有规定:"夏至后第三个庚日开始为头伏(初伏),第四个庚日为中伏(二伏),立秋后第一个庚日为末伏(三伏),头伏和末伏各十天,中伏十天或二十天,'三伏'共三十天或四十天。"每年立秋日及其后两天如果出现庚日,中伏就为十天,否则为二十天,所以,大多数年份中伏都为二十天,相应的,大多数年份三伏都是四十天。

【气温上扬】　今晚到明天白天阴天间多云,有分散的雷阵雨,局部大雨到暴雨,气温24~33℃;14日晚上到15日白天阴天间多云,有阵雨或雷雨,局部大雨;15日晚上到16日白天阴天间多云,有中到大雨,部分暴雨。★今日正式进入"三伏天",可适当吃一些酸性的食物消暑养生。

【降雨不减闷热】　25日晚到26日白天多云有阵雨或雷雨,局部大到暴雨,气温23~33℃;26日晚到27日白天多云,局部有阵雨,气温24~33℃;27日晚上到28日白天多云有阵雨。★进入中伏后,气温升上来了,同学们还是要注意防暑防晒。阵雨会不定时到访,外出的朋友记得携带雨具。

【雨水难敌高温】　今晚到明天白天多云间阴有雷阵雨,气温24~33℃;28日晚上到29日白天阴天间多云,有雷雨,部分地方大到暴雨;29日晚到30日白天多云有阵雨。★中伏天果然生猛,雨水根本压不住高温。这个周末,天气保持着这种节奏:白天须防晒,夜间须防雨。

【秋老虎发威】　今晚到明天白天多云,有分散性雷雨,气温25~35℃;明晚到17日白天多云间晴,有分散的雷雨或阵雨;17日晚上到18日白天多云间晴,局部有阵雨或雷雨。★秋老虎开始发威,防暑降温不可懈怠;伏天须当心"情绪感冒",症状主要有情绪烦躁、爱发脾气,容易失眠健忘。

【明日出伏】　今晚到明天白天多云间晴,午后或傍晚前后有分散不均的阵雨,气温24~34℃;明晚到24日白天多云间晴。★明天就出伏了,后天就处暑了,离凉就快不远了。可近期的天气还是只会感受到蒸笼、烤箱、闷热、高温,让人心生各种不爽。同学们,再坚持一段时间就可以解放了。

【今日出伏】 今晚到明天白天晴间多云,个别地方有阵雨或雷雨,气温 24~36℃;明晚到 24 日白天多云间阴,部分地方有阵雨或雷雨;24 日晚到 25 日阴天间多云,有阵雨或雷雨,局部地方大到暴雨。★今日送别三伏天,虽说秋天脚步近了,但高温还将肆虐,秋老虎威严还在,凉爽的日子还得等等。

【明日入伏】 今晚到明天白天多云转阵雨,气温 22~30℃;明晚到 20 日中雨,局部大到暴雨;21 到 22 日阴有阵雨,局部大雨;23 到 24 日多云为主,局部地方有阵雨。★早上金灿灿的阳光准时打卡上班,午后光芒万丈。入伏后天气会变得越来越闷热。对于在室内工作的人们来说,空调温度定在 26℃左右是比较适宜的,过低会刺激血管急剧收缩,血液流通不畅,导致关节受损、受冷、疼痛,出现脖子和后背僵硬、腰和四肢疼痛、手脚冰凉麻木等症状。

【伏天开始,期盼清凉】 今晚到明天白天中雨,局部大到暴雨,气温 22~29℃;明晚到 21 日中到大雨,局部暴雨;22 到 25 日为多云到晴的天气,局部地方有阵雨。★近期为地质灾害多发期,外出前往山区请注意安全。今年的三伏共计 30 天,比去年少了 10 天,但这个夏季不一定更凉爽。伏天养生妙招:保证盐分,拒绝冰冷;多吃酸苦,健胃养脾;日饮三汤,一夏无忧。饮食上少油腻,多清淡。

【雨水送爽】 今晚到明天白天大雨,局部暴雨,气温 22~27℃;明晚到 21 日中雨,局部大到暴雨;22 日多云;23 到 26 日为多云到晴的天气,局部地方有阵雨。外出请备好雨具,注意安全。★三伏天是阳气旺盛的时节,养生要顺应夏季阳盛于外的特点,注意保护阳气。嵇康《养生论》认为盛夏更宜调息静心,常如冰雪在心,即所谓的心静自然凉!因此,三伏天养生必须注重精神调养!

【阵雨调皮又淘气】 今晚到明天白天多云有阵雨,气温 24~32℃;明晚到 24 日多云间阴,有阵雨;25 到 28 日以多云为主,有阵雨。★雨热同期是三伏天的最大特点,伏天里,建议大家多喝开水,注意防暑降温。另外,天气多变,出行须留意!夏季养生重在养"心",而适当出汗是一个重要的"养心"措施,是身体阳气顺畅、津液充足的良好表现。

【入中伏,炎热继续】 今晚到明天白天多云有阵雨或雷雨,气温 24~32℃;明晚到后天多云间阴有雷雨或阵雨;30 日晚到 1 日中雨,局部大到暴雨;2 到 4 日以多云为主。★进入"中伏"时节,气温较高,雷雨增多,感觉最为闷热,暑湿之气乘虚而入,易使人心气亏耗。稍不注意,往往会引发苦夏、中暑等疾病,此时饮食尽量少苦多辛加点酸。还要提醒大家在这样高温高湿的三伏天,防暑防雨要双管齐下哦。

【高温高湿闷热天】 今晚到明天白天多云间阴有阵雨或雷雨,气温 24~30℃;明晚到后天白天中到大雨,部分地方暴雨;31 日晚到 1 日白天阵雨转多云;2 日到 5 日以多云为主。★在高温、高湿的三伏天里,要注意身体健康,饮食方面要多饮温水与茶水,不宜贪冷饮;起居方面注意保证充足睡眠,睡觉时不要贪凉,睡眠时注意不要躺在空调的出风口和电风扇下,以免患上空调病和热伤风。

【伏天清凉收场】 明日"出伏",即宣告今年三伏天结束。近期天气清凉,已然有了秋天的味道。出伏之后一直到处暑节气,是天气由热转凉的交替时期,建议大家调整作息习惯,还要加强锻炼。★今晚到 17 日白天阴有阵雨,气温 21~28℃;17 日晚到 19 日白天阴转多云,气温 21~31℃;20 到 22 日有一次明显降雨天气过程,雨量普遍中到大雨,局部暴雨;23 日阴天。

【今日出伏　不可再贪凉】　今天正式走出三伏天,暑去凉来,秋意渐起。出伏后,气温波动较大,昼夜温差加大,易引发感冒等疾病。此时切忌"乱穿衣",应适时增减衣服,夜寝应关好门窗,腹部盖薄被。★今晚到18日白天阴转多云,气温22～30℃;18日晚到20日白天多云,气温22～31℃;21到22日有一次明显降雨天气过程,雨量普遍中雨,局部大到暴雨;23到24日阴天间多云。

【天气转好　气温回升】　周末的凉爽让人感觉一脚才踏出三伏天,突然就被初秋撞了个满怀。不过新一周伴随降雨的结束,天气开始转好,气温有所回升,但早晚偏凉,注意适时添衣。★今晚到20日白天多云,气温22～31℃;20日晚到21日白天中雨,气温21～27℃;21晚到23日有一次明显降雨天气过程,雨量普遍中雨,局部大到暴雨;24到25日以多云为主。

【雨热同期】　今晚到明天白天多云间阴有中雷雨,局部大雨到暴雨,雷雨时伴有六级以上阵性大风,气温22～31℃;18到20日阴天间多云天气为主,多阵雨或雷雨,局部雨量可达大到暴雨;21到23日以多云天气为主,局部地方有阵雨或雷雨。★雨热同期是三伏天的最大特点。

【上蒸下煮三伏天】　今晚到明天白天多云,有分散性阵雨或雷雨,气温25～35℃;明晚到7日有一次雷阵雨天气过程,雨量中到大雨,局部暴雨;8到11日以多云到晴为主;12日雷阵雨。★雷雨天气时要远离树木,不要大跨步跑动,可以选择建筑物躲雨,不宜在车内躲雨。

【雷雨不撤走　阳光不撒手】　今天白天到晚上多云,有分散性阵雨,气温23～33℃;21到24日以多云为主,有分散的雷阵雨。★三伏天是一年之中最为炎热、闷湿的季节,身体容易感到不适,不过"热在三伏,养生也在三伏",如果能借此季节排毒,可谓是最佳时机。

【三伏天结束】　今晚到明天白天阴天间多云,有分散性阵雨,气温22～31℃;27日晚到28日白天阴转小雨;28日晚到29日白天阴有小雨;29到31日有小到中雨,局部大雨;9月1到2日多云。★秋老虎灰溜溜地走了,三伏天终于结束了。

【出伏降温】　今晚到明天白天多云转阴,西部有阵雨或雷雨,个别地方大雨到暴雨,并伴有4～6级短时阵性大风,气温25～33℃;26日晚上到28日多云,有阵雨;29到30日有中到大雨,局部暴雨;31到9月1日多云。★今天是三伏天的最后一天,明天开始受冷空气影响,气温开始逐渐下降。

【走出三伏天】　今晚到明天白天多云,局部地方有阵雨,气温20～31℃;23日晚到24日白天阴天间多云有阵雨;24日晚到25日小到中雨,局部大到暴雨;26日多云;27到29日阴有阵雨或雷雨,局部大到暴雨。★为期40天的三伏宣告结束,今日出伏,三伏天里高温的炙烤、强风的肆虐、雨水的洗礼、雷声的震撼、冰雹的敲打,让我们领教了老天爷不可捉摸的脾气。休闲周末有阳光相伴更显得惬意无比,出游访友正是时候!

【进军三伏天】　今晚到明天白天阴天间多云有阵雨,气温24～33℃;13日晚到15日阴有雷雨或阵雨;16到17日多云;18到19日多云转阴,局部阵雨。★云层逐渐包裹了天空,久违的雨水也将不时亮相,但闷热的感觉仍然很强烈,还须及时补水喔,同时多吃新鲜瓜果、蔬菜,补充身体所需的维生素。时光的脚步很快,明日我们就进入三伏天了,今年的三伏天有40天,比去年多10天。

冬之三九天

中国传统农历年中的某一时段,也称"三九天"。中国俗语有"夏练三伏,冬练三九"之说法。与三九对应的是三伏。"三九"是指冬至后的第三个"九天",即冬至后的第十九天到第二十七天。

【天气继续晴好】　古今养生都重视冬练"三九",有阳光的时候适度进行户外运动,可有效增强抗寒防病能力。★今晚到明天白天多云间晴,气温3～17℃;明晚到4日白天多云;4日晚到5日白天阴间多云。

【三九寒天多睡一小时】　今晚到明天白天阴有小雨,气温3～9℃;明晚到8日白天多云;8日晚到9日白天多云间阴。★早睡晚起可保持体内阴阳平衡,滋养脏腑。

【三九严寒】　现在进入了数九寒天中最冷的三九时段。民间有"热在三伏,冷在三九"的说法。寒气见缝就钻,冷风无孔不入。棉帽、厚手套、护耳、毛皮鞋、围巾,一样都不能少。★今天晚上到明天白天阴天,气温3～8℃;10日晚到11日白天阴天;11日晚到12日白天小雨转阴。

【进入四九】　今晚到明天白天阴间多云,气温3～11℃;明晚到后天白天零星小雨转阴;19日晚到20日阴转多云。★明日将进入"四九",以多云天气为主,依旧会有阳光陪伴,这似乎使得"三九四九　冻死猪狗"的说法变成了传说。但防寒保暖工作还是不可懈怠哦!

【周日阴云伴零星小雨】　四九第一天天空阴沉,有点小冷,"雾/霾"使整个城市带上了灰蒙蒙的色调。预计今晚到明天白天零星小雨转阴,早上部分地方有雾或霾,气温4～9℃;明晚到21日多云为主。★期盼今夜的小雨能对驱赶雾/霾起到作用。如要外出,还要做好相应的防护哟。

【暖阳热情不减!】　今晚到明天白天多云,气温1～14℃;明晚到24日多云转阴;24日晚到25日白天多云间阴。★翻看日历,没几天就春节,不到半月就立春了。这个冬天有点暖,让我们在四九天提前感受到了三月的温暖。近日气温较高,湿度小,冬天室内取暖请注意用电、用火安全。

【阴天卷土重来】　连日晴好天气使"四九"寒天好似小阳春般温暖!不过明日阴天将卷土重来,预计今晚到26日白天阴天,局部零星小雨,气温6～15℃;26日晚到28日阴天间多云,局部零星小雨。★温馨提示返乡途中的你要随时关注天气变化,注意旅途安全哦!

【多云唱主角】　"四九"走到了末尾,寒冷似乎也收起了它的强劲势头,明日多云唱主角,预计今晚到明天白天多云间阴,气温5～14℃;明晚到28日白天阴天,局部零星小雨;28日晚到29日阴转多云。早晚温差较大。

【阴天归来】　还没好好地体验冬日的严寒,今天已经踏步进入"五九",明日阴天归来了,预计今天晚上到明天白天阴天,局部零星小雨,气温7～13℃;28日晚到29日白天阴转多云;29日晚到30日多云。★距春节仅剩3天了,大伙儿注意防火防盗防感冒,过个快乐年!

【抓紧享受好天气】　今天是"九九"第一天,久违的阳光重出江湖,但您别高兴得太早,春姑娘总是很善变,6日阴雨天又来,大家还是要多捂捂以防感冒。★今天晚上到明天白天多云转阴,气温7～14℃;明天晚上到7日白天阴天,部分地方有小雨或零星小雨。抓紧享受短暂的阳光吧!

【九尽桃花开】　阴天间多云天气还将维持,15日以后逐渐转为晴好天气,气温回升幅度明显。今晚到13日白天阴天间多云,局部小雨,气温9～16℃;13日晚到14日白天阴天转多云;14日晚到15日白天多云。★今天是植树节,同样也是"九九"的最后一天。俗话说"九尽桃花开",出九之后气温回升是大势所趋啊。

【进入"四九"】　今晚到明天白天阴天间多云,夜间大部地方有零星小雨,早上部分地方有雾,气温5~12℃;18日晚到20日多云间晴;21到22日以多云或晴为主,早上多雾;23到24日阴天间多云。★明日将进入"四九",但气温并不是太低,甚至有些上升,不过防寒保暖仍须注意。冬季养生最好早睡晚起,可使身体内的阴阳平衡,滋养脏腑,增加身体的强壮程度哦。

【早晚温差较大】　今晚到明天白天阴天间多云,气温4~12℃;19日晚到21日多云间晴,早上有雾;22到23日以多云为主;24到25日阴天间多云。★今天是"四九"的第一天,天气不错,阳光、蓝天皆有,加上又是周末,心情也是愉悦的。明天气温稳中略升,但早晚温差大。同时注意雾/霾可能会趁势而入,防霾措施还要继续。早上局部地方有雾,出行的司机朋友们注意交通安全。

【寒意浓浓】　今晚到明天白天阴天,夜间局部地方有零星小雨,气温2~7℃;1日晚到2日阴天;2日晚到3日阴天间多云;4到7日以阴天间多云天气为主。★阴天继续左右天空,体感寒冷,这个寒冷的五九为三九、四九争回了面子。瑟瑟的寒风,浓浓的寒意,稍不注意就容易引发感冒,可以多吃些红色食物来增加身体的抵抗力,出门时要多穿点,前往山区时要注意道路结冰喔。

【寒意重,年味浓】　今天白天到晚上阴天间多云,气温4~10℃;18到20日阴天间多云;21日多云到晴。★今日的寒意并未随"三九天"的离去而减缓,北风瑟瑟地吹拂着,仿佛要把过年的气息也一并吹来,坚持坚持再坚持,祈盼中的春节马上就要来临啦!

【告别"三九"】　今天晚上到明天白天阴天,夜间有小雨或零星小雨,气温4~10℃;17日晚到20日阴天间多云;21到23日多云。★"一九二九不出手,三九四九冰上走。"今日是"三九"最后一天,明日进入"四九",防寒不可大意。

【雨水折返】　昨日的雨水增加了空气湿度,加重了寒意,今天晚上又将折返,天气维持着阴冷的主基调。"三九"寒天,寒冻仍是主要特点,提醒大家早晚上下班注意加衣保暖,劳逸结合。★今晚到明天白天阴天,局部地方有零星小雨,气温5~10℃;12日晚到13日阴有小雨;14日阴转多云;15日以多云为主;16日阴天间多云,部分地方有小雨;17到18日阴转多云。

【冷在三九】　这个周末不但有冷空气凑热闹,明日还将迎来三九的助兴,谚语称"一九二九不出手,三九四九冰上走"。清冽的寒风,摇曳的树叶,阴雨的压制,打算到户外感受新鲜空气的你要注意保暖哦!★今天晚上到明天白天阴天有小雨,气温6~10℃;9日晚到10日小雨转阴;11日阴天间多云转小雨;12到14日阴天有小雨;15日多云。

【今日出"四九"】　今晚到明天白天多云,山区有道路结冰,气温-1~8℃;27日晚到29日以多云间阴天气为主;30日阴转小雨;31日到2月2日阴天,大部分地方有小雨。★云朵随风翩翩起舞,阳光微笑,气温逐渐回升,为大地添上一抹缤纷的色彩,衬托的是我们快乐、放松的心情。今天也是"四九"的最后一天,意味着"三九四九冰上走"的日子即将结束。

【冷在四九　三九你不懂】　今晚到明天白天阴有小雨,高海拔地区有小雪,气温5~8℃;20日晚到22日阴天有小雨;23到24日阴间多云,部分地方有零星小雨或小雪;25到26日多云间阴。★刚刚才进入四九,冷空气就强势来袭,伴随着雨水的飞洒,阴冷将会成为近期天气舞台的主旋律,气温下降的速度逐步加快,提醒大家要把厚实保暖的棉帽、棉衣、手套和围巾穿戴好,迎接强降温带来的挑战吧。

1.2.3　气象灾害

气象灾害是自然灾害中最为频繁而又严重的灾害。我国气象灾害发生十分频繁,灾害种类甚多,造成的损失十分严重。四川的气象灾害主要有暴雨洪涝、干旱、大风、冰雹、雷电、低温、连阴雨、寒潮、霜冻、雪灾、大雾和高温等。四川气象灾害的季节分布明显。春、夏两季灾害频繁,秋季次之,冬季最少。夏季受西太平洋副热带高压影响,主要气象灾害有暴雨、洪涝、干旱、高温、冰雹。春季气温波动大,易出现低温、连阴雨、冰雹、大风、暴雨等气象灾害。秋季气象灾害主要以绵雨为主,与我国北方"秋高气爽"天气形成鲜明对照。冬季受北方南下冷空气影响,阴冷天气多,主要气象灾害是雾、降温、雪、冷冻。

寒　潮

寒潮是指冬半年来自极地或寒带的寒冷空气,像潮水一样大规模地向中、低纬度的侵袭活动。寒潮袭击时会造成气温急剧下降,并伴有大风和雨雪天气。对工农业生产、群众生活和人体健康等都有较为严重的影响。

侵入我国的寒潮,主要是在北极地带、俄罗斯西伯利亚以及蒙古国等地爆发南下的冷高压。这些地区大多分布在北极地带,冬季长期见不到阳光,多被冰雪覆盖,停留在那些地区的空气团好像躺在一个天然的大冰窖里面一样,越来越冷、越来越干,当这股冷气团积累到一定的程度,气压增大到远远较南方的高时,就像储存在高山上的洪水,一有机会,就向气压较低的南方泛滥、倾泻,这就形成了寒潮。

【冷空气突袭】　不遗余力的冷空气总是在天气刚刚回暖的时候又出来进行打压,一次次地阻挠升温的脚步。今明两天受到一股弱冷空气影响,会有一次小幅度的降温。★今天晚上到 9 日白天阵雨转阴天,最低气温 9～11℃,最高气温 17～19℃;9 日晚上到 10 日白天阴天间多云,局部有小雨降下。风力 2～3 级。

【寒潮蓝色预警】　不温不火的天气和持久的"霾伏",终于等到喜大普奔的消息:省气象台发布今年首个寒潮预警。冷空气将带领大家重回小清新,同时大幅度的降温也会找回冬天的寒冷,注意添衣保暖哦!★今晚到明天白天阴天有轻度霾,局部地方有零星小雨,气温 8～13℃;27 日晚到 28 日阴有零星小雨;29 日阴有小雨;30 到 31 日阴有小雨或零星小雨;2 月 1 到 2 日阴天。

【冷空气来到】　冷空气的到来为腊八节送了一份大礼:逐渐恢复的清新空气。但脱掉口罩的同时就必须要穿上棉袄,在这寒冷的腊八节,很适合家人团聚一起喝碗美味的腊八粥哦!★今晚到明天白天阴天有小雨,山区有小雨夹雪,气温 6～9℃;28 日晚到 30 日阴有小雨,山区有小雪;31 日阴有小雨,山区有小雪;2 月 1 日阴有零星小雨;2 到 3 日阴天。

【冷空气如期而至】　冷空气影响继续,气温较低,凉意徘徊不去;23 到 27 日天气转好,以多云间晴为主,气温攀升明显。今晚到明天白天小雨转阴,气温 7～14℃;明晚到后天白天阴转小雨,气温 9～14℃;22 日晚到 23 日,阴转多云,气温 8～16℃。★春雨潜入夜,春风吹啊吹,冷空气如期而至,一夜之间仿佛穿越了一个季节。大家请及时添衣,避免着凉感冒。

【冷空气仍活跃】　未来七天,前期天气仍以阴天为主,有弱降水,后期阴天间多云,气温缓慢回升。阴冷潮湿的天气仍将伴随大家度过周末时光,微微的北风更会让体感温度降低。无奈乎问世间"晴"为何物,可叹阳光总被云遮住。大家注意及时添衣防感冒。★今晚到明天白天小雨转阴,气温8~14℃;明晚到后天白天阴天间多云,气温8~16℃;24日晚到25日阴转多云,气温9~20℃。

【阴冷卷土重来】　经历了一个温暖的周日后,迎来了工作日,气温也开始了新一周的波动。三月的春天注定是变幻莫测的季节,阴云汇集,"倒春寒"即将来袭!羽绒服和羊毛大衣不要急着收哦!★今晚到明天白天阴,局部地方有小雨,气温5~12℃;3月3日晚到5日白天阴有小雨;6日到9日以多云间晴天气为主,气温逐步上升。

【冷空气驾到】　冷空气"驾到"第二天,部分地方已经略有几分入冬的味道。今晚到明天白天阵雨转阴,气温13~17℃。★冷空气的影响仍在继续,请注意添衣保暖,预防感冒。刮风了,天凉了,记着穿秋裤啊!

【冷空气来袭】　立春刚过,冷空气尾随而来,准备把厚衣服收起来的朋友先不要着急了,春捂秋冻还是有必要的。抓紧最后的假期,尽情地耍、努力地耍。★今晚到明天白天阴转小雨,气温9~13℃;明晚到6日阴天,气温7~12℃;7日多云转阴,气温4~14℃。

【降温了】　暖意已探春,寒意又袭人。气温下降,该穿好的羽绒服和棉衣还是要穿好,保暖得当防感冒。返程的朋友更加要注意冷空气带来的不利影响,平安回家。★今晚到明天白天小雨转阴,气温6~10℃;明晚到8日阴天,部分地方有零星小雨,气温4~10℃。

【雪精灵露面】　雪精灵露面市区,给喜欢雪的小伙伴带来了一丝惊喜。寒冷低温天,赶快将装备全面升级到御寒和防雨雪模式吧。★今晚到明天白天小雪转雨夹雪,气温-1~4℃;明晚到12日白天雨夹雪,气温0~5℃;12日晚到13日白天雨夹雪转阴,气温-1~6℃。

【猴年第一个寒潮】　今晚到明天白天多云间阴,局部地方有零星小雨,气温8~17℃;12晚上到15日盆地大部地区日平均气温将累计下降5~7℃,主要降温时段在13到14日,冷空气影响时有3~4级偏北风,北部、中部山口河谷地区可达5~6级;12到14日盆地东北部、南部、西南部和西部沿山地区有小雨,局部中雨;16到17日多云,气温回升。★请朋友们要注意防寒和防风喔!

【乍暖还寒】　寒潮已经进入第四天,春寒料峭春雨落,气温维持在十多度,现在才是春天本来的样子。天气稍有好转,阳光时而露面。微风徐徐,鸟语花香,空气质量优,清洌的空气让人总想来个深呼吸。★今晚到明天白天阴天间多云,早晚有零星小雨,气温10~17℃;8日晚到10日阴天间多云,局部阵雨;11到14日以多云为主。

【寒潮蓝色预警】　过完今天,假期就要开始啦!省气象台随之发布了寒潮蓝色预警,冷空气明日开始扩散影响。热了这么多天,终于能够感受清凉了。不过降温幅度较大,关注天气,及时添衣,以防感冒哦。★今晚到明天白天多云间阴,早晚有阵雨,气温17~26℃;4日晚到5日阴天,有小到中雨;6日阴天,局部阵雨;7到10日阴天间多云,局部小雨。

暴雨

中国气象部门规定,24小时降水量为50毫米或以上的强降雨称为"暴雨"。由于各地降水和地形特点不同,所以各地暴雨洪涝的标准也有所不同。特大暴雨是一种灾害性天气,往往造成洪涝灾害和严重的水土流失,导致工程失事、堤防溃决和农作物被淹等重大的经济损失。

特别是对于一些地势低洼、地形闭塞的地区,雨水不能迅速宣泄造成农田积水和土壤水分过度饱和,会造成更多的地质灾害。

【雷雨即将登场】 今天晚上多云转阴,成都地区西部有分散阵雨或雷雨。★28日白天到晚上有一次明显雷雨或阵雨天气过程,雨量小到中雨,部分地方中到大雨,个别地方暴雨,有阵性大风,气温18~28℃;29日白天阴天,有小到中雨;29日晚到30日白天阴天转多云。出门请带好雨具,做好防范措施。

【雷雨,注意安全】 今晚到14日白天阴天间多云有分散性阵雨,局部中雨。气温19~29℃;14日晚上到16日多分散性雷雨或阵雨,局部大雨到暴雨。★未来几天不时有阵雨来袭,还会有雷电相伴,出行的朋友请备好雨具。当有雷击发生时,不要躲在大树底下避雨,不要接触任何的金属物件,更不能接打手机。

【雷雨来袭】 今儿多云天气唱主角,伴随偶尔来的微风。相比前两日的阳光直射那是极好的,如果再加点雨水的滋润那更是极好的。★今晚到明天白天阴天间多云,有阵雨或雷雨。局部地方大雨,气温21~30℃;5日晚上到6日白天阵雨转多云。

【暴雨持续】 今天晚上到20日阴天有雷阵雨,雨量中雨,部分地方暴雨,气温22~29℃;21日白天阴天有雷阵雨,雨量中雨,部分地方暴雨;22日白天阴天间多云有阵雨,个别地方大雨。★雨天适宜霉菌的生长繁殖,对肠胃健康不利。生熟食物要分开,日常饮食要烧熟煮透,冰箱里的食物不能存放太久。

【暴雨、暴雨】 今天晚上到21日阴天有雷阵雨,雨量中到大雨,部分地方有暴雨,个别地方大暴雨,气温23~29℃;22日阵雨转阴天间多云,西南部部分地方有中雨,个别地方大雨;23日小到中雨转阴天间多云,西南部个别地方有大雨。★明天是夏至,视太阳直射地面最北端,此时北半球白昼达最长。

【暴雨来临】 前两天依然在闷热中徘徊,闷热难受,透不过气。上天明了世人的心声,立派龙王来降雨,天凉爽、闷热消。今夜开始降水将加强。★今晚到1日白天阴天有大雨,部分地方暴雨,个别大暴雨,气温24~27℃;1日晚上到2日白天阴天有中雨,局部暴雨。

【强降雨来袭】 今天晚上到明天白天阴天有中到大雨,部分地方暴雨,气温23~29℃;明晚到10日白天阴天有中雨,局部地方暴雨;10日晚上到11日白天阴天间多云,有阵雨,局部地方暴雨。★强降雨又来了,这天气真够"变态"的。外出请带好雨具,若遇强降雨要及时躲避到安全的地方。

【暴雨袭川西】 今晚到明天白天阴天有中到大雨,部分地方暴雨,气温23~26℃;明晚到11日白天阴天有中雨,局部大雨到暴雨;11日晚上到12日白天阴天间多云有阵雨,局部中雨。★成都西部、雅安北部、德阳西部遭遇特大暴雨袭击,并且强降雨仍将持续。建议大家近期不要前往上述区域。

【暴雨持续】 今日成都地区普遍出现暴雨和大暴雨,24小时降雨量最大为303.8毫米(在大邑站)。★今晚到明天白天大雨转阵雨,部分地方暴雨,气温21~26℃;明晚到12日白天阴天间多云有阵雨。地质灾害气象风险较高,建议减少外出,避开低洼积水地带,远离河道和地质灾害易发区。

【强降雨又要来了】 今晚到明天白天多云转阵雨或雷雨,局部暴雨,气温24~32℃;15日晚上到16日白天阴天有中到大雨,部分地方暴雨;16日晚上到17日白天阴天有大雨,部分地方暴雨。★阳光十分匆忙,来了一趟又要赶着跟雨水交班,大家注意要开启"双模式"防暑防雨哦。

【明日降雨加强】　今晚到明天白天小到中雨,西部沿山一带有中到大雨,局部暴雨,气温21～30℃;17日晚上到18日白天中到大雨,部分地方暴雨,局部大暴雨;18日晚上到19日白天阴天有小到中雨,东部、西南部有大雨到暴雨。★昨日雨水小试牛刀,今晚开始逐渐汇聚能量准备更强的雨势。

【暴雨强势来袭】　今晚到明天白天阴天,大部分地方有暴雨,局部地方大暴雨,气温22～26℃;18日晚上到19日白天阴天有中雨,西南部有大雨到暴雨;19日晚上到20日白天阴天有小到中雨。★经过酝酿,雨水将展开一场来势汹涌的迅猛攻势,面对暴雨务必做好各方面的防范工作。

【暴雨蓝色预警】　今晚到明天白天阴天有大雨,部分地方暴雨,个别地方大暴雨,气温23～27℃;22日晚上到23日白天阴天有雷雨或阵雨,部分地方有中到大雨,局部有暴雨;23日晚上到24日白天阴天有雷雨或阵雨,部分地方有中雨,局部地方大雨。★大家注意预防强降雨天气带来的危害。

【暴雨蓝色预警】　今天晚上到8月1日白天多云转中雷雨,部分地方暴雨,气温24～31℃;1日晚上到2日白天阵雨转多云,个别地方大雨,气温24～33℃;2日晚上到3日白天多云,气温24～34℃。★特别提醒:雷雨天最好关闭门窗,防止闪电穿堂入室,切断不用电器设备的电源。

【暴雨蓝色预警】　今天晚上到明天阴天有雷雨,大部分地方雨量可达暴雨,气温24～29℃;7日晚上到8日白天大雨到暴雨,局部地方有大暴雨;8日晚上到9日白天阵雨转多云。★说好的降雨就要来了,外出的同学请注意及时收听天气预报,合理安排工作及生活。

【晴朗与雷雨交替】　4日晚上到5日白天多云间晴,有分散的阵雨或雷雨,个别地方大雨到暴雨,气温24～33℃;5日晚上到6日白天阴天间多云,有雷雨或阵雨,雨量中到大雨,局部地方有暴雨;6日晚上到7日白天阵雨或雷雨,部分地方大雨到暴雨。★外出要根据天气情况带好雨具哦!

【暴雨来袭】　今晚开始未来两天我市有一次明显的雷雨天气过程,雨量中到大雨,部分地方可达暴雨,雷雨时伴有3～5级短时阵性大风;今晚到明天白天阴天有分散性的阵雨或雷雨,局部地方暴雨,气温24～29℃;明晚到10日白天阴有大雨,局部暴雨。★行车时遇到打雷,在车里是最安全的,千万不要跑出来或是趴在车下。如遇大雨看不清路的话选择带偏光墨镜或是浅色墨镜,车窗起雾,用洗涤剂溶液擦拭车窗或是给爱车贴上防雨贴膜。

【降雨持续】　9日晚开始未来36小时内我市有一次明显的雷雨或阵雨天气过程,雨量中到大雨,部分地方暴雨,个别地方雨量超过100毫米。9日晚到10日白天阴天有中到大雨,部分地方暴雨,气温21～25℃;11到12日阴转多云;13到14日白天多云;14日晚上到16日阴天间多云,部分地方有阵雨。★阴雨天生雷电,避雨别在树下站,铁塔线杆要离远,关好门窗切断电源。

【雷雨频频】　今天晚上到明天白天中雨转阵雨,局部大到暴雨,气温23～29℃;明晚到后天白天小到中雨转阵雨;1日晚上到3日多云为主;4到6日多云间阴,有分散的雷雨或阵雨。★盛夏里温度偏高,空气对流旺盛,雷雨变成了近几日的常客。雷雨天气来临时,不要接触水管等金属物,不要打电话,并切断家用电器电源;如在户外,应尽量避开电线杆、广告牌等。

【小心雨水突袭】　今晚到明天白天小雨转多云,局部地方大雨到暴雨,气温23～33℃;22日晚到28日多云间阴,有阵雨或雷雨。★今晨的雷雨是否惊扰您的好梦?未来雨水仍活动频繁,部分地方的雨势还不小,出门小心雨水的突然袭击,同时要注意交通安全。

【风驰雨骤】　今天白天到晚上阴天间多云有分散性阵雨,局部大到暴雨,气温22～30℃;19日多云间阴,有分散性阵雨或雷雨;20日阴天间多云,有阵雨或雷雨,局部大到暴雨。★风驰雨骤,降雨过程中还将伴随阵性大风,提醒大家需要注意预防,外出活动携带雨具,雨路湿滑,注意交通安全。

【雨水飞洒】　今晚到明天白天阴天有雷雨或阵雨,雨量中雨,气温22～29℃;18日晚上到19日阴天有雷雨或阵雨,部分地方中到大雨,局部暴雨;20到24日阴天有阵雨或雷雨。★雨水飞洒,虽然清新了空气,但也给出行带来不便,出行带好雨具喔。

【今夜暴雨来袭】　今晚到明天白天有雷阵雨,雨量中雨到大雨,部分地方有暴雨,个别地方有超过100毫米的大暴雨,雷雨时伴6级以上短时阵性大风,个别地方有冰雹,气温20～27℃;5日晚到7日仍有较强降水。★请加强防范强降水、内涝、雷电大风等灾害带来的危害。

【阵雨出没　勤带伞】　今晚到明天白天多云,有分散性阵雨或雷雨,个别地方有大雨,气温25～35℃;明晚到6日多云,有分散性阵雨或雷雨;7日有一次雷阵雨天气过程,局部暴雨;8到10日以多云到晴为主;11日多云转雷阵雨。★雷雨天气,如果需要外出,最好穿胶鞋,穿塑料等不浸水的雨衣。

【降雨仍是主旋律】　今晚到明天白天阴天,有小到中雨,局部地方大雨到暴雨,降水主要集中在西部沿山地区,气温21～27℃;8到9日阴有中雨,局部大到暴雨;10日阴有中雨;11日阴天间多云有阵雨;12到13日阴有小到中雨,局部大到暴雨。★降水仍是主旋律,注意防范连续降雨的不利影响。

【风雨欲来】　今晚到明天阴天间多云,有中雷雨,局部地方暴雨,雷雨时伴有短时阵性大风,气温23～30℃;6到7日阴有中到大雨,局部暴雨;8到9日阴有阵雨或雷雨,部分地方大雨到暴雨;10到11日阴天间多云有阵雨。★一场雨水的盛宴即将来临,大家外出时须做好相应防备工作。

【听雨的声音】　今晚到明天白天多云间阴,有分散性阵雨或雷雨,个别地方大雨到暴雨,气温22～32℃;31日晚到2日多云间阴有阵雨或雷雨;3到6日多云间阴,多阵雨或雷雨,局部大到暴雨。★藿香正气水中的白芷、紫苏叶有温燥透表的作用。不适合治疗中暑,只能作为发病时的急用药。

【雨水依然还在】　今天白天到晚上阴天有阵雨或雷雨,气温21～28℃;30到2日以阴天间多云为主,多阵雨或雷雨。★最近雨水出勤率较高,而昨晚开始更是大规模出镜。今天雨水还是常客,气温下降较为明显,闷热感也有所缓解。

【雷雨来,雨伞带】　今晚到明天白天多云转阴有雷雨,雨量中雨,部分地方暴雨,气温23～31℃;4日晚到6日阵雨转多云;7到9日有阵雨或雷雨,局部大到暴雨;10日多云。★夏季的天就像小孩子的脸,说变就变。经过前几日的暴晒,是不是都特别期盼给力的雨水啊?这下终于千呼万唤始出来了!小伙伴们出门记得带把伞,防晒又防雨。

【今夜有雷雨】　今晚到明天白天阴天间多云,有雷雨,雨量中雨,个别地方暴雨,雷雨时伴有短时阵性大风,个别地方有冰雹,气温18～26℃;明晚到3日多云转阴,其中2日晚有阵雨;4到7日阴天间多云,雨日较多,其中4到5日大部地方有雷雨或阵雨,局部中到大雨。★经过多日的酝酿,老天终于要爆发了,决意今晚来一场雷雨,给即将过节的大家提提神、降降温。雷雨时尽量不要出门,待在室内;尽量不要开门、开窗,防止雷电直击室内。

【周末再迎强降雨】　雨水在 6 月下旬飘洒后,天气也变得舒爽了不少。今天将要挥别上半年的最后一天,同时,也要准备迎接下半年的晴雨,周末将有一轮新的降水,累计雨量较大,要提前做好准备哦。★今天晚上到明天白天阴天间多云,晚上部分地方有阵雨,气温 23～32℃;7 月 1 日晚到 2 日多云转阵雨;3 日有中雨。★4 日有中到大雨,5 日盆地西北部多云转晴,盆地其余地方中雨转多云;6 到 7 日多云间晴。

高温

高温,指某站日最高温度达到 37℃ 或以上的温度,分为两个级别,即 37℃ 或以上和 40℃ 或以上就是高温天气。高温天气会给人体健康、交通、用水、用电等方面带来严重影响。

高温热浪使人体不能适应环境,超过人体的耐受极限,从而导致疾病的发生或加重,甚至死亡,动物也是一样。同时高温热浪也可以影响植物生长发育,使农作物减产。高温热浪过程还会加剧干旱的发生发展;还可使用水量、用电量急剧上升,从而给人们生活、生产带来很大影响。另外,高温热浪往往使人心情烦躁,甚至会出现神志错乱的现象,容易造成公共秩序混乱、伤亡事故以及中毒、火灾等事件的增加,这些是高温热浪的间接影响。

【周末高温依旧】　今晚到明天白天多云间阴,部分地方有阵雨或雷雨,气温 23～34℃;27 日晚到 28 日白天多云;28 日晚到 29 日白天多云转阴有阵雨或雷雨,局部大雨。★偶来的阵雨无法缓解高温天气,闷热依旧是主流。周末来了,要不宅在家里与空调做伴;要不找个舒适的地儿乘凉消暑去吧!

【高温、暴雨互掐】　今晚到明天白天中雨转多云,局部大到暴雨,气温 25～34℃;明晚到 26 日白天多云间晴;27 到 28 日多云为主,局部阵雨;29 到 30 日阴间多云,有阵雨或雷雨。★今日老天发疯,高温和暴雨互掐,害苦了黎民,不仅要先忍受"非常得热",还要遭遇电闪雷鸣和暴雨! 今日大暑。请注意防暑降温,尽量避免在高温时段进行户外活动。

【热热热! 高温持续】　今晚到明天白天多云,气温 23～34℃;明天晚上到后天白天以多云为主,有分散的阵雨或雷雨;29 到 31 日白天多云间阴,有阵雨或雷雨,局部中到大雨;1 日到 2 日中到大雨,局部暴雨。★太阳热情似火,气温一路高歌,明日天气依然晴热。大暑时节,最易中暑,尽量避免在中午时段外出,平时要多喝淡盐水等补充水分。天热会导致人体倦怠,可以多吃一点解暑食物和养生粥。起居要调整好,中午有条件的话应午睡。

【热化了】　今晚到明天白天多云,气温 24～33℃;明晚到 30 日白天多云间阴,午后到晚上有阵雨或雷雨;30 日晚上到 1 日中雨,局部大到暴雨;2 到 3 日多云为主。★明后两天仍然继续"热～热～热～"的单曲循环,不过午后到傍晚出现雷雨或阵雨的概率会增加。外出记得带伞哦,防晒遮雨两不误!

【桑拿天】　在这盛夏的三伏天,时而高温时而阵雨,闷热、潮湿成为主题,熏蒸着我们。要特别注意防中暑、热伤风和腹泻等疾病。出汗多时可适当喝一点淡盐水,补充人体钠盐。★今晚到明天白天多云间阴,有阵雨或雷雨,气温 24～32℃;明晚到 6 日多云间阴有阵雨或雷雨,局部大到暴雨;7 日多云间阴有阵雨;8 到 11 日我省自西向东有一次明显的降雨天气过程。

【"烤箱模式"持续】　今晚到明天白天多云间晴,午后或傍晚前后有分散的阵雨,气温23～36℃;明晚到21日白天多云有阵雨,局部中到大雨。★肆无忌惮的高温笼罩着城市,天气更是从"桑拿模式"直接转为"烤箱模式",各种不舒适还要持续,希望同学们都要坚持住啊。

【"高温热浪"继续】　今晚到明天白天多云间晴,午后到傍晚个别地方有阵雨,气温24～35℃;明晚到23日白天多云,局地阵雨。★高温酷热的天气,走路就像是麻辣烫,坐下就像是铁板烧,有没有?虽说待在空调房非常凉爽,但同学们也要注意室内外的温差不宜过大,避免给身体带来危害。

【"热晴"依旧】　今天白天到晚上晴,气温22～35℃;11到13日以多云到晴的天气为主;14日阴有阵雨或雷雨。★天气依旧"热晴",气温较高,紫外线强,午后高温时段尽量减少室外活动,注意防晒防暑,多补充水分,饮食宜清淡,多食蔬菜水果。

【防暑防晒】　今晚到明天白天多云间晴,有分散的阵雨或雷雨,个别地方暴雨,气温23～33℃;11日晚到13日多云,多分散的雷雨或阵雨;14到17日以多云为主,气温较高,多分散的雷雨或阵雨。★高温成为主力,紫外线辐射强,外出请注意防暑防晒。

【热浪滚滚】　今天白天到晚上多云,有分散的阵雨或雷雨,个别地方大雨到暴雨,气温24～35℃;27到30日以多云为主,多分散性的阵雨或雷雨。★高温天气用温水洗澡,不仅可以洗掉汗水、污垢,使皮肤清洁凉爽,消暑防病,而且能起到锻炼身体的作用。

【骄阳似火】　今天白天到晚上晴间多云,气温21～36℃;12到13日以多云天气为主,局部有分散性的阵雨;14到15日阴天间多云有阵雨或雷雨。★晴热天气还将持续,骄阳似火,炎热苦闷,防晒已成为重点,建议大家适当多补充水分,多吃清热利湿的食物,如水果蔬菜,谨防疾病。

【暑气逼人】　今晚到明天白天多云,有分散性阵雨或雷雨,个别地方大雨到暴雨,气温24～35℃;24到25日多云,有分散性阵雨或雷雨;26到29日阴天间多云,有阵雨或雷雨,局部大到暴雨。★高温持续,酷暑难耐。提醒大家避免在高温时段外出;不要熬夜,保证睡眠,多喝水,适当加强锻炼。

【暑热难耐】　今晚到明天白天多云,午后到傍晚有分散性阵雨或雷雨,个别地方大雨到暴雨,气温24～37℃;23到24日多云有阵雨或雷雨;25日多云间晴,有分散阵雨或雷雨;26到28日阴天间多云有阵雨或雷雨,局部大到暴雨。★暑热天气,除了防暑补水外,尽量避免或减少户外活动。

【烈日明日又将"上线"】　今晚到明天白天多云,有阵雨或雷雨,雷雨时有短时阵性大风,气温24～35℃;30日晚到8月1日以多云到晴为主,有分散性阵雨或雷雨;8月2到4日,多云间阴,多分散性阵雨或雷雨,局地大雨到暴雨。★今日高温大打折扣,明日气温又升,周末避暑走起!

【高温与雷雨一个都不少】　今晚到明天白天多云,有分散性阵雨或雷雨,雷雨时伴短时阵性大风,气温25～35℃;29日晚到8月4日以多云到晴为主,有分散性阵雨或雷雨。★高温与雷雨交叉上岗,提醒大家,一定要随时注意天气变化,防暑防雨一样不能少!

【暑热炎炎】　今晚到明天白天多云,有分散的雷雨或阵雨,雨量中雨,局部大雨到暴雨,个别有冰雹,气温22～34℃;25日晚到31日多云为主,多分散性阵雨或雷雨。★高温持续,酷暑难耐。提醒大家避免在高温时段外出;不要熬夜,保证睡眠,多喝水,适当加强锻炼。

【"热晴"周末】　今晚到明天白天多云间晴,夜间局部地方有阵雨或雷雨,气温25～36℃;

20 日晚到 22 日多云间阴,有分散阵雨或雷雨;23 到 26 日多云间阴,有分散的阵雨或雷雨,局部中到大雨。★周末继续高温天气,"热晴"依旧。提醒大家注意防暑降温,保证充足睡眠,合理补充水和无机盐。

【高温进行时】　今晚到明天白天多云间晴,傍晚前后有分散性阵雨或雷雨,个别地方大雨到暴雨,气温 24～35℃;18 日晚到 21 日多云,有分散的阵雨或雷雨;22 到 24 日阴天,有阵雨或雷雨,部分地方大雨到暴雨。★气温较高暑气旺,使用空调要得当,防暑降温保健康。

【明入末伏　秋老虎继续发威】　今晚到明天白天多云,有分散的阵雨或雷雨,个别地方大雨到暴雨,气温 23～34℃;16 日晚到 18 日多云间晴,有分散的阵雨或雷雨;19 到 20 日多云,有分散性的阵雨或雷雨;21 到 22 日阴天,有阵雨或雷雨,部分地方大雨到暴雨。★明日进入末伏,高温持续,注意防暑降温。

【高温惹不起　躲得起】　今晚到明天白天多云,有分散性的雷雨或阵雨,个别地方大到暴雨,气温 22～34℃;1 日晚到 2 日多云,有分散性雷雨;3 日雷阵雨;4 到 5 日有雷雨或阵雨,局部大到暴雨;6 到 7 日多云间阴,有分散性的阵雨。★明日依旧被"热情"款待,近期高温持续,小伙伴们是不是热坏了? 受不了的朋友,周末到了,咱消暑纳凉的地儿可有的是! 随便挑随便选,安全第一可不要忘记了哦。

【"烧烤"继续】　今晚到明天白天多云,局部地方有阵雨或雷雨,气温 22～34℃;28 日晚到 30 日白天以多云天气为主;31 日到 8 月 2 日以多云间阴天气为主,有雷雨或阵雨,局部有中到大雨;3 日多云有阵雨。★7 月的最后一周,前半周继续烧烤模式,后半周部分地方有雷雨或阵雨。出门都需要勇气的日子,防暑降温,大家各出奇招吧!

【雨水不敌高温】　今晚到明天白天多云间阴,夜间部分地方有阵雨或雷雨,局部地方中到大雨,气温 20～35℃;5 日晚到 6 日多云;7 日阵雨;8 日晚到 9 日有阵雨或雷雨,局部大到暴雨;10 到 11 日多云转阵雨。★今日还是让我们感受到了夏日里难得的凉爽,明日热浪将卷土重来,同时提醒大家:近期天气易出现分散性阵雨或雷雨,外出最好带把伞,小心被淋雨哦。

雾/霾

雾/霾常见于城市。中国不少地区将雾并入霾一起作为灾害性天气现象进行预警预报。其实,雾和霾是两种不同的天气现象,它们是特定气候条件与人类活动相互作用的结果。高密度人口的经济及社会活动必然会排放大量细颗粒物($PM_{2.5}$),一旦排放超过大气循环能力和承载度,细颗粒物浓度将持续积聚,此时如果受静稳天气等影响,极易出现大范围的雾/霾。

【多云伴雾】　今天晚上到 7 日白天多云间晴,早上有雾,局部大雾,气温 3～17℃;7 日晚上到 8 日白天阴天间多云,局部地方有零星小雨。★天气还是不错的,但早上有雾,开车的朋友请控制好车速,注意避让行人及其他车辆。

【霾军归来】　今晚到明天白天多云间晴,早上部分地方有雾,气温 0～17℃;明晚到 13 日白天多云间阴;13 日晚到 14 日阴天间多云;15 到 16 日阴天间多云;17 到 18 日阴转阵雨。★食不过饱,饱不急卧。养生在动,养心在静。心不清净,思虑妄生。心神安宁,病从何生。闭目养神,静心益智!

【雾/霾天气】　今晚到明天白天阴天间多云,大部地方有霾,气温 5～11℃;14 日晚到 15

日阴天;16 日阴有小雨;17 日以阴天间多云天气为主;18 到 19 日阴有小雨或零星小雨;20 日阴转多云。★晨曦东方暮色西,阳初天际月山后,午后暖阳似春天,夜半钟声寒意浓。雾天驾车注意控制车速,注意运用好灯光,注意保持清晰的视线,注意运用喇叭,注意会车安全,注意别超车,注意情绪调整。霾天气注意自我防护。

【雾/霾天须注意安全】 早晚雾气氤氲,视线不清,驾车外出应开启雾灯,减速慢行。特别是路经交叉道口须格外注意安全。★今晚到明天白天阴转多云,气温 4～17℃;明晚到 6 日白天多云,早上有雾;6 日晚上到 7 日白天多云转阴。

【雾/霾恼人】 今晚到明天白天阴天间多云,大部分地方有霾,气温 4～11℃;16 日晚到 18 日以阴天为主,有小雨或零星小雨;19 到 22 日多云为主。★雾/霾继续叨扰,整个城市开启了磨砂模式,空气质量不会明显好转,小伙伴们要继续注意防护哦。由于雾/霾天气对呼吸系统的影响很大,最容易引起急性上呼吸道感染、肺炎等疾病,应多吃润肺食物,如雪梨、橘子、百合、莲藕、罗汉果等。

【早上多雾,小心慢行】 今晚到明天白天多云间晴,早上部分地方有雾,气温 2～15℃;21 日晚到 23 日多云,早上部分地方有雾;24 到 25 日多云间阴天;26 到 27 日阴天间多云,局部有阵雨或小雨。★今天一年中最后一个节气——大寒如期而至,却未带来意料中的寒意。明天阳光依然是主角,早间雾弥漫,午后阳光暖。多雾的季节里,出行前最好先了解相关路况,路上小心行驶。

【阴云伴周末】 天空灰着脸,冷风不来,"霾伏"难破。赖皮的"脏"空气不走,这个周末,小伙伴还是要戴好口罩,合理安排户外活动时间。选择待在家里的话可以听听音乐,泡上一杯暖身茶为身心充电!★今晚到明天白天阴间多云,大部地方有中度霾,气温 6～13℃;25 到 26 日阴间多云,局部零星小雨;27 日阴天,局部零星小雨;28 到 31 日阴有小雨或零星小雨,冷空气来袭,气温降幅明显。

【霾伏犹在】 持续的霾给天空奠定了阴郁的基调,周末饮食宜选择清淡易消化且富含维生素的食物,多饮水,多吃新鲜蔬菜和水果,能起到润肺除燥、祛痰止咳、健脾补肾的作用。冷空气来袭,气温降幅明显,请注意添衣保暖。★今晚到明天白天阴天间多云,大部分地方有中度霾,气温 8～14℃;26 日晚到 27 日阴天间多云,局部零星小雨;28 日阴有小雨;29 到 31 日阴有小雨或零星小雨;2 月 1 日阴天。

【雾/霾持续】 今晚到 5 日白天多云,早上有雾,气温 6～15℃;5 日晚到 9 日多云间晴;10 到 11 日以多云间晴天气为主。★雾/霾天应尽量减少外出,暂缓户外锻炼并开窗通风。老人、孩子和有呼吸道疾病的人群更应注意防范。如果必须出门,尽量戴口罩,减少颗粒物的吸入。

【节日愉快】 今晚到明天白天多云,部分地方有雾/霾,气温 2～14℃;2 日晚到 3 日白天阴天间多云;4 到 6 日以多云为主;7 到 8 日阴天,局部地方有小雨或零星小雨。★天气不错,但空气质量较差,车流量较大,元旦出行人员增多,请过往驾驶员注意保持良好行车距离,确保节假日期间出行安全、顺畅。节假日亲朋聚会,容易贪杯,要开车的朋友请勿饮酒,酒驾醉驾对交通安全存在重大隐患。

【空气污染明显】 今晚到明天白天阴天,大部地方有重度霾,气温 4～12℃;明晚到 1 月 1 日白天小雨转阴;1 日晚到 2 日阴天;3 到 6 日以阴天间多云天气为主,局部地方有零星小雨。★近期空气污染明显,饮食宜选择清淡易消化且富含维生素的食物,多饮水,多吃新鲜蔬菜和水果,这样不仅可补充各种维生素和无机盐,还能起到润肺除燥、祛痰止咳、健脾补肾的作用。

【霾天太任性】 今晚到明天白天阴天间多云,气温 13～20℃;18 日晚到 20 日以阴天间多云为主;21 日阴天间多云,部分地方有小雨;22 到 24 日阴天有小雨。★霾天持续,儿童、老年人和心脏病、肺病患者应尽量待在室内,停止户外运动,一般人群也适当减少室外锻炼时间。

1.2.4 气象科普

无论人类社会如何发展,自然灾害总是不断发生的,极端天气气候事件也日渐频繁,严重威胁着人类的生命和财产安全。虽然灾害事故不可能完全消除和避免,但是灾害事故是可以防范的,有效的防护措施能降低灾害所带来的损害。面对自然灾害,你知道如何进行有效的自救吗? 例如,打雷闪电时,不宜使用无防雷措施或防雷措施不足的电视、音响等电器,不宜使用水龙头;在室内应关好门窗、切断电源;遭遇城镇内涝时,若车辆在水中熄火,不要尝试重新打火,应立即离开车辆向高处转移;雾/霾天气时,应减少户外活动,外出最好戴上口罩,出门回家之后一定要勤洗脸、勤洗手。

【满城尽现蚜虫飞】 近日,成都遭遇黑虫袭击,蚜虫满天飞,成围城之势。流窜在每一个角落让大家苦不堪言。原因就是今年气温高、下雨少,蚜虫害比往年都严重一些,好在这些虫子怕下雨。★今晚到 3 日白天多云或阴天,早晚有阵雨。最低温度 15～16℃,最高温度 23～24℃。

【雨水犀利】 今天晚上到 15 日白天阴天有小到中雨,局部中到大雨,气温 19～27℃;15 日晚上到 16 日白天阴天有雷雨或阵雨,局部大雨;16 日晚上到 17 日白天阴天有中雨,局部大雨。★在户外遭遇雷雨时,不能用手撑地,应是双手同时抱膝,胸口紧贴膝盖,尽量低下头,因为头部最易遭到雷击。

【阵雨到访】 今日闷热之感不断袭来,预示着雨水将会到访。阵雨的不期而至,虽然不能完全消除闷热,却也能带给空气一抹小清新。球迷们夜间看球要注意防雷电安全哟。★今晚到明天白天阴天间多云,有阵雨或雷雨,气温 22～30℃;20 日晚到 21 日白天多云;21 日晚到22 日白天阴天间多云,多阵雨;23 到 25 日盆地内以阴天间多云天气为主,多阵性降水,东部、南部局部中到大雨。

【回家路上注意安全】 今晚到明天白天阵雨或雷雨转多云,局部地方大雨到暴雨,气温23～32℃;5 日晚上到 6 日白天多云;6 日晚上到 7 日白天多云转阵雨。★黑云压顶,暴雨如注,下班回家路上注意道路积水和交通安全。特别提醒:主汛期来临,降雨强度加大,注意防范降雨引发的灾害。

【强降雨基本结束】 今晚到明天白天有阵雨,西部有中雨,局部大雨,气温 22～29℃;12日晚上到 13 日白天阴天间多云,有小到中雨,局部大雨;13 日晚上到 14 日白天多云间阴,有分散性的阵雨。★由于前期降雨超强,在弱降水条件下发生地质灾害的风险急剧增高,注意防御地质灾害。

【周末仍有降雨】 今晚到明天白天阴天间多云,有雷雨或阵雨,雨量中到大雨,部分地方暴雨,气温 23～29℃;13 日晚上到 14 日白天有阵雨或雷阵雨,局部大雨;14 日晚上到 15 日有分散性的阵雨或雷阵雨。★周末来临,提醒大家尽量避免到山区游玩,强降水刚过,发生地质灾害的可能性极大。

【强降雨开始】 今晚到明天白天阴间多云,有阵雨或雷雨,部分地方暴雨,气温 24～31℃;16 日晚到 17 日白天中雨,部分地方大雨到暴雨;17 日晚上到 18 日白天中到大雨,部分暴雨,局部地方大暴雨。★新一轮强降雨又要来临了,请高度警惕洪涝及地质灾害可能带来的危害。

【早晚温差大】　今晚到明天白天多云,部分地方早上有雾,气温 0～11℃;明晚到 19 日白天多云间阴;19 日晚到 20 日白天阴有小雨。★室内的 PM$_{2.5}$ 除了烹调油烟等来源外,主要来源于室外,雾/霾天时不主张早晚开窗通风,最好等太阳出来再开窗通风,减少室外环境颗粒物进入室内。

【阵雨偶露云先行】　今晚到 8 日白天多云转阴,有阵雨或雷雨,气温 16～25℃;8 日晚上到 10 日阴天有阵雨,局部中雨;11 到 14 日多云间阴。★今日阳光明媚一片"晴",明日阵雨偶露云先行。立夏之后发生强对流天气以及雷击灾害的事件增多,如果正巧处在野外,应立即寻找庇护所。如果您在家里,记得将门窗关闭,最好不使用电脑、电视等家用电器。

【风轻云淡,周末好时光】　今晚到明天白天阴天间多云,有阵雨,气温 24～28℃;明晚到 8 日阴天间多云有阵雨,局部中到大雨;9 到 10 日阴天间多云有阵雨,部分地方有中到大雨;11 到 12 日多云。★潮湿的空气在夏日骄阳的照耀下让人略感一丝闷热。夏季属于雷电多发季节,注意防范雷电带来的人身伤害和财产损失。

【周末雨相伴】　雨姑娘掌控了当下的天气舞台,她全身心地投入表演,旁若无人,现在空气清新润肺,气温非常舒适宜人,但早晚体感有些偏凉,注意及时添衣,谨防感冒,出门时仍要备好雨具。山区的朋友们仍须防范强降雨引发的山体滑坡、山洪、泥石流、塌方等气象地质灾害。★今晚到 10 日阵雨,局部大雨,气温 22～27℃;11 日阵雨;12 日多云;13 到 14 日以多云天气为主,局部阵雨;15 到 16 日阵雨。

【阴有阵雨】　今晚到明天白天阵雨,局部中到大雨,气温 20～25℃;14 日晚到 15 日白天阴有阵雨,气温 19～24℃;15 日晚到 16 日阵雨转阴;17 日阴天为主,早晚小雨;18 到 20 日以多云为主。★阴沉依旧是天空的主色调,云层覆盖,风儿轻柔,阵雨会不时出没,注意防雨。未来三天气温逐渐下降,注意适时添衣!沿山地区发生地质灾害风险的可能性较大,请注意预防。

【周末好天气】　今晚到明天白天阴转多云间晴,有轻度到中度霾,气温 2～13℃;28 日晚到 30 日白天多云或多云间晴,早上多雾;31 日到 1 月 3 日以多云天气为主,其中 31 日至 1 月 1 日受北方冷空气影响,有一次降温天气过程。★又到周末了,老天爷也提供了好天气给予配合,天空祥和宁静,阳光拥抱大地,气温缓步回升,非常适宜外出旅游,在今年最后一个周末带上家人,约上朋友去放飞心情吧。温馨提醒:开车时要注意团雾带来的不利影响喔!

【冬季警惕煤气中毒】　今晚到明天白天阴天间多云,气温 3～12℃;3 日晚到 4 日阴天间多云,早上局部有雾;5 日阴有小雨;6 日多云;7 到 8 日阴有小雨;9 日阴天间多云。★冬季是煤气中毒的高发期,很多人习惯把门窗紧闭,一旦煤气泄漏或一氧化碳超标,则后果不堪设想。最好卧室开半扇窗。如果厨房有对外的窗户,则窗户一定要打开。温馨提醒:请保持室内空气流通,以防止一氧化碳中毒。

【告别小长假】　今晚到明天白天阴天,气温 3～10℃;明晚到 5 日阴天有零星小雨;6 日多云间阴;7 到 8 日阴有小雨;9 到 10 日阴天间多云。★元旦小长假来也匆匆,去也匆匆。明日开始将开启连续 6 天工作模式。朋友们注意调整好心情哦!温馨提醒:如遇雾/霾天气,儿童、老年人和心脏病、肺病患者应停留在室内,停止户外运动,一般人群减少户外运动。云层笼罩雾/霾扰,注意预防保健康!

【冷空气吹散雾/霾】　今晚到明天阴天有零星小雨或小雨,今晚到明天上午部分地方有轻度霾,气温 5～10℃;6 日多云;7 日多云转小雨;8 日阴有小雨;9 到 11 日多云。★冷空气来了,雾/霾天气将得到有效缓解。温馨提醒:冬季养生应顺应自然界的闭藏规律,以敛阴护阳为根本,饮食方面把握 4 个"点"能够保平安,即多"点"水、饮"点"茶、喝"点"粥、进"点"补。

【天气依旧】　今晚到明天白天阴天间多云,局部地方早上有雾,气温 4～12℃;11 日晚到 12 日多云;13 日多云间阴;14 到 15 日阴天,有小雨或零星小雨;16 到 17 日以阴天间多云天气为主。★天空被密云笼罩,阳光偶尔见缝插针;早晚气温略显低迷,保暖工作不能松懈;部分地方早上仍有雾,出门还须注意交通安全。雾天行车一定要降低车速,保持与前车的距离,集中精神、谨慎驾驶才是安全之道。

【久违的阳光】　终于可以见到阳光了,但空气质量仍不佳,应尽量减少外出,外出时须做好相应的防护,进屋后要及时清洗手和脸。★今晚到明天白天阴转多云,气温 6～15℃;明晚到后天白天阴间多云;26 日晚到 27 日阴,局部小雨。

【雷雨天须注意】　今晚到明天白天多云,有分散性阵雨或雷雨,局部地方暴雨,雷雨时伴短时阵性大风,个别地方有冰雹,气温 25～36℃;28 日晚到 29 日多云,有阵雨或雷雨,局部大到暴雨。★夏季降温要记得循序渐进以免引发感冒,更要记得出门带伞以防局地雷雨。

【风雨来袭　注意安全】　今晚到明天白天阴天有雷雨,雨量中雨到大雨,部分地方暴雨,雷雨时伴有短时阵性大风,气温 21～26℃;7 到 8 日阴有中雨,局部大到暴雨;9 日阴有中雨,部分地方大雨到暴雨;10 到 11 日阴天间多云有阵雨;12 日阴有中雨。★注意防范强对流天气带来的危害。

【雨水来报到】　今晚到明天白天阴天,有小雨到中雨,个别地方大雨,气温 20～26℃;10 到 12 日多云间晴;13 到 14 日阴有小到中雨,个别地方大雨;15 日阴天间多云,早晚有小雨。★雨水来势汹汹,外出须勤带雨具,雨天地湿、路滑,注意礼让,出行注意安全。

【天气凉悠悠】　今晚到明天白天中雨转阴天间多云,局部地方大雨到暴雨,气温 19～25℃;30 日晚到 31 日小雨转阴;9 月 1 到 3 日多云间晴;4 到 5 日中雨转小雨,局部大雨。★气象意义上的入秋,是要连续 5 天的日平均气温小于或等于 22℃。好好感受这夏天的尾巴吧。

【谨防地质灾害】　今晚到明天白天阴有小到中雨,个别地方大雨,气温 20～25℃;10 日晚到 11 日中雨转小雨;12 日多云间阴;13 到 14 日多云转阴;15 到 16 日阴有小雨,局部中雨。★7 日晚间开始盆地西部有持续降水,累计雨量大;随着降水东移,盆地东部的部分地方也将有较大降水。友情提醒:连日降雨易诱发山洪、泥石流等地质灾害,请尽量避免前往山区等地质灾害易发区。

1.2.5　健康生活

天气条件是影响人类生活环境的重要因素,天气条件及其变化不仅影响人的生理健康,对人的心理情绪方面也有着一定的影响。有利的天气条件可以使人情绪高涨、心情舒畅,生活质量和工作效率提高;而不利的天气条件则使人情绪低落、心胸憋闷、懒惰无力,甚至会导致精神病态和行为的异常。天气在人们的生活中起着不可忽视的作用。天气万变,不同的天气对人们也有着截然不同的影响。面对种种不同的天气情况,应该顺应自然,适应气候,做好自我调节,与美丽的大自然和宜人气候保持协调一致。

【雨水来袭,气温要跌咯】　早早换夏装的朋友留意啦:今夜到 20 日天空阴沉,一场雷雨或阵雨将至,局部有中到大雨,伴随气温直线下跌 3～5℃,即气温 14～25℃。★雨水减去连日来的炎热,带来一个更似春日的天气。目前春夏模式还将随机切换,这样的天气太容易感冒,必备神器:雨具、外套!

【阴天持续】　今晚到 11 日白天阵雨转阴,气温 12～16℃;11 日晚到 13 日白天阴天,部分地方有小雨。感冒指数:4 级,发病率偏高。★体质较弱者及老幼人群应注意适当防护,随气温的变化及时增减衣服,若运动后出汗应及时擦干。

【朝朝暮暮风犹寒】　多云和阴天轮番上演,云层遮蔽下的天空透着丝丝寒意。天气冷可多食红色食物,因其富含蛋白质和优质维生素,可增强人体抗寒力。★今晚到明天白天阴天间多云,局部零星小雨,气温 6～13℃;27 日晚上到 28 日白天多云;28 日晚上到 29 日白天多云间阴。

【雨势增长】　今天晚上到 19 日白天多云间阴,有小到中雨,局部暴雨,气温 23～31℃;19 日晚上到 20 日白天阴天间多云,有中雨,部分地方暴雨;20 日晚上到 21 日白天阴天间多云,有小到中雨,个别地方暴雨。★雨天霉菌繁殖迅速,影响肠胃健康,提醒饮食要烧熟煮透,冰箱里的食物不能放太久。

【阳光助长气温升】　今晚到明天白天多云间阴,气温 19～29℃;29 日晚上到 30 日白天阴天间多云有阵雨;30 日晚到 31 日阵雨转多云;6 月 1 到 2 日多云;3 到 4 日有一次降雨天气过程。★夏日养生要注意:晨练不宜过早,以免影响睡眠,运动时要控制好强度,以免体能消耗过大;运动后冷饮降温伤害肠胃,温稀盐水是降温的最好饮料。

【雨水洗涤心灵】　今晚到明天白天阵雨转阴,气温 21～26℃;明晚到 12 日白天阴天,早晚有阵雨。周内降雨频繁,其中,11 日到 12 日降雨较明显,普遍小到中雨,局部大雨,16 日开始天气逐步好转,气温回升。★每当下雨时,总喜欢迎着微风,观望连绵不断的雨丝,聆听雨滴滴答答的声音。此时内心格外的平静!小知识:热茶的降温能力大大超过冷饮制品,是消暑饮品中的佼佼者。每天四杯茶,提神、除郁、补肝、清热。

【空气清新,雨水送爽】　今晚到明天白天阴有阵雨,气温 19～23℃;明晚到 14 日白天阵雨,晚上小到中雨;15 日前多阵雨;16 到 18 日以多云天气为主,气温明显回升。★雨水短暂过往,清新的空气加上一丝凉意,体感无比舒畅!夏天满身大汗时、酒后、饱餐后、运动后、发烧时、血压过低时不宜洗澡。

【炎天暑热】　今晚到明天白天多云,气温 22～31℃;明晚到 18 日阴有阵雨;19 日阴有阵雨,局部中到大雨;20 到 22 日阴有小到中雨,局部大雨;23 日多云。★炎热夏日,人体内蛋白质代谢加快,能量消耗增多,大量出汗后易中暑,应及时补充足够的水分和无机盐。推荐食用鸡蛋花,味甘、淡、微苦,气香,归大肠、胃、肺经,具有清热利湿、清肠止泻、解暑、润肺解毒的功效。

【周末高唱小"晴"歌】　今晚到明天白天多云,气温 24～33℃;明天晚上到 28 日白天以多云为主,部分地方有阵雨,气温 24～32℃;29 到 30 日多云间阴,有分散的阵雨或雷雨;31 日到 8 月 1 日阵雨或雷雨,局部雨量较大。★阳光尽情展颜,气温高调上升,周末天气主打高温晴热!请尽量避免在高温时段进行户外活动,如果一定要出门,记得要备好防晒用具和防暑降温药品,如十滴水、人丹、风油精等,且注意多喝白开水,定时饮水。

【雨姑娘调皮了】　今晚到明天白天阴天间多云,部分地方有阵雨,气温 23～31℃;24 日晚上到25日白天阴天间多云,有阵雨;25日晚上到26日白天多云,部分地方有阵雨。★虽然阵雨不断,但降温作用并不明显,所以潮湿闷热天气继续保持。注意少吃辛辣食物,勤备莲子粥、绿豆汤等防暑防湿食品。

【周末天气晴好】 今晚到明日白天多云间晴,局部有阵雨,气温23～34℃;3日晚到4日白天多云,有分散性的阵雨或雷雨;4日晚到5日白天多云间阴,午后到晚上有雷雨或阵雨。刚下雨凉快了两天,高温君又吵着要常回家看看,所以请大家务必做好迎接准备,防晒霜、遮阳伞等出门必带。

【阴云相间】 今晚到28日白天多云间阴,气温19～28℃;28日晚到29日白天多云间阴,气温20～29℃;29日晚到30日阵雨;31日到9月2日有明显的降雨天气过程,雨量中到大雨,局部暴雨;3日阴有阵雨。★夏秋过渡时期,天气变化快,雨水时不时到访;昼夜温差较大,天气忽冷忽热,体质较弱的人群极易感冒和产生秋季腹泻。建议大家这个时期:生活要有规律,注意劳逸结合,多吃水果蔬菜,保证充足的睡眠,加强体育锻炼。

【阴雨交替】 今天晚上到明天白天阴天有间断小雨,局部地方中雨,气温19～23℃;3日晚上到4日白天阴天有小雨;4日晚上到5日白天小雨转阴。★小雨伴着习习凉风,是不是很惬意?未来几天都是主打阴天有小雨的天气。出门的小伙伴们最好携带雨具哦。

【小清新的日子】 今晚到明天白天多云间阴,有阵雨,气温19～28℃;明晚到后天白天多云,个别地方有阵雨;13日晚到14日白天多云。★不闷、不热、微凉,一丝清爽的微风拂面而来,夜间雨水滴滴答答的,这样的天气真是非常小清新!大伙儿跟着温度的节奏,增减衣物,谨防感冒。

【阴雨天"休假"归来】 今晚到明天白天阴天间多云,部分地方有阵雨,气温21～29℃;明晚到17日白天阴天间多云有阵雨;17日晚到18日白天阴有阵雨,局部中到大雨。★热冷交替的秋季,时而晴时而雨,一不留神就容易着凉感冒,请及时关注天气变化,适当着衣!

【天气变凉了】 今天晚上到明天白天阴有小雨转多云,气温14～24℃;27日晚上到29日以多云天气为主。★秋风起,树叶黄,细雨纷霏天变凉。降水降温,地下湿滑,朋友们要及时添加衣物,更要注意出行安全。最后,不妨再给父母发条短信或者打个电话提醒一下注意身体健康。

【好天伴周末】 今晚到明天白天多云,气温19～28℃;20日晚到21日白天多云间阴;21日晚到22日白天阴有阵雨;23日阵雨转多云;24日到25日白天多云间阴;25日晚到26日阴有小到中雨。★天气不错,阳光与云层玩起了捉迷藏,时隐时现,秋高气爽,适宜出游访友。天气逐渐凉爽后,人体皮肤和毛孔开始收缩,脑血管出现代谢不足,易出现"秋乏"的感觉。要保证充足睡眠,合理饮食。

【天冷添衣】 今晚到明天白天阴天间多云,夜间有小雨,气温13～19℃;19日晚到20日白天阴转阵雨;20日晚到21日白天阴转小雨。★雨水净化了空气,但也带来了丝丝的寒意,在添衣保暖的同时,也要调整膳食和加强锻炼,谨防感冒,外出记得带伞。

【间断小雨】 今晚到13日白天阴有阵雨,气温11～15℃;13日晚到14日白天阵雨转阴;14日晚到15日白天阴转多云。★白天温暖的阳光,无法逆转阴天持续的架势,早晚的零星小雨更添一丝冷意,抵御寒冷还得靠咱强身健体,吃饱穿暖才靠谱!

【零星小雨】 今晚到14日白天小雨转多云,气温10～16℃;14日晚到15日白天阴转多云;15日晚到16日白天多云间晴。★连续阴雨天,会抑制呼吸功能和血液循环,使人心情压抑、情绪低落,这时要注意调节情绪,适当参加体育锻炼以利体内湿气和热量的散发!

【阴雨当道】 今晚到 18 日阵雨转阴天,气温 10～16℃;19 到 20 日阴天间多云;21 日阴天间多云,22 到 24 日受弱冷空气影响,阴天有小雨。★细雨寒风带来秋的问候,阴天当道,体感略为湿冷,天气已是随着深秋的到来更显寒意,特别提醒您注意保暖。为了避免感冒的侵袭,建议尽量冷毛巾敷面,刺激血管和神经;足部保暖,用温水来泡脚。

【周末好天气】 阳光总让你不忍心抗拒,在寒冷的风中却温暖着你的心。★今晚到明天白天多云间阴,气温 4～15℃;明晚到 1 日白天多云;1 日晚到 2 日白天多云。以粗茶淡饭养养胃,让灿烂阳光晒晒背。

【周末有点冷】 今晚到明天白天小雨转多云,气温 5～13℃;15 日晚到 16 日多云间晴;16日晚到 17 日白天多云。★冬季外出的时候,戴一顶保暖的帽子是非常不错的选择;挑选时选择毛线的或是棉的,而且不建议太紧,否则会造成头部不适。

【太阳公公要回来咯】 今晚到明天白天多云,气温 1～14℃;16 日晚到 18 日白天以多云天气为主。★小雨伴寒风,热水袋伴大棉袄,我们独自熬过了湿冷的周末;太阳公公说它明天会到岗上班的,让大家穿暖些,忌贪吃辛辣油腻,多锻炼。早晚温差大,要谨防感冒!

【早晚寒意浓】 今晚到明天白天以多云天气为主,气温 4～13℃;4 日晚到 5 日白天多云,5 日晚到 6 日阵雨转阴;7 到 10 日以阴天为主,多阵雨或小雨。★雨后的空气清新宜人,大家不妨出来走走,呼吸一下新鲜空气。明天白天天气将有所好转,有望见到太阳哦,不过早晚天气寒凉,风寒容易通过颈部的毛孔入侵,引起颈椎病发作,建议平时应注意防寒保暖,尽量穿高领衣服,外出佩戴围巾。晨练时最好带件有领子的外套,锻炼后及时披上,护好脖颈。

【回温无望】 今晚到明天白天阴天转小雨,气温 3～10℃;明晚到 20 日白天阴有小雨;20日晚到 21 日白天阴间多云。★天气阴冷,空气干燥,多搓搓手、跺跺脚,增加手脚的活动,预防冻疮;气温下降,注意防寒保暖。

【阴冷天气】 冬季天气阴冷晦暗光照较少,此时容易引发或加重抑郁症,所以应调节自己的心态,保持乐观,经常参加一些户外活动以增强体质。★预计今天晚上到明天白天阴天,部分地方有零星小雨,气温 3～9℃;21 日晚到 23 日白天以阴天为主,有小雨或零星小雨。

【阴寒天气】 天空仍旧阴沉,偶尔有些小雨,寒气还是刺骨。注意防寒保暖,尤其是头部和脚部。多补充富含蛋白质的食物,以增加身体的热量,抵御寒气的侵袭。★今晚到明天白天零星小雨转阴天间多云,气温 3～9℃;12 日晚到 13 日白天多云,气温 −1～10℃;13 日晚到 14日白天多云。

【气温持续走低】 寒风嗖嗖,冷得打抖抖。天空一展愁绪,阴郁依旧,延续冻人的状态!围巾、手套、羽绒服还需要继续打响保卫战。★今晚到明天白天雨夹雪转阵雨,气温 1～5℃;明晚到 11 日白天雨夹雪转阴天;11 日晚上到 12 日白天雨夹雪转小雨。

【升温止步】 升温暂时止步,阳光依旧踪迹难觅,偶有雨水光临,空气质量有所改善。喝花茶既能够补充身体的水分,还可以促进人体阳气升发。★今晚到明天白天阴,部分地区小雨,气温 7～12℃;28 到 3 月 1 日仍以阴天为主,部分地区有小雨。

【空气质量堪忧】 预计未来 7 天,前期以多云间阴的天气为主;后期阴天有阵雨或小雨,气温略有下降。云层依旧是天空的主旋律,阳光"羞涩"地躲在云层后面,或会偶尔朦胧露面。雾/霾天气空气质量差,请大家尽量减少户外活动,多饮水吃水果哟!★今晚到明天白天多云,气温 10～24℃;明晚到后天白天多云转阴;29 日晚到 30 日阴有阵雨或小雨。

【太阳最后的挣扎】 今晚到明天白天多云转阴,气温 12～21℃;明晚到 31 日阴有阵雨或小雨。预计未来 7 天,29 日到 4 月 2 日以阴天为主,有阵雨或小雨,局部中雨,气温有所下降;4 月 3 日到 4 日阴转多云。★今日午后有种瞬间到了初夏的感觉,太阳在离开前努力地宣照着地位。不过雾/霾继续在上演,应尽量减少外出并做好防护工作!

【阴云带雨】 天空阴沉,阳光停歇,阵雨接棒,凉风嗖嗖,气温下跌,亲爱的小伙伴儿们可得套上外套,捎上把雨伞了。★今晚到明天白天阴天有阵雨,气温 16～25℃;明晚到 10 日白天阵雨转阴天;10 日晚到 11 日多云;12 到 13 日以多云天气为主。

【仍有雨水】 今晚到明天白天阵雨,气温 22～28℃;5 日晚到 6 日白天阵雨;6 日晚到 7 日白天以多云为主;8 到 9 日将有一次较明显的降水过程;10 到 11 日以阴间多云为主,有阵雨。★未来仍多阵雨,提醒朋友们随时关注雨情变化,外出时记得带好雨具,注意交通安全。下雨天饮食应以清淡为主,慎食高脂、高糖、高盐等油腻或辛辣的食物,可以选择一些健脾除湿的食物,如丝瓜、木瓜、马齿苋等。

【雨势渐大】 今晚到明天白天阴有阵雨,局部中雨,气温 19～24℃;13 日晚到 15 日白天阴有阵雨;16 日到 19 日以多云天气为主,气温明显回升。★近几日雨水还将占据上风,没有减退的意思。在入夏后的日子里,遇到气温的急转弯,准备了短袖、凉鞋的朋友们,还是悠着点,早晚备上件外套,以免感冒哦。

【雨水成为主旋律】 降雨带来了久违的凉意,湿淋淋成为主旋律。阴雨连绵的天气还将持续,小伙伴们要随时准备好雨伞,全副武装!★今天晚上到 25 日阴天有小到中雨,气温 19～26℃;26 到 27 日多云,局部有阵雨;28 日到 7 月 1 日多云转阵雨。

【又见到阳光了】 今晚到明天白天阴转多云,气温 20～29℃;2 日晚到 3 日白天阵雨转多云,气温 21～28℃;3 日晚到 4 日白天多云,气温 21～31℃;5 到 6 日以多云间阴天气为主;7 到 8 日阴天有雷雨或阵雨。★昨夜的气温仍舒适宜人,滴答的雨声相伴入眠。企盼已久的阳光终于再次洒落大地,又重新感受到久违的夏日气息了。提醒朋友们应尽量避免在午后高温时段外出,外出时记得做好防晒措施哟。

【雨水隔几日再来】 今晚到明天白天多云,气温 20～31℃;明晚到 5 日多云为主,气温 22～31℃;6 日白天阴天间多云;6 日晚到 9 日有一次明显的降雨天气过程,普遍中到大雨,局部暴雨。10 日阴天间多云,有阵雨。★雨水天气告一段落,外出注意防暑防晒。建议多喝水,及时补充身体流失的水分。好好享受这几天的好天气吧!几天后,雨水将卷土重来。

【多云相伴】 云层高调遮蔽于天空,太阳偶尔冒出来亮个相,时不时洒下的雨水仍维持着清新与凉爽,气温适宜,聆听着蝉鸣,沐浴着微风,享受着清新,这样的天气还是比较舒适的。如果每天能够坚持午睡半小时,对健康大有裨益。既可调节身体机能,还可有效防止中暑。★今晚到 14 日多云,气温 21～30℃;15 日阵雨;16 到 19 日阴天间多云有阵雨或雷雨,局部雨量较大。

【好天持续】 天气逐步转好,气温开始回升,紫外线增强,热的感觉又回来了,隐忍了许久的太阳公公终于又跳出来撒欢啦。建议饮食方面以清淡、易消化为宜,少吃油腻和辛辣的食物,要注意及时补水,出门之前做好防晒准备喔。★今晚到 14 日多云,气温 20～31℃;15 日阵雨;16 日阵雨转多云;17 到 20 日多云间阴天,有阵雨或雷雨。

【雨水接棒 清凉归来】 短暂的阳光亮相后,雨水又要接棒登台了。伴随着降雨的来临,气温也将调成清凉模式,出门一定要带上雨具和一件薄衫,在这种乍热乍冷的时节,谨防感冒。

★今晚到 21 日白天中到大雨,气温 22~27℃;21 日晚到 22 日白天中雨,局部大雨,气温 21~25℃;22 日晚到 23 日阵雨转阴;24 到 25 日阴天间多云;26 到 27 日阴天间多云,有阵雨。

【阴雨天气】 今晚到 22 日白天阴有阵雨,局部中雨,气温 19~23℃;22 日晚到 23 日阵雨转阴,气温 19~26℃;23 日晚到 24 日阴天间多云;25 日阴天间多云;26 到 28 日阴天间多云,有阵雨。★近期雨水较为频繁,光照偏少,气温偏低,需要注意适当添衣,预防疾病的发生。建议平时多运动,提高自身免疫力;还需要注意合理的膳食,以防燥护阴、滋阳润肺为准则;并且保持乐观情绪,静养心神。

【雨水来袭,气温下降】 今晚到 26 日白天小雨,局部中到大雨,气温 20~24℃;26 日晚到 27 日白天阴有阵雨,气温 20~26℃;27 日晚到 28 日多云;29 日白天以多云为主;29 日晚到 9 月 1 日大部地方有明显的降雨天气过程。★夏末秋初,阴雨绵绵,空气潮湿,忽冷忽热的天气容易导致发热感冒,建议大家多食酸味、甜味的食品,忌食辛辣,以防化热伤阴。保持健康的运动,提高自身的抵抗力。注意让自己的精神状态始终保持乐观愉快。

【阴云姑娘欢快高歌,雨神弟弟四处串门】 今晚到明天白天阴转多云,局部阵雨,气温 17~28℃;4 日晚到 5 日白天多云;5 日晚到 6 日白天多云转阴;7 日阴间多云有阵雨;8—10 日有一次较明显的降水过程。★夏末秋初惬意凉爽,阳气降低、阴气渐长,蜂蜜喝水银耳炖汤,早上常喝营养豆浆,出门谨记添加衣裳。

【阴晴相间】 时晴时阴,多云、阵雨"随机"切换,让人多少有些摸不着头脑。不过夏末秋初的天气逐渐转凉,虽中午些许小热,早晚仍会送来缕缕清风,不要太过贪凉哦!季节交替,天气干燥,梨子有滋阴润燥的功效,可以多吃些哦。★今晚到明天白天阴天间多云,有阵雨,气温 22~29℃;12 日晚到 13 日白天阴天有阵雨;13 日晚到 14 日小到中雨转阵雨;15 到 16 日阴有阵雨;17 到 18 日以多云为主。

【雨水止步 阳光可待】 今晚到明天白天多云,气温 11~21℃;14 日晚到 15 日多云间阴;15 日晚到 16 日阴有阵雨;17 到 20 日阴有阵雨。★经历过周末的大幅度降温,迎来了沁凉清新的周一,你是否已经调整好着装了呢?明起雨水止步,阳光有望露脸,气温会缓慢回升。朋友们可抓紧时间洗车晾晒!温馨提示秋季应注意补阳抗寒、增强活力,不过进补也应适度。

【雨水渐收】 今晚到明天白天阵雨转多云,气温 15~25℃;20 日晚到 22 日白天多云间阴;23 日阴有阵雨;24 到 26 日阴天间多云。★雨水不愿就此告别,正进行最后的舞蹈。久违的阳光准备亮相了,但秋季天气变化快,早晚偏凉,关注气温变化,预防感冒。同时秋季天气干燥,温馨提示:多补水,多吃蔬菜水果,保持人体代谢均衡。

【天气逐渐转差】 今晚到明天白天多云转阴,气温 16~23℃;22 日晚到 23 日阵雨转多云;24 日多云;25 到 26 日多云;27 到 28 日有一次降温降雨天气过程。★清风拂面,阳光轻柔,这样的天气怎么爱都不嫌多。但老天爷又要玩变脸了,好天又要止步了,抓紧时间享受吧,不要错过每分每秒喔。部分地区仍有轻雾骚扰,开车要减速慢行,注意交通安全。雾中含有各种污染物质,易诱发咽喉炎、气管炎等疾病。不要在雾中锻炼,更不能做剧烈运动。

【阴云盖,雨水来】 今日阴云压顶,雾/霾笼罩,让整个城市覆盖在朦胧之中。今晚开始雨水将进行大规模清洗,气温也有所下降,应谨防感冒。秋季养生应多吃芝麻、蜂蜜、银耳之类的柔润食物,以及梨、葡萄、香蕉等水分丰富、滋阴润肺的水果。★今晚到明天白天阴有小雨,局部中雨,气温 15~20℃;27 日晚到 28 日阴有小雨;29 日阴有零星小雨;30 到 31 日阴有零星小雨;11 月 1 日到 2 日以阴天间多云为主。

【天公欲降温】　今晚到明天白天阴天,早晚有零星小雨,气温12～16℃;1日晚到2日阴天转多云;3日阴天间多云;4日到5日多云;6日多云转阴,局部阵雨;7日阴天间多云有阵雨。★秋季养生首先要重视保暖,其次要防秋燥,运动量可适当加大。早晚温差较大,应注意穿衣、盖被,不要过早地穿上棉衣。气温逐渐下降,小心感冒。

【气温仍旧低迷】　烟雨蒙蒙的周末,气温低迷,体感寒冷的感觉明显,不裹起来的话出门都需要勇气。秋冬天气干燥,保护皮肤都应该“内外兼修”,从“内”补水、调整机体水液代谢,除多喝水外,还要多吃梨、甘蔗、荸荠、莲藕、蜂蜜等养阴生津润燥的食物。★今晚到明天白天阴有小雨,气温11～15℃;10日晚到11日白天多云;11日晚到12日白天阴;13到16日以阴或阴天间多云天气为主,早晚多小雨或零星小雨。

【多云天气为主】　今晚到21日白天多云间阴,气温8～15℃;21日晚到22日白天阴天,局部小雨;23到24日阴有小雨,局部中雨;25到26日多云。★深秋的阳光温馨静谧,却又出没神秘,从不单调重复;就算有凉风掠过,都饱含着舒适和安逸。由于早晚气温偏低,气候持续干燥,所以特别容易感冒,建议大家多吃水果、蔬菜,加强体育锻炼,提高自身免疫能力。

【阴天为主】　今晚到明天白天阴天,气温8～14℃;21日晚到22日白天小雨转阴天,气温9～14℃;22日晚到23日阴有小雨,气温9～13℃;24到25日小雨转多云;26到27日阴天转小雨。★天空阴沉,云层强势,阳光和我们玩起了躲猫猫,这样的天气即使无雨水的光临也照样阴冷。提醒朋友们一定要注意多喝水,可以使用一些滋润的护肤品来补充肌体的水分,并及时添衣保暖,要风度的同时也要保持温度哦。

【阴雨模式】　今晚到明天白天阴有小雨,气温9～14℃;23日晚到24日白天小雨转阴天间多云,气温9～15℃;24日晚到25日多云间晴;26到27日阴天,局部小雨;28到29日阴天转小雨。★云层依旧掌控天空,天气保持阴沉不变,雨水也不时亮相,出门游玩的朋友要备好雨具,注意防寒保暖。由于气温较低,可以多吃富含糖、脂肪、蛋白质和维生素的食物,保证身体产生更多的能量。

【防寒保暖】　今晚到明天白天零星小雨转阴天间多云,气温9～15℃;27日晚到28日阴天转多云,气温9～16℃;28日晚到29日以阴天为主;30日到12月1日阴天有小雨;2到3日多云转阴。★云层铺满天空,雨水也不时亮相,多云和阴天轮番上演,透着丝丝寒意,注意防寒保暖,同时还可多食红色食物,因其富含蛋白质和优质维生素,能有效提高身体免疫力,从而增强人体抗寒力。

【天气平稳】　今晚到明天白天阴天间多云有阵雨,气温9～13℃;3日晚到5日阴天间多云;6到9日以阴天为主,偶有短时多云,有阵雨或小雨。★近日来干燥的感觉愈发凸显,很多人会发生手脚皲裂、皮肤干燥粗糙的情况。除了要注意补水外,还可以多吃苹果、莲藕、南瓜等常见的果蔬,缓解皮肤干燥,还你水润细腻肤质。

【晴冷天继续】　今晚到明天白天多云,气温2～11℃;18日晚到20日以多云间晴为主;21到24日以多云间阴为主,局部小雨。★冷冷的晴天——晴空微风演绎着冬日别样风情,感觉美美的有没有? 这样的晴冷天还将继续。但由于近期相对湿度较低,空气干燥,要给身体多补充水分。昼夜冷暖变化快,外套要带,被子要盖,多吃水果和蔬菜,益肤保健人更帅。

【云层充斥天空　晴冷渐转阴冷】　今晚到明天白天阴转多云间晴,气温0～10℃;21日晚到23日多云间阴;24到27日以阴天为主,有间断小雨或零星小雨。★享受了几日灿烂阳光之后,云层又重新回归,晴冷转为阴冷,午后太阳间或会出来跟大家见面,但早晚依旧较寒冷。提醒老人和小孩在穿衣上要特别注意,保暖装备穿齐全了再出门,谨防感冒!

【近期天气干燥　多多补水】　今晚到明天白天多云转阴,气温 0～11℃;24 日晚到 26 日阴转小雨;27 日阴间多云,局部有小雨;28 到 30 日多云间晴,早上有雾。★今天阳光又一次高调上线,给大家送来温暖,要洗晒衣物的抓紧时间。另外,近期天气较干燥,要注意平时多饮水,补充肌体和皮肤的水分丧失,多摄入碱性食物,如蔬菜、瓜果、豆制品类、牛奶等。

【天气平稳】　今天晚上到 30 日多云间晴,局部地方有雾,气温 3～14℃;31 日多云;1 月 1 日阴天间多云;2 日阴天间多云;3 到 4 日以多云为主;5 日以阴天间多云天气为主,局部有小雨或零星小雨。★新年的脚步在一点点靠近,新的一周又开始了,天气还是比较平稳,但早晚气温低,出门要裹厚实些,清晨不时有大雾的干扰,请注意交通安全,年老体弱者、心血管及呼吸道疾病患者以及幼儿应减少外出。

【懂养生,再冷也不怕啦】　今晚到明天白天零星小雨转阴天间多云,气温 5～11℃;明晚到 9 日多云;10 日多云间阴;11 日以多云间阴天气为主,早上部分地方有雾,12 到 14 日阴天有小雨或零星小雨。★在冬季,人体处于严寒中,受到寒冷的刺激,身体需要大量的能量维持正常的工作。只能通过增加产热和减少散热来维持体温,因此适当进补和适当休息就成了此时养生的关键。

【阴云相间】　今晚到明天白天多云间阴,部分地方早上有雾,气温 2～12℃;9 日晚到 10 日多云,早上有雾;11 日多云间阴;12 到 14 日,部分地方有小雨或零星小雨;15 日多云间阴。★根据天气冷暖变化适时增加衣服,避免风寒侵袭!作息规律,保持睡眠充足,以提高机体的免疫力。气候干燥,应该多吃些生津止渴、润喉去燥的水果。比如梨有生津止渴、止咳化痰、清热降火的效果,还有苹果、香蕉、山楂等。

【昼夜温差大,注意防寒保暖】　今晚到明天白天多云间阴,部分地方早上有雾,气温 3～13℃;12 日晚到 13 日多云;14 日阴天;15 日阴天,部分地方有小雨或零星小雨;16 到 17 日以阴天间多云为主;18 日阴有小雨。★近期天气较为平稳,早晚仍是寒意浓浓,部分地方早上有雾,交通安全不得忽视。外出最好多加件衣服,以防受寒,尤其是早出晚归的朋友。俗话说"寒从足下起",应该特别注意脚步的保暖,晚上睡觉前用热水泡脚是不错的养生之法。

【天气转好】　天气逐渐转好,迎来冬日暖阳。冬季一天中最适合晒太阳的时段为上午 07 时至 10 时和下午 16 时至 17 时;因为在此期间紫外线偏低,阳光使人感到温暖、舒适。今晚到 15 日白天多云间阴,气温 8～18℃;15 日晚到 17 日白天以多云天气为主。

【周末愉快】　今晚到明天白天阴天转小雨,气温 6～10℃;18 到 19 日以阴天间多云为主;20 到 23 日为多云到晴的天气。★偶有小雨到访,持续多日的雾/霾有所减弱,空气质量得到改善。明天就是周末了,大家快出去多走走吧,但出行时勿忘携带雨具哦!三九天,睡觉前用热水泡脚,不仅能驱寒消除疲劳,还可以促进睡眠,睡个好觉哦!祝您周末愉快!

【阴云相间】　太阳将遮面出行,光芒从云天而来、时隐时现。只是空气干燥,大家要注意多喝水,抹唇膏,使用一些滋润的护肤品来补充肌体的水分。★今天晚上到明天白天以阴天为主,气温 11～16℃;21 日晚上到 22 日白天阴天转阵雨;22 日晚上到 23 日白天阴天有小雨。

【阴天间多云】　数九寒天尽显温柔,舒服的气温让人享受着冬日的温暖。但随之而来的雾/霾也让区域性污染天气转身再回来,特别是晨练活动不宜起得太早,等日出后为好。出行要做好防护准备!★今天晚上到明天白天多云转阴,大部地方有中度霾,气温 3～14℃。23 日晚到 24 日阴天间多云;25 日阴天,局部零星小雨;26 日阴天,局部零星小雨;27—29 日阴有小雨或零星小雨,冷空气来袭,气温有所下降。

【天气静稳】 近期,空气污染物不断累积难以扩散,空气质量呈重度污染趋势,且未来72小时气象条件不利于污染物扩散,建议大家周末尽量避免户外活动,或绿色出行减少尾气排放,以避免加重污染! ★今晚到明天白天阴天间多云,大部地方有中度霾,气温6~13℃;24日晚到25日阴天间多云;26日阴天,局部零星小雨。

【天气平稳】 今晚到明天白天多云间晴,气温5~19℃;16日晚到17日白天多云;17日晚到18日多云间阴,部分地方有小雨;19到20日以多云间阴为主,部分地方有小雨;21到22日以多云为主。★天气较为平稳,气温无明显变化。在这气候干燥的时期,一定要注意及时补充水分,避免呼吸系统疾病的发生;还要注意做好日常的防火工作,平平安安好过年。最后提醒大家注意预防身体里的"上火",多食水果蔬菜。

【清新的日子】 今晚到明天阴间多云,夜间有零星小雨,气温8~15℃;23日夜间到25日多云;26日到28日阴天有小雨或零星;3月1日阴天。★夜间仍有小雨不时光临,带来清新空气。另外,准备把厚衣服收起来的朋友先不要着急了,春捂秋冻还是相当有必要的。春节假期就过大半了,大家快抓紧时间尽情地耍、努力地耍。

【阴云汇集 雨水点缀】 淅淅沥沥的小雨增加了一丝清凉,最高温有所下降。所谓春捂秋冻,天气变化快,保暖衣物还不能入库哦!阴雨天会给人一种压抑的感觉,大家可以多喝绿茶调节心情! ★今晚到明天白天零星小雨转阴,气温8~12℃;28日晚到3月1日白天阴转多云;1日晚到2日白天以多云为主;3日到6日以阴天间多云天气为主,大部地方多降水,其中3日到5日受北方较强冷空气影响,日平均气温将下降5~7℃。

【阴天有小雨】 春天也不是一日就能实现的,气温就像是开赛车,时而加速时而减速,所以大家还需要耐心等待。此时节可以适当喝些菊花茶,能清肝明目,对上火、湿热等有一定的缓解功效! ★今天晚上到明天白天阴有小雨,气温5~11℃;4日晚到5日白天阴有小雨;5日晚到6日白天小雨转多云;7日到10日以多云间晴到多云天气为主,气温逐步上升。

【春捂秋冻,不生杂病】 今晚到明天白天阴天,局部有零星小雨,气温15~21℃;17日晚到18日白天阴有小雨;18日晚到19日小雨转阴;19日晚到23日以阴为主,早晚多小雨,气温将有所下降。★冬天大多数人处于蛰伏状态:深居简出、运动量减少,又偏好膏粱厚味之食物,一个冬季下来体内积存大量的脂肪和毒素。古语有云,"千金难买春来泄",指的就是"春季消脂排毒正当时"。早上起来喝一杯鲜奶,吃一个苹果,温和有益,又有排毒的效果。

【天空阴沉】 冷飕飕的周末,阴云与小雨共舞。夏练三伏,冬练三九,周末多进行一些体育锻炼,既能强身健体,又能比拼一下意志与勇气,让春回大地时收获一个更强大的自己! ★今晚到明天白天阴天间多云,夜间有零星小雨,气温4~11℃;10日晚到11日白天阴天间多云;11日晚到12日阴天有小雨;13到14日阴天,大部分地方有小雨;15日多云;16日阴有小雨。

【阴云相伴的日子】 今晚到明天阴天间多云,早晚有小雨,气温21~26℃;27到10月2日以阴天间多云为主,有分散性阵雨。★"春捂秋冻"不宜盲目进行,须根据自身身体状况量力而为,切不可任性,否则不仅无益还会危害身体健康。

【舒适宜出行】 今天白天到晚上多云间阴,气温15~25℃;9到11日阴天有小雨;12日阴转多云。★春乃生发之季,应多"广步于庭",亲近自然,培养积极生发的情志。有过敏气喘体质的人,在春天要特别注意体质的调整。

【天空依然阴沉】 今天白天到晚上阴天,有分散性小雨,气温7～12℃;15到18日以阴天间多云为主,局部地方有零星小雨。★搓手心是春季一个不错的保健法,具有活血的效果。搓的时候两手伸直,手心相对,上下搓,前后揉,然后两手做"负阴抱阳"的动作(右手包着左手)。

1.2.6 春光旖旎

我国民间习惯以"立春"为春季的开始,其实这只适合华南部分地区的气候和自然现象。在气象意义上,入春标准是连续5天日均气温超过10℃;气候学中,春季是指上半年连续5天平均气温稳定达到10℃以上而低于22℃的时段。

四川盆地春季多夜雨,一般从半夜开始,天亮后雨止,有非常明显的日变化。在春暖花开之时,夜雨之后空气格外清新,使人感觉心旷神怡,春意盎然,这正是旅游的好季节。另外,夜雨对农作物的生长也非常有益。春季,冷暖空气常交绥于四川盆地上空,天气变化较快,真乃"春天孩儿脸,一日变三变"。在桃李花开的时节,有时也可因强寒潮的侵袭,朔风呼啸,气温骤降,宛如冬季,即所谓"倒春寒","倒春寒"是四川盆地春天的主要灾害性天气。

【翘首盼春到】 草木慢慢地伸出了嫩芽,花儿渐渐地露出了微笑,气温缓步回升,朋友们,久违的春天快要与我们亲切拥抱了。★今晚到明天白天阴间多云,气温4～11℃;21日晚到22日白天多云间阴;22日晚到23日白天阴间多云。

【醉人的金黄色】 虽然春天还未至,早晚仍偏凉,但油菜花已陆续绽放。那迷人的金黄、沁脾的花香、飞舞的蜂蝶,令我们陶醉其中。★今明两天以阴间多云天气为主,气温5～12℃;23日晚到24日白天阴,局部阵雨,气温7～12℃。

【天气好转,气温略有回升】 与雨水缠绵过后,前几日的盎然春意一扫而光。挥别二月,明日天气好转,以阴天间多云天气为主,气温虽缓慢回升,但寒意仍浓,注意保暖!★今天晚上到明天白天阴转多云,气温2～14℃;3月1日晚上到3日白天以多云为主;4到5日以阴为主,受冷空气影响,部分地方有降雨,气温有所下降;6到7日以多云为主,气温回升。

【春天的步伐越来越近了】 明日开始持续多云天气,气温有所上升。18日前后以多云间晴天气为主,最高气温可达20℃左右。成都今晚到明日白天阴转多云,气温8～18℃;明晚到15日白天多云,气温8～19℃;15日晚上到16日白天多云,气温7～20℃。★天气逐渐转好,鲜花陆续绽放。新津梨花似雪原,油菜花海春意闹,天台山茶花红艳艳,石象湖郁金香独芬芳,龙泉百里桃花俏枝头,青白江樱花烂漫放……有闲的小伙伴,走,春游去!

【蓉城雨水滤轻尘,石阶清清属色新】 今天下午,一场及时雨打击了蚜虫的嚣张气焰,微凉的天气带来丝丝舒心。★今日降雨后,到4日白天雨姑娘做片刻休息,以阴天间多云天气为主。4日晚上受冷空气影响将有一次降温降雨过程,温度将有下降。最低气温12～15℃,最高气温20～24℃。

【三月倒春寒,赶紧把衣穿】 今晚到明天阴有小雨,气温10～16℃。未来72小时有明显的降温降雨过程。受冷空气影响,19日晚到22日有明显的降温降雨过程,过程累计降温7～9℃,并伴有4～5级的阵性大风。23日阴天;24到26日多云。★倒春寒来袭,与太阳暂时说再见!记得多穿衣服,小心别感冒!

【倒春寒走了,明日将升温】 朋友们!今早一出门有没有回到冬天的感觉?是否开始抱怨怎么把冬衣全收好了,一件也没留?没关系,我市未来三天都将是阴转多云天气,最低气温

6～9℃;最高气温16～19℃,气温将渐渐回升。★明日是清明小长假最后一天,同学们赶快抓紧时间游玩吧!

【春阳和煦,鸟语花香】　太阳天空照,花儿对我笑。这两天的大太阳晒得人身上暖洋洋的呀!★今天晚上到8日白天也是多云天气哦,最低气温9～12℃;最高气温20～23℃。从8日晚上开始就要注意啦!可能会有小雨的降临,带把雨具以防万一。

【春天犹如婴儿脸】　春天的天气变化无常,太阳又特别喜欢撒娇,时而探个笑脸出来张望,时而躲到云层后面;雨水也是时不时地来凑凑热闹。这种天气还将持续,气温变化、合理穿衣、预防感冒。★未来三天以阴天间多云为主,气温13～19℃。

【气温或迎新高】　一个愉快的周末当然少不了灿烂的阳光。今日这样的艳阳天还将持续几日,最高气温或将迎来今年新高(28℃)。不过,这只是"春姑娘"伪装成了夏天,早晚"卸妆"后就回归本来面目啦!★早晚温差较前几日有所增大(最低气温11～12℃),所以,注意预防感冒哦!

【好天气昙花一现】　还没好好地感受昨日温暖的阳光,今日阴云天就杀了个回马枪,一小股冷空气也伺机潜入。面对春姑娘多变的性格,大家千万别轻易减衣,适当"春捂"。今晚到7日白天阴天,有小雨或零星小雨,气温8～11℃;7日晚上到8日白天阴天间多云。

【感受春的气息】　好天气还将持续数日,局部地方早上有雾,12到13日受弱冷空气影响,部分地方将会有小雨或阵雨。今天晚上到10日白天阴天转多云,气温8～16℃;10日晚上到11日白天阴天间多云;11日晚上到12日白天阴天转多云。★天气还是比较适宜,气温缓缓上升,空气质量也不错,花儿陆续露出了笑容,外出踏青游玩正在当下。

【时阴时晴】　持续阴天间多云天气,部分地方夜间多阵雨或小雨;14后以多云间晴天气为主。今晚到12日白天多云间阴,气温8～18℃;12日晚上到13日白天阴天间多云,局部零星小雨;13日晚上到14日白天多云。★天空被云层覆盖,阳光偶尔露面,气温逐步上升,寒意已不在,但早晚温差较大,大家还须春"捂"。

【明媚的阳光,春天的气息】　17、18日以多云天气为主;19到21日,受冷空气影响,有降温降雨天气过程;22到23日以阴天为主,气温较低。今晚到明天白天晴转多云,气温9～21℃;明晚到18日白天多云;18日晚上到19日多云转小雨。★阳光正好,尽情享受这惬意时光吧。春季是感冒的高发季节,请注意个人卫生以及尽量避开人多的场合。

【花儿竞相盛开的日子】　18到19日白天多云;19日夜间到22日有小雨天气过程;23到24日多云,天气转好,气温回升。★这段时间人们有的仍旧穿着羽绒服,有的已经提前进入夏天。穿衣混乱模式恐怕还将持续一阵。提醒大家不要忙着疯狂减衣,过几天气温将会有所下降,注意预防感冒。★今晚到19日白天多云,气温10～23℃;19日晚到20日白天阴转小雨,气温9～19℃,气温将明显下降。

【赏花好时节】　未来7天,前期天气较好,高温将超过20℃;后期天气稍差,部分地方早晚或有小雨出现。★暖暖的阳光格外温柔,照耀的地方处处都洋溢着春天的笑脸。现在正是赏花的最佳时节,不妨到外面去欣赏大自然的美好风景。★今晚到明天白天多云,气温7～23℃;明晚到后天白天阴转多云,气温12～21℃;27日晚到28日阴转多云,气温12～22℃。

【春日的气息】　预计未来7天,前期与近日天气差不多,气温波动不大;后期天气稍差点,气温也略有下降。★蓉城以浓浓的暖色调为主,春日的气息扑面而来,但雾/霾君也趁机撒野。空气污染较重,大家应减少户外活动,注意防护。★今晚到明天白天阴转多云,气温11～

21℃;明晚到后天白天多云,气温12～24℃;28日晚到29日多云转阴,气温12～23℃。

【春夜喜雨】 今晚到4月2日阴大有阵雨或小雨,4月3日到6日以阴天间多云为主,早晚有阵雨。★昨夜飘然散落的春雨让空气清新了许多,也让这几日嚣张的雾/霾有所驱散。未来两天也是阴雨天,注意看天增减衣物,保证睡眠勤锻炼,心情舒畅身体健!★今晚到明天白天阴有阵雨或小雨,气温14～19℃;明晚到4月2日阴有阵雨或小雨。

【春光明媚】 太阳闪耀着光辉,带来暖暖的问候,鲜花盛开,嫩绿的生命在光合作用下勃发向上。夜里,零星小雨将继续到访部分地方。不过也不影响刚好的气温和开得正艳的花儿。★今晚到明天阴天间多云,气温12～22℃;4到5日阴天有小雨,局部中雨;6到9日多云间晴,气温快速回升。

【雨水将至】 今晚到4月5日以阴天为主,有阵雨,4月6日天气转好。★春天的气息仍一如既往地令人陶醉,就在洒下的阳光升起温馨暖意的同时,如油的春雨又闪亮登场了,它将滋润大地,净化空气,阻挡霾尘,为我们创造清新和舒爽的环境。★今晚到明天白天阴间多云,局部阵雨,气温13～21℃;5日阴天有小雨,局部中雨;6日多云间晴。阴云来,阳光撒,星星点点小雨洒。

【雨水复回】 微风轻拂,气温适宜,绿意遍地,花香沁脾,春天的感觉总使人神清气爽,舒心如意。而雨中曲又将重新奏响,对空气与大地再次清扫洗涤,出门时记得带好雨具。结束了小长假的休闲惬意,以饱满的精神投入工作与学习,祝您新的一周万事顺利!★今晚到明天白天阴天有阵雨,气温14～22℃;10到11日阴天有小雨,气温15～23℃;12到15日以多云间阴为主。

【如油的春雨】 春风轻盈而柔和,花儿骄傲地绽放,万物幸福地成长,遍地的春意展示着大自然的勃勃生机。如油的春雨也即将从天而降,清除着浮尘,滋养着大地。温馨提醒:出门请记得备好雨具。★今晚到明天白天阴天间多云,部分地方有小雨,气温15～24℃;11到12日小雨转多云,气温15～23℃;13到15日以多云间阴天气为主,早晚部分地方有阵雨;16日阴有小雨。

【沾衣欲湿杏花雨】 "沾衣欲湿杏花雨,吹面不寒杨柳风"渲染了春季小雨蒙蒙,却不带来一丝寒意。云层依旧唱主角,太阳犹豫着要不要露脸。早晚零星小雨轻轻洒落,清除着浮尘,也滋养着大地。★今晚到明天阴天间多云,局部有阵雨,气温17～24℃;12到13日以多云为主,气温15～26℃。夜间零星小雨悄悄滋润着大地。★未来7天天气平稳,气温波动不大,以阴天到多云的天气为主,其中14到16日早晚有小雨。

【周末到,晴天小姐上班】 春天的尾巴越来越短了,和春姑娘相爱容易,相处难,且行且珍惜吧。之后的两天,天空中云层逐渐散去,气温呈上升趋势,周末晴天又来啦。★今晚到明天白天阴转多云,气温15～26℃;12晚上到14日多云间阴,气温15～27℃。★未来7天以多云天气为主,阴晴相间,其中,13日西部沿山有分散阵雨,15日晚上有阵雨或雷雨。

【阳光四溢 抓住春光好出行】 阳光偕同春风拂面而来,如此阳光四溢的周末,宅在家的话岂不辜负了大好时光,外出游玩的朋友记得防晒哦。★今晚到明天白天多云转阴,气温16～26℃;13日晚到15日阴天间多云,大部地方有阵雨,气温17～25℃。享受这阳光四溢吧!★未来7天阴晴相间,以多云天气为主,随着气温的升高,天气多变,局地易发生强对流天气,请关注天气变化。

【春光留驻】 昨日春姑娘差点追平了夏日的脚步,好在今天跑累了,愿意停歇一下,未来两天多阵雨,还是让我们多享受下春的气息吧。新的一周,舒适的天气带来舒适的心情! ★今晚到明天白天阴转多云,局部有阵雨,气温18~27℃;15日晚到17日阴天间多云,早晚有阵雨。★18日前为阴天到多云的天气,气温偏高,早晚多阵雨,局部中雨;19日前后有较明显的降雨天气过程。

【不冷不热舒服天】 春天孩儿面,今晨的微风吹断了入夏的念头,在不冷不热舒适气温的陪伴下,秀夏装的朋友,若阴天伴雨,还是要揣个外套。★今晚到明天白天阴间多云有阵雨,气温17~27℃;16日晚上到18日阴天为主,有小雨,局部中雨。★17晚上到20日以阴天为主,有阵雨或小雨,局部中到大雨。

【多阵雨模式】 春季天气变化快,时而阴、时而晴。虽然是以阴天间多云天气为主,但已经进入多阵雨的模式了,外出雨具必不可少哦。春季应注意多喝水,合理作息,做好自我调节。★今晚到明天白天阴天间多云,局部有阵雨,气温18~26℃;18日晚到20日阴天间多云,早晚有阵雨;21日到24日阴天间多云有阵雨。

【舒适依旧】 舒适的气温,偶尔的阵雨,宜人的天气,随意混搭的衣物,尽情享受春天的娴静。天气干燥时,早晨起来可使用喷雾补水,能起到很好的醒肤效果,并且利于后续产品的吸收。★今晚到明日白天阵雨转阴天间多云,气温18~26℃;明晚到15日白天阴有阵雨;15日晚到16日阴,局部阵雨;17到18日以多云为主;19到20日阴天转阵雨。

【阴天,偶有小雨】 开春时节,百花争艳,一派暖融融的景象。不过春节长假后,天空就稍显阴郁了,阳光羞涩,晚上可能还有春雨来扰,晚归的朋友要注意了! ★今晚到明天白天阴有小雨,气温9~14℃;27日晚到28日小雨转阴;28日晚到3月1日阴转多云;2到5日以阴天间多云的天气为主,大部地方多降水,其中3月3—5日受北方较强冷空气影响,日平均气温将下降5~7℃。

【踏青赏花正当时】 今晚到明天白天阴天间多云,气温9~20℃;14日晚到15日白天阴转多云,15日晚到16日多云转阴;16日晚到20日为阴到多云的天气,其中16日晚到17日有分散的阵雨,19到20日有小雨。★鸟语花香,春光明媚惹人醉,踏青赏花正当时。或者拿一本书,喝一杯牛奶,在阳台上看看远处的风景,亦甚有情调!"春捂秋冻"捂的不能过多,如果天气很热了还里三层外三层,出很多汗,不仅达不到养生的效果,反而有害健康。

【春暖花开,适宜踏青】 今晚到明天白天阴天间多云,气温11~20℃;16日晚到17日白天多云;17日晚到18日阴有小雨;18到20日为多云间阴天气,早晚有分散的阵雨;21日多云。★一阵阵沁人心肺的花香引来了许许多多的小蜜蜂,嗡嗡嗡地边歌边舞。春暖花开真高兴,阳光明媚去踏青;须防花粉漫天舞,一路笑声好心情。

【多彩的春日】 今晚到明天白天零星小雨转阴间多云,气温12~21℃;20日晚到21日白天阴转多云;21日晚到22日多云;23日到24日阴天间多云,部分地方有阵雨;25到26日以多云为主。★春天是充满诗情画意的季节,人们都用最美好的诗句来赞美它。早春三月,草长莺飞,冬天的寒意早已无迹可寻,万物悄悄苏醒,展示着它们的美丽与妖娆。尽情地享受这美好的春天时光吧,不要错过了每分每秒。

【享受春日的美好】 今晚到明天白天零星小雨转阴天间多云,气温12~21℃;24日晚到25日白天多云;25日晚到26日多云间阴;27日小雨转阴;28日到30日多云间晴。★云层相伴着天空,阳光洒下阵阵的热情,雨水也不时地在夜间亮相,扮演着大地清道夫的角色,空气更加清新宜人,在充满生机和朝气的春日里,在轻柔舒适的春风陪伴下,让我们拥有轻松快意的心情,开始充满活力的一周吧!

【春花争艳】 今晚到明天白天多云间阴,夜间局部地方有小雨,气温 12~22℃;25 日晚到 26 日白天多云;26 日晚到 27 日阴有小雨;28 日到 30 日多云间晴;31 日多云转阴。★白云缠绵着蓝天,阳光露出幸福的微笑,气温逐步上升,但早晚温差较大,减衣不能太快。春天是万物复苏的季节,也是百花争艳的季节,快走进大自然,不要错过了这色彩缤纷的"花"样年华。

【和煦的春风】 今晚到明天白天多云间阴,局部地方晚上有零星小雨,气温 14~22℃;26 日晚到 27 日白天阴有阵雨或小雨;27 日晚到 28 日阴天间多云;29 日到 31 日多云间晴,早晚有分散性的阵雨;4 月 1 日阴有阵雨或小雨。★云层继续偎依着天空,飞洒的雨水净化了空气,和煦的春风吹拂着脸面,浓浓的春意迷醉了我们的双眼,体感非常舒适,这充满了活力的春天是如此令人如痴如醉。

【温馨的春日】 今晚到明天白天多云间阴,气温 11~22℃;22 日晚到 23 日白天阴天间多云;23 日晚到 24 日小雨转阴;25 日以阴天为主;26 日到 28 日以多云为主。★轻柔的春风吹拂着我们的脸庞,清新的空气滋润着我们的肺腑,多彩的春色晃花了我们的双眼,温馨的春日令人心旷神怡,这样的大好春光怎么能窝在家中,快走出门去,接受大自然最慷慨的馈赠吧。

【春意正浓】 今天晚上到明天白天多云间阴,气温 12~22℃;1 日晚到 2 日阴转小雨;3 日到 4 日阴天间多云,早晚有小雨;5 日到 7 日多云。★明天将延续今日的好天气,不过阳光偶尔会躲在云朵里。春天正是锻炼的好时候,但强度不宜太大。

【阳光有约】 今天白天到晚上多云间晴,气温 12~24℃;4 月 1 日多云间晴;2 到 4 日阴天间多云,早晚有小雨。★阳光继续与我们相约,美好的春日促进了放松的心情,踏青游玩正是时候。

【春雨滋润　空气清新】 今晚到明天白天阴天有小雨,气温 14~19℃;10 日晚到 11 日阴有小雨;12 到 14 日多云;15 到 16 日阴转小雨。★春雨温和细腻,滋润万物,同时也带来了清新的空气。出门时记得带好雨具。惬意的周末要结束了,祝您新的一周万事顺利!

【一年之计在于春】 今晚到明天白天阴天间多云,局部有小雨,气温 15~25℃;8 日晚到 10 日阴有小雨;11 到 13 日阴天间多云,局部小雨;14 日多云。★春天是一年中锻炼效果最好的时期。适当抻拉韧带有助身体气血畅通,还有祛痛和排毒的效果。

【春意盎然】 今晚到明天白天多云,夜间有零星小雨,气温 14~22℃;5 日晚到 6 日多云;7 到 8 日多云间阴,早晚阵雨;9 到 10 日阴有小雨;11 日小雨转多云。★暖洋洋的春天又回来了,阳光时隐时现,气温舒适,小长假结束后的工作日也不那么难熬了。

【偶有雨水】 今晚到明天白天多云转阴,夜间局部地方有小雨,气温 16~25℃;15 日晚到 16 日阴天有小雨,局部中雨;17 到 19 日以多云间晴为主;20 到 21 日阴天间多云,部分地方有阵雨。★好天气令人陶醉,偶有春雨光临,真是清风携翠四月天,桃李飘香满人间。

【春暖花开】 今晚到明天白天多云,气温 13~26℃;14 日晚到 15 日白天多云转小雨;15 日晚到 16 日阴天有小雨;17 到 18 日多云间晴;19 到 20 日阴天有小雨。★阳光明媚的好天气还将继续,春暖花开,鸟语花香,不过外出请注意做好防晒。

【享受春日暖阳】 今晚到明天白天多云间晴,气温 11~26℃;13 日晚到 14 日多云;15 到 17 日阴天有小雨;18 到 19 日多云间晴。★暖暖的春日总是令人沉迷陶醉,阳光在云朵中快乐地穿梭,向苍茫大地播撒着温馨与热情。

【冷飕飕,注意保暖】 今天白天到晚上阴天,有分散性小雨,气温 7~12℃;14 到 17 日阴天间多云,局部小雨。★受弱冷空气影响,气温略降,难觅阳光的踪影。春季天气复杂多变,请注意天气变化,适时增减衣物,以防感冒。

【春日的气息】　今天白天到晚上阴天间多云,气温8～14℃;3到6日阴天间多云,局部有阵雨或小雨。★春天的微风轻柔温润,带着淡淡的馨香,掠过萌动的土地,抚过渴望的枝头,吹得芳草青青,吹开繁花似锦。虽春意甚浓,但天气变化较快,建议大家及时增减衣物。

1.2.7　暑夏炎炎

夏季,中国习惯指立夏到立秋的三个月时间,也指农历"四、五、六"三个月。通常,入夏的标准定义为:连续5天日平均气温在22℃以上,即为进入气象意义上的夏天。

四川盆地夏季由于常受西太平洋副热带高压和青藏高压的影响,晴天日数多,气温较高。特别是盛夏季节,四川盆地东部地区常处于副高脊的控制之下,天气晴朗,炎热少雨,日最高气温常达35℃以上。盆地夏季暴雨较多,初夏的暴雨多出现在盆地东部,盛夏的暴雨多集中在盆地西部。较大的暴雨可造成洪涝灾害。

【初夏的感觉】　如果老天爷是个播放器,那么最近它正在循环播放一首叫作《晴天》的曲子,而且最近三天它都不会厌烦。预计明后两日最高气温还会维持在27～30℃,初夏的感觉正在扑面而来,我们不仅要做好迎接的准备,还要注意预防感冒,因为最低气温也只有15～18℃,所以早晚还需添衣裳。

【晴空当家　彩云做伴】　"晒"就一个字,我只说一次。今晚到22日继续蓝天白云,骄阳似火天气,气温18～32℃。下午温度达到高点,体感较热。此时要注意保持良好心情,尽量选择透气的棉布衣服,饮食宜健康清淡。阳光一直都在,生活是自己的,全看自己如何选择哦!

【好消息】　5月的气温就像坐过山车忽上忽下,这两天感觉爬到了顶端,坐着都冒汗。怕热的同志们,好消息来了,雨水要来咯。今晚到明天白天多云转阴,部分地方有雷阵雨,气温20～32℃;23日晚上到24日白天阴有中雷雨,局部地方大雨到暴雨;24日晚上到25日白天阵雨转阴天间多云。

【入夏的代价】　连续几日的高温让人感觉就在蒸桑拿一样,身体的每一个细胞都在躁动,就算你坐着不动都要出一身的汗,这就是入夏的代价。好在"物极必反"这种说法对老天爷也适用,从今晚开始到24日雷阵雨同学终于被逼了出来,雷雨时有阵性大风,雨量中雨,局部暴雨,气温21～29℃。

【雨天畅快呼吸】　阴沉天气来袭,降雨模式开启,高温有所下降。雨水冲刷过后,空气中夹带着质朴的泥土和小草的气息,可以让你更加畅快呼吸。未来两天雨伞都将成为你的必要装备!★今晚到25日阴天有小到中雨,气温19～26℃;26日阴天间多云,夜间有阵雨;27日阴天间多云,夜间有阵雨;28日到30日多云,气温上升明显。

【好想你】　下雨天怎么办?我好想你,想念你的光芒,想念你的火热,想念你能回到我的身边。可能是我对你的执着感动了老天,因而最后的雨水也将悄悄地离去。★今晚小雨,局部中雨,25到26日多云间晴,气温20～29℃。周末没有了雨水的困扰,在你的陪伴下让我们尽情地享受大自然吧!

【夏之韵】　风清了,云淡了;骄阳出来了,汗滴流下了。夏日的炎阳烤在身上,好似快要被融化一样。昨日,双眼皮的彩虹,美轮美奂的晚霞明月,已经成为美好的回忆。★今晚到明天白天继续多云间晴,气温 20～32℃;明晚到 28 日多云转阴,部分地方有雷阵雨。这般变化正是夏季的独特风韵!

【阴沉的天,闷热难耐】　闷热就是明明看不见当空的烈日,却浑身上下被热浪包围着一样。稠乎乎的空气好像也凝住了,这种天气让人格外难熬,对雨的期盼更加强烈了。好在今天午后的大风吹散了这窒息的寂静。★今晚到明天白天阴有阵雨或雷雨,个别地方大雨,气温 19～26℃。

【阳光褪去,雨水来袭】　今晚到 19 日晚阴有阵雨或雷雨,部分地方中到大雨,气温 21～27℃;20 日阴天间多云;21 日阴转阵雨;22 到 25 日以阴天间多云天气为主,多阵性降水。★前些天"雨一直下"刚唱罢,还没来得及享受几天"九九艳阳天",从今天晚上开始,淅淅沥沥的雨水又要卷土重来了,日最高温也下跌,将重回到 30℃以下,凉爽舒适的感觉又会重新袭来,出行带上雨具哦。

【夏日凉悠悠】　夏日的燥热被点点雨丝催走,空气中还带着些湿气,急骤的凉风卷着清新的香草气息扑面而来,凉爽适宜,让人清新舒爽。如果现在问我梦想是什么,我一定会回答:我的梦想就是希望整个夏天都是这样的天气!★今晚到 31 日阴天间多云,局部地方有零星降雨,气温 16～27℃。

【风轻云淡好舒爽】　微风阵阵,凉风送爽,在夏日还能享受小外套的陪伴。多云的好天气让大家在辛苦工作中倍感惬意,真希望把这种舒适的日子永远留在这个夏天,不过太阳很快会重返主场,所以抓紧时间凉快吧。★今晚到明天白天阴天转多云,部分地方有阵雨,气温 18～28℃。

【晴热模式重启】　凉爽惬意的天气开始谢幕,太阳拨开云层崭露头角。未来三天晴热模式重新开启,温度升高。★今晚到明天白天多云间晴,气温 18～33℃。在这个花香满满、暑意浓浓的夏季,带你的热情和阳光一起开始六月新的奋斗征程吧!

【闷热的日子】　闷热的天气总是让人心情变得浮躁,不过太阳表示明天登场之后将会换场演出。★今晚到明天白天多云,山区个别地方午后到傍晚有阵雨,气温 21～34℃;4 日晚到 5 日白天多云转阴有雷雨,局部地方大雨;5 日晚上到 6 日阵雨转多云。体感闷热,建议大家适当食用苦味食物。

【强降雨即将来临】　昨夜开始的大雨让闷热的空气顿时舒爽了不少。今日财富全球论坛与全省高考同时落下帷幕,但今晚盆地的强降雨还将掀起高潮。★今天晚上到 9 日白天小到中雨转多云,局部地方大到暴雨,雷雨时伴有 3～5 级偏北风;气温 19～28℃。9 日晚上开始天气逐渐转好,以多云转晴天气为主。

【闷热天气】　今天晚上到 17 日多云间阴,局部有阵雨或雷阵雨,气温 23～33℃;18 到 19 日阴天间多云,有阵雨或雷阵雨,局部中到大雨,气温 23～33℃。★虽然有阵雨洒落,但闷热的天气还会持续。怕热的同志们,再耐心地等待一下吧。

【及时雨】　昨天的阳光一下把人拉回了盛夏的现实,太阳公公像是要弥补前几天的"旷工",十分努力地暴晒大地。今日突降的一场阵雨让行人们措手不及,同时也让本来较热的天气着实凉快了不少。★今晚到明天白天多云间晴,午后到傍晚局部地方有阵雨或雷阵雨。气温 23～34℃。这种天气将持续到本月 29 日。

【纠结的夏天】　夏天就是纠结,闷热。下雨时渴望阳光,热的时候又渴望下雨。夏天的雨既解闷热,又符合内心那渴望小阴郁的情调。今晚到 28 日白天多云间阴,夜间部分地方有阵雨,气温 23～33℃;28 日晚上到 30 日白天阴天,有雷雨或阵雨。

【清蒸还是水煮】　这天气,在室内是清蒸,躺在床上是干烧,铺了张席子是铁板烧,出去一趟是烧烤,游个泳那是水煮,晚上还得回锅。★今晚到明天白天阴天间多云,有分散阵雨或雷雨,局部大雨,气温 24~33℃;明晚到 30 日白天有中雨,局部暴雨;30 日晚上到 1 日白天阴天有大雨,局部暴雨。

【淘气的雨越来越大】 雨越下越大,雨珠从屋檐上淘气地跳到地面,溅起一层雨雾。树上的叶子有的被无情地打落,有的被吹得东倒西歪。★今晚到 2 日白天阴天,有中到大雨,气温 23~27℃;2 日晚到 3 日白天阴天有小雨,局部大雨。雨天路滑积水多,视野不清,出门注意安全。

【强降雨结束】 今天晚上到 3 日白天阴天间多云,有分散的阵雨或雷雨,气温 23~32℃;3 日晚上到 4 日白天阴天间多云,有阵雨或雷雨,局部地方大雨;4 日晚上到 5 日白天阴天,有中雨,个别地方暴雨。★此次全省强降雨要收尾了,但闷热随后而来,提醒大家要多喝水,注意劳逸结合。

【雨姑娘又来了】 今天晚上到明天白天阴天间多云,有阵雨或雷雨,局部地方暴雨,气温 24~31℃;明晚到 9 日白天阴天有中到大雨,部分地方暴雨;9 日晚上到 10 日白天阴天有中雨,局部地方暴雨。★好天气还没站稳脚跟,雨姑娘甩开膀子就跑起来了。同志们,一定要坚决地和雨姑娘斗争到底。

【雨水光临 凉爽走起】 还没好好地感受这两日晴好天气,雨水就不知不觉地来了,当然捎带来的还有凉爽的气温。明天出门的朋友要记得带上雨具,以免被雨水偷袭!★今晚到明天白天多云转阵雨,气温 22~28℃;明晚到 16 日白天中雨转阵雨;16 日晚到 17 日阴天转多云;18 到 19 日以多云天气为主;20 到 21 日有一次降雨天气过程。

【阴天伴阵雨 周末天气爽爽哒】 本周末阳光休假,云层汇集,以阴天为主,雨水的光顾可能会给出行的朋友带来些许不便,但欣慰的是,降雨增添了一丝凉爽,可以好好睡眠了。★今晚到明天白天中雨转阴,气温 22~27℃;明晚到 17 日白天阴转多云;17 日晚到 18 日白天多云;19 日多云;20 到 22 日有一次明显降雨天气过程,雨量普遍中到大雨,局部暴雨。

【闷热多阵雨】 今晚到明天白天阴天间多云有分散阵雨或雷雨,个别地方大雨到暴雨,气温 24~33℃;25 日晚到 26 日白天多云间阴天,部分地方有雷雨或阵雨,局部地方有中到大雨;26 日晚到 27 日白天多云间阴天,有分散性雷雨或阵雨。★不管什么天气都要保持好心情。你若安好,便是晴天!

【高温将稍打折扣】 今天晚上到明天白天阴间多云,有阵雨或雷雨,气温 24~32℃;29 日晚上到 30 日白天多云间阴天,部分地方有阵雨;30 日晚到 31 日白天多云转阵雨或雷雨。真是愿得夏日一抹凉,雨水不相离啊。★虽然最高温仍在 30℃以上,但闷热感将稍打折扣。

【气温略回升】 今天晚上到明天白天多云间晴,气温 23~34℃;明晚到 31 日白天多云间阴,有阵雨或雷雨,局部大雨;31 日晚上到 1 日白天阴天,有雷雨或阵雨,雨量中到大雨,局部暴雨。★明儿气温略微回升,但不至于达到前两天的境界,后天又迎来降温雨,挥手对高温说"bye bye"!

【降水明晚来临】 今晚到明天白天多云间阴,午后到晚上有分散雷阵雨,气温 24~33℃;31 日晚到 8 月 1 日白天阴天有雷阵雨,雨量中到大雨,局部暴雨;1 日晚到 2 日白天阴间多云,有阵雨或雷雨,局部地方大雨。★成都的孩子就知足了吧,全国省会级城市高温统计咱都是垫底的。偷着乐吧!

【雨水退场 晴热模式开启】 今晚到明天白天多云,气温 18~30℃;27 日晚到 29 日白天多云间阴,早晚有阵雨。★今起雨水退场,为了表示庆祝,太阳公公加足马力,进入"晴热模式",看来夏天的节奏越来越快,转眼 5 月即将结束,快乐的小长假和火辣的 6 月正在前方等待。

【云层独霸天空　闷热感强】　今晚到明天白天多云,气温 20~30℃;30 日晚到 31 日白天阴天间多云,有阵雨;31 日晚到 6 月 2 日多云转晴;3 到 4 日有一次降雨天气过程;5 日多云。★厚厚的云层阻隔掉浓烈的阳光,独霸着天空,搭配较高的湿度,使人感觉闷热。建议多吃一些祛湿又能加强脾胃功能的食物,午后出行注意防晒。

【先雨后晴,气温攀升】　今晚到明天白天阵雨转多云,气温 22~32℃;31 日晚到 6 月 2 日多云间晴,最低气温 21~23℃,最高气温 32~34℃;3 到 5 日有小到中雨,局部暴雨。★早晚有阵雨送来清爽,白天给点阳光就很灿烂,夏姑娘这暴脾气使温度攀升较快,外出时可得注意防晒补水。小长假期间出行请注意合理选择时间,避开客流高峰。

【挥别 5 月,迎热辣 6 月】　今晚到 6 月 2 日白天以多云间晴为主,气温 23~33℃;3 到 5 日有一次明显的降雨过程,雨量中雨,局部大到暴雨;6 日多云为主。★今天是小长假第一天,也是五月的最后一天,天空依然是阳光的主场,气温将上演"步步高升"! 户外紫外线较强,外出注意防晒补水!

【夏意渐浓】　今晚到明天白天多云,气温 21~32℃;18 日晚到 20 日白天阴有阵雨或雷雨;21 到 24 日以阴天间多云天气为主,多阵性降水,局部中到大雨。★阳光流露夏日光彩,暖阳吹送夏日情怀。明日天气依然晴朗,夏天的气息越来越浓烈,小伙伴们外出还是要注意防晒和补水哦。俗话说"天热食苦,胜似进补",夏季适当食用苦味蔬菜亦可解热祛暑。

【雨水缠绵】　今晚到明天阴天间多云,有阵雨,气温 21~27℃;30 日到 7 月 1 日白天阴天间多云,部分地方有阵雨,气温 21~26℃;7 月 2 到 5 日以多云天气为主。★天气舞台目前是单曲循环,演奏的曲目是雨仍在下。云朵还是占据着天空,雨姑娘仍随时亮相,阳光避而不见,气温比较适宜。出门时雨伞仍是必备,行车时控制好车速,注意交通安全。

【辞别 6 月,迎多情的 7 月】　今晚到明天白天阵雨转阴天间多云,气温 20~27℃;1 日晚到 2 日白天阵雨转多云,气温 21~29℃;2 日晚到 3 日白天多云;4 到 5 日以多云间阴天气为主;6 到 7 日阴天,有雷雨或阵雨。★雨水仍播撒着大地,阴云遮挡着阳光,气温舒适宜人,现在都已经是六月的尾巴了,天气居然还如此凉爽,这个夏日过得挺舒坦。虽然雨水给我们的出行带来了些许的不便,但雨后的风景会不会更别有一番风味呢?

【雨水洗礼　清凉送爽】　昨夜惊雷扰梦,雨声、雷声相互呼应,伴随着闪电划过天际,似乎要演奏一曲工业金属摇滚。今日雨水的洗礼继续,一扫闷热,清凉透彻的这种感觉就是倍儿爽! ★今晚到明天白天中雨转阵雨,局部大到暴雨,气温 23~32℃;明晚到后天白天阵雨转多云;2 日晚上到 3 日白天以多云为主;4 到 7 日以多云到多云间晴天气为主,有分散的雷雨或阵雨。

【闷! 热!】　太阳没休息,阵雨也来凑热闹。阳光与雨水齐飞,直接进入了闷蒸状态,要及时给身体补充水分。周末玩耍后注意合理休息,劳逸结合,调整好状态,迎接新的一周。★今晚到明天白天阵雨转多云,气温 24~33℃;明晚到 6 日多云为主,局部阵雨或雷雨;7 到 9 日傍晚和午后多雷雨或阵雨,其中 7~8 日有中到大雨。

【闷热潮湿】　天空的云系时而增多,阵雨或雷雨还不肯罢休,太阳的热力也会有所减弱。空气湿度较大,身体感觉闷闷哒! 所以"桑拿天"要多补水,外出带伞有备无患。★今天晚上到明天白天多云有阵雨或雷雨,局部中到大雨,气温 24~33℃;明晚到 8 日白天多云间阴,有阵雨或雷雨,局部大到暴雨;9 到 11 日我省自西向东有一次明显的强降雨天气过程,盆地高温天气将随之结束。

【夏日天清凉,偶尔细雨洒】　今晚到 12 日多云间阴天,局部阵雨,气温 22～28℃;13 到 15 日以多云天气为主,有分散性的阵雨;16 到 18 日有一次降水天气过程。★夏日难得有如此清凉的日子,知了却仍在傻傻地肆意鸣叫。温柔的细雨不时悄悄洒落,云层偶尔让阳光把脸露。不冷不热,晒不到毒辣的阳光,也淋不着来势汹汹的雨水。这天真好!

【再热一天　雨就来】　夏末的阳光威力不减,新一周刚上岗就把凉爽的感觉一扫而光,出门的朋友记得防晒。不过像这样的晴热天仅延续到明天,雨水将再次光临,很快又要凉爽啦。★今晚到明天白天多云间阴,气温 22～31℃;明晚到 22 日中雨,局部大到暴雨,气温 22～26℃;23 到 25 日阴天间多云,局部有阵雨。

【夏阳酷暑】　今天白天到晚上多云,午后到傍晚有分散的阵雨或雷雨,气温 24～36℃;28 到 31 日以多云为主,多分散性的阵雨或雷雨。★夏季日长夜短,气温高,人体新陈代谢旺盛,消耗也大,容易疲劳。因此,夏季保持充足的睡眠对于促进身体健康、提高工作效率具有重要的意义。

【雨水、阳光交替登场】　今天白天零星阵雨转多云,晚上多云间阴,有分散的阵雨或雷雨,气温 22～31℃;17 到 20 日以阴天间多云为主,多阵雨或雷雨,局部雨量可达大到暴雨。★夏日阵雨较多,出行请携带雨具。温馨提示:夏季人的消化功能减退,食欲下降,饮食宜清淡。

【夏日热情不减】　今晚到明天白天多云,午后到傍晚前后有分散性阵雨或雷雨,雷雨时伴有短时阵性大风,气温 22～31℃;17 到 22 日以多云或阴天间多云天气为主,多阵雨或雷雨。★晴热天气持续,可少量多次地喝些淡盐水或者鲜果汁,以补充出汗丢失的盐分和矿物质。

【恍如初夏】　今天白天到晚上多云间晴,气温 14～27℃;19 日多云;20 日阴天有小雨,21 到 22 日以阴天间多云为主。★好天气持续,气温依旧偏高,紫外线指数较高,外出注意防晒补水。近期杨花柳絮飞舞,过敏体质的人应做好自我防护。

【气清风柔好夏日】　今天白天到晚上阴天间多云,气温 17～26℃;25 到 27 日多云到晴;28 日多云转小雨。★今天有云层掩盖,阳光少,但仍不失为一惬意舒适的夏日。

【阴天唱主角】　今日多云间阴,气温 18～28℃;明日多云间阴转阵雨;18 日阵雨转阴天间多云;19 到 20 日多云间阴,局部阵雨。★常言道,夏季吃肉不如吃豆。夏天吃豆,不仅能补充因出汗而损失的 B 族维生素和钾、镁等元素,还可清热解毒。

【满满的夏意】　今天晚上到明天白天多云,气温 18～32℃;3 日晚上到 4 日多云转阵雨;5 日多云;6 到 9 日阴天有阵雨或雷雨。★一场雨水冲走了烦闷,带来了短暂的清凉,明日阳光又重新上任,为您谱写一曲夏意之歌。

【雨水送爽】　今晚到明天阴天间多云,有分布不均的阵雨,个别地方暴雨,气温 22～31℃;24 日晚到 25 日小雨;26 日多云间阴;27 到 30 日以阴天间多云天气为主,多阵雨或雷雨。★夏日午休半小时到 1 小时左右是最佳的,如果午休睡得太久的话,反而会让人体变得更加倦怠。

【阳光与雨水同在】　今天白天到晚上多云,有阵雨或雷雨,雨量中雨,部分地方暴雨,雷雨时有短时阵性大风,气温 23～32℃;25 到 28 日以多云为主,有分散性的阵雨或雷雨。★夏天容易口渴,但喝水不能过急,过急喝水,会加大心脏负担,稀释血液浓度,导致供血不足。近日多阵雨,外出勤带伞。

【烦热将退　雨水归来】　今天晚上到明天白天多云转雷阵雨,雨量中雨,个别地方暴雨,并伴有5~6级偏北风,气温18~27℃;13到14日小到中雨,局部大到暴雨;15日阵雨转多云;16到17日多云间阴;18日阴转小雨。★近几日阳光大放送,让我们提前感受了夏日的热情,但今晚雨水蠢蠢欲动,明天白天开始雷阵雨来袭。温馨提示:进入夏季以后,强对流天气会很频繁,请随时关注天气变化,加强相应的防护知识普及。

1.2.8　秋雨绵绵

气候学上,常以下半年每5天的日平均气温稳定在22℃以下的始日划分为秋季的开始。下半年连续5天日平均气温稳定在22℃到10℃之间,称为秋季。8、9月之交,天气短期回热,持续约7~15天,民间称之为"秋老虎"。秋燥是"秋老虎"发威后人体最直接的感觉,此时饮食应由清热降火调整为滋阴润肺润燥。入秋以后,副热带高压逐渐南退,西风带系统开始活跃,雨日逐渐增多。

9月中旬至10月下旬四川盆地常出现绵雨天气。秋绵雨在四川盆地内及川西南山地发生都比较普遍,盆地西南部出现频率多于东北部。秋绵雨出现时,细雨蒙蒙不断。

【秋老虎发威】　今天晚上到明天白天多云,有分散性阵雨或雷阵雨,部分地方中到大雨,气温23~31℃;12日晚上到13日白天阴天间多云,有分散性阵雨;13日晚上到14日白天阴天间多云,有分散性雷阵雨。★明日紫外线强,外出时防晒衣、遮阳伞、太阳眼镜、防晒霜等防晒用品必不可少。

【秋老虎逞强】　今天晚上到明天白天多云间晴,午后或傍晚前后有分散的阵雨或雷雨,气温23~34℃;14日晚上到15日白天多云间晴,午后或傍晚前后有分散的阵雨或雷雨;15日晚上到16日白天多云转阴,有中阵雨。★秋老虎逞强,建议多吃黄瓜。可以清热泻火、排毒通便。

【秋老虎横行】　今晚到明天白天多云间晴,午后到傍晚个别地方有雷雨,气温24~34℃;15日晚到16日白天多云间阴,有雷雨;16日晚到17日白天阴天间多云,局部地方有阵雨。★秋老虎横行,气温高,人体容易感到疲劳。若能午睡半小时,既可调节身体机能,还可以有效预防中暑。

【一二三四五　周末躲"老虎"】　今晚到明天白天多云,有分散的雷雨或阵雨,气温24~35℃;明晚到18日白天多云,局部地方有雷雨或阵雨;18日晚到19日白天多云转雷雨,局部大雨到暴雨。★桑拿天模式继续走起,秋老虎让人不舒适。周末愿大家能够找到避暑胜地。惹不起秋老虎,但我们躲得起。

【秋老虎的尾巴】　今晚到明天白天多云,夜间部分地方有阵雨,气温24~33℃;26日晚上到27日白天多云间阴,有分散性阵雨或雷雨,个别地方有大雨;27日晚上到28日白天阴天有中到大雨,局部地方暴雨。★高温横行数日,终被雨水收服打折,明日将迎无酷暑、无暴雨的宜人天。

【舒适天气助力周末出行】　今天晚上到明天白天多云,气温20~30℃;31日晚上到1日白天多云转阴,大部分地方有阵雨。1日晚上到2日白天阴天有中到大雨。★迎面而来的微风夹杂着秋日的凉意,终于摆脱了夏日的酷热,这天气也变得无比惬意。周末天气较为凉快,适宜外出游玩哦!

【秋意渐起】　今天晚上到明天白天阴天间多云,有阵雨,气温 20～27℃;1 日晚上到 2 日白天阴天有中到大雨;2 日晚上到 3 日白天阴天间多云。★未来一段时间都将以阴雨天气为主。季节交替的时候,请注意早晚增添衣物,适当使用空调及电风扇,以免感冒。

【老天开启降温模式】　今天晚上到明天白天阴天有小到中雨,气温 19～23℃;2 日晚上到 3 日白天阴天间多云;3 日晚上到 4 日白天阴天间多云,有分散性阵雨。★今日老天开启降温模式,感觉瞬间跨入了"秋天"。天气虽说是凉快了,但加强锻炼、增强免疫能力、预防感冒也很重要。

【入秋拭目以待】　今天晚上到 4 日白天阴天,有小到中雨,局部地方中到大雨,气温 19～23℃;4 日晚上到 5 日白天阴天有阵雨,雨量小到中雨;5 日晚上到 6 日白天阴天间多云。已经连续两天日平均气温低于 22℃。★看这天气,今年有望提早入秋哦,大家做好准备,和秋天来一场美丽的邂逅吧!

【凉意袭人,秋意甚浓】　今晚阴有小雨,明天白天阴间多云,最低气温 16～18℃,最高气温 22～24℃;5 日晚到 6 日白天阴天间多云,局部地方有阵雨;6 日晚到 7 日白天以阴天间多云天气为主。★人类已经阻止不了天气变凉的步伐了,阴雨天还将持续。请大家注意预防感冒,天冷加衣!

【确认 9 月 1 日正式入秋】　今晚到明天白天阴天,夜间有小雨,气温 17～24℃;6 日晚到 7 日白天阵雨转阴,气温 18～25℃;7 日晚上到 8 日白天阵雨转阴。★立秋虽过近 1 个月,但气象意义上的秋季是指连续 5 天日平均气温在 22℃到 10℃之间。而今年入秋日锁定在 9 月 1 日,是近 12 年来最早哦。

【要风度也要温度】　今晚到明天白天阵雨转阴天间多云,气温 17～26℃;9 日晚到 10 日白天阴间多云,晚上部分地方有阵雨,气温 19～28℃;10 日晚到 11 日白天阴间多云,晚上部分地方有阵雨。★今年夏、秋季节转换来得太迅猛,使最近感冒人数激增,小伙伴们,要风度也要有温度哦!

【秋老虎归来】　今天晚上到 13 日白天多云间晴,气温 19～30℃;13 日晚上到 14 日白天多云间晴,气温 20～30℃;14 日晚上到 15 日白天多云,气温 21～29℃。★秋高气爽是未来几日的主旋律,外出放飞心情的同时也要"提防"秋老虎的回马枪哦。

【周末好天气】　今晚到明天白天多云间晴,气温 19～31℃;明晚到 15 日白天多云,局部阵雨;15 日晚到 16 日白天阵雨,局部中到大雨。★又到周五了,在这云淡风轻、秋高气爽的日子里,同学们有没有出门旅行、下楼运动的"躁动"呢? 那就趁着周末,赶快行动起来!

【阳光明媚秋风轻,天气舒适利出行】　今晚到明天白天多云,局部地方早晚有阵雨或雷雨,气温 21～31℃;明晚到 16 日白天阴有阵雨;16 日晚到 17 日白天阴天间多云有阵雨,局部中到大雨。★周末天气好晴朗,处处好风光,好风光! 鱼儿游,鸟儿飞,秋高气爽心情棒,心情棒!

【"抢擂台"】　今晚到明天白天阴间多云,有阵雨,局部大雨,气温 21～29℃;17 日晚到 18 日白天阴间多云,有阵雨,局部大雨;18 日晚到 19 日白天中雨,局部暴雨。★雨神和秋老虎的"擂台之争"有点激烈,搞得天气跟 9 月假期一样有些"混乱",时冷时热的天气,您一定要谨防感冒哦!

【秋雨绵绵】　今天晚上到 23 日白天阴天,有阵雨,局部地方中雨,气温 19～25℃;23 日晚上到 24 日白天阴天。★霏霏雨水中,空气中的负氧离子增多,大量吸入后会感到神志安逸,心情舒畅。但仍需要关注气温变化,注意添衣带伞。

【秋阳露脸】　今天晚上到明天白天多云转阴,个别地方有阵雨,气温19～24℃;25日晚上到26日白天阴天有阵雨;26日晚上到27日白天阵雨转多云。★经历了数日的秋雨缠绵,秋阳露出了笑脸,这几日的阴雨憋得实在是难受,好好享受这难得的好天气吧。

【气温下降防感冒】　今天晚上到明天白天阴天有小雨,气温16～22℃;26日晚上到27日白天阵雨转多云;27日晚上到28日白天多云间晴。★秋阳的笑脸令人陶醉,但这只是昙花一现。冷空气悄然而至,伴随着的就是降温与降雨,朋友们要关注气温变化,及时添衣,谨防感冒喔。

【秋高气爽好天气】　今天晚上到29日白天以多云间晴天气为主,气温14～25℃;29日晚上到30日白天阴有阵雨。★微风带着秋天的味道,柔和的阳光更加舒爽,这种悠哉的日子越发让人向往户外迷人的风景。这一生中,总会有一方土地让您翘首眺望,总会有一处风景让您魂牵梦萦。

【美丽金秋】　金秋的阳光温馨恬静,秋风和煦轻柔,蓝天白云飘逸悠扬。空气中夹带着出游的欢乐气息,享乐正当时!★今晚到明天白天阴天间多云,有阵雨,气温16～23℃;4日晚上到5日白天阵雨转阴天间多云,气温16～22℃;5日晚上到6日白天阴转多云。

【秋雨添乱】　今晚到明天白天阴天有小到中雨,局部地方大雨,气温18～22℃;19日晚到21日阵雨转阴间多云;22日阴间多云;23到25日阴有中雨,局部大雨。★秋雨添乱,部分地方雨势不小,不仅影响出行,还拉扯气温后腿,要及时添衣防感冒,出门带好雨具,注意交通安全。

【温暖的秋日】　美丽的秋天诉说着多姿多彩的情趣;温馨的话语眷恋着咫尺天涯的牵绊。幸福与快乐,是我对朋友们真诚的祝愿!★今天晚上到明天白天晴间多云,气温18～30℃;11日晚到13日白天阴天间多云,局部地方有阵雨或小雨。

【热情秋姑娘】　淡淡的云朵还停泊在天边,耀眼的阳光还在肆意地绽放。要不要这么热哟?★今晚到明天白天多云,气温17～29℃;明晚到13日白天阴天间多云,局部地方有阵雨或小雨;13日晚到14日白天阴天,有阵雨或雷雨,局部中雨。

【秋姑娘准备来真的了】　秋天宛如一幅展开的画卷,赏心悦目地挂在眼前。凉爽的秋天真的要来了!★今晚到明天白天多云转阴,气温17～27℃。明天是重阳节,赏菊饮酒,登高遥望,祝您健康长寿!

【明日降温】　秋天真的要来啦,不要着凉了哦!★今晚到明天白天阴天转阵雨,气温18～24℃。预计明日开始有一次明显降温天气过程,请注意添加衣物,防止感冒。

【秋风瑟瑟】　风起了,天凉了。今晚到明天白天阴天有阵雨,气温16～19℃;明晚到后天白天阴天有小雨;后天晚上到17日白天小雨转阴天间多云。★秋季是伤风感冒的多发季节,注意随天气变化及时增减衣服。

【秋寒沁人】　今晚到明天白天阴天间多云,局部有阵雨,气温13～18℃;20日晚到21日白天阴有小雨;21日晚到22日白天阴天有阵雨。★云层依旧眷恋天空,秋叶随着北风起舞,秋寒沁人,朋友们外出时可不要忘记多添一件厚外套哦!

【阴雨天气】　秋雨连绵,随风洒落,秋日萧瑟渐浓,阴冷潮湿的感觉开始爬升。一场秋雨一场寒,小伙伴们要跟上天气的步伐,以防感冒。★今晚到明天白天阴天有小雨,气温13～17℃;29日晚到30日白天小雨转阴,气温13～19℃;30日晚到31日白天阴天有小雨,气温13～18℃。

【雨势渐收】　雨水问道深秋,带来阵阵凉意,气温偏低,大家衣服可得裹紧了。明日雨势渐收,但阴沉天气无法改变,就给自己一份好心情吧!★今晚到明天白天阴天间多云,早晚有小雨,气温13～18℃;30日晚到31日白天阴天有间断小雨;31日晚到11月1日白天阴天有阵雨。

【阴间多云有阵雨】　阴天间多云的天气仍旧延续,间歇的阵雨还会不时光临。秋意更加浓郁,气温偏低使人体抵抗力下降,可以适当多吃些滋阴润肺的食物。★今晚到明天白天阴天间多云,早晚有阵雨,气温12～17℃;31日晚上到1日白天阴间多云有阵雨;1日晚到2日白天阴有小雨。

【阴间多云】　今晚到明天白天阴天,早晚有小雨,气温13～18℃;1日晚到3日白天阴天有间断小雨。★老天最近一直是阴云密布,时不时会有雨水光临。浓浓秋意提醒我们气温偏低,绵绵的雨水送来凉意,注意及时添衣保暖,出门记得带伞。

【多云间阴天,偶尔把雨撒】　今晚到明天白天阴间多云有阵雨,气温20～28℃;明晚到31日白天阴有阵雨,部分地方中到大雨,局部暴雨;9月1到2日阴有中雨,局部大到暴雨;3到4日阴有阵雨。★秋天的念,生长;秋天的雨,微凉;秋天的天,空旷;秋天的梦,悠长。这个季节宜多吃白色食物,可清心祛秋燥,如白萝卜、白菜、高丽菜、花椰菜、洋菇、白木耳、甘蔗、银耳等。

【8月的尾巴属于秋】　今晚到明天白天阵雨转阴,气温22～28℃;明晚到9月1日白天阴有中雨,局部大到暴雨;2到3日阵雨转多云;4到5日以多云为主。★秋天的微风将带着特有的诗意,伴您度过一个小清新的周末。在家熬碗养生粥,快乐又健康。喝粥以晨起空腹食用最佳。年老体弱,消化功能不强的人,早晨喝粥尤为适宜。喝粥时不宜同食过分油腻、黏滞的食物,以免影响消化吸收。

【秋的韵味】　今晚到明天白天多云,气温18～28℃;5日晚到6日白天阴天;6日晚到7日白天阵雨转阴;8—11日有一次降水过程,气温有所下降。★柔风亲切,阳光续约,正是初秋好时节。白天虽有阳光陪伴,但早、晚还是有点凉,早出晚归的朋友们外套要穿起,注意保暖,预防感冒!

【清爽舒适　秋味渐浓】　今晚到明天白天阵雨转阴,气温20～24℃;15日晚到16日阴天,早晚阵雨;16日晚到17日阵雨转阴;18到20日多云;21日阴有阵雨。★常说"一场秋雨一场凉",气温下降,秋意渐浓,早晚添衣莫大意,雨伞记得带身边哦。肠道是免疫力的第一屏障,初秋可喝点酸奶增强免疫力。

【凉爽宜人】　今天晚上到明天白天阵雨转阴,气温19～24℃;16日晚到18日阴天,早晚有小雨,气温19～25℃;19到20日以多云为主;21到22日阴转阵雨。★微微的秋风,舒适的气温,让忙碌的周一平添了几分闲适。这样安逸清爽的日子将继续陪伴,以阴天为主,雨水不时来扰。初秋宜人,就连空气中都是放松的味道,就让你的好心情再一直延续吧!

【细雨诉秋意】　今晚到明天白天阵雨转阴,气温19～25℃;17日晚到18日白天中雨转阴;18日晚到19日白天阵雨转阴;20日多云;21到23日中雨。★细雨眷顾,秋意浓浓。沥沥小雨为蓉城添了一份凉意和洁净,夜里雨水依然不会撤离,仍会以走走停停的节奏眷顾,"黑云"压城,雨落地滑,出行请携带雨伞,注意安全。但早晚渐凉,适当添衣才是王道。

【天凉好个秋】　今晚到明天白天阴有阵雨,气温18～24℃;18日晚到19日白天阴转多云;19日晚到20日白天以多云为主;21到22日阴转中雨;23到24日小雨转多云。★近期秋雨连连,湿度大、风速小,大家可以多开门窗通风换气,同时雨伞、外套少不了。阴雨天易滋生病菌,请注意饮食卫生。天气凉,可多喝藕汤,对改善女性气色大有裨益,生藕能清热除烦,适合因血热导致长痘痘的患者。

【秋天悄然来临】　今晚到明天白天多云间晴,气温 17～28℃;19 日晚到 20 日白天多云;20 日晚到 21 日白天阴有阵雨;21 到 23 日有一次较明显的降雨天气过程,大部分地方的雨量可达中雨,局部大雨到暴雨;24 到 25 日多云间阴。★连日的阴雨天气实在是不堪忍受,但太阳似乎感受到了大家对他的思念与期盼,正努力冲破云层的阻挠,天气将逐渐转好。秋日的气息越来越浓,金色的秋天就在前方了。但体感偏凉,出门时最好带上外套!

【清风送爽,金桂飘香】　今晚到明天阴天间多云,有阵雨,气温 19～24℃;27 到 28 日小雨转多云;29 日多云;30 日阵雨;1 到 2 日有一次降雨天气过程。★清凉的秋风送来阵阵桂花香,和煦的阳光不时露脸,伴着舒适的气温,好惬意!忙碌工作的你抽空可以放慢脚步,细细感受这份浓浓的秋意吧!

【降雨回归　秋味十足】　今晚到明天阴有小雨,气温 19～24℃;28 日到 29 日阴转多云;30 日阴间多云,有阵雨;1 到 2 日有一次降雨天气过程;3 日阴间多云。★周末雨水再度归来,气温也会随之小幅波动,不过秋高气爽的主旋律仍在继续。虽然本周日还要继续上班,但希望雨后舒适的天气带给你好心情!

【秋高气爽艳阳天】　今天晚上到明天白天多云,气温 16～27℃;6 日晚上到 7 日白天多云间阴,气温 17～26℃;7 日晚上到 8 日阴天间多云;9 日多云转晴天;10 到 12 日有一次明显的降雨天气过程。★天空是如此的湛蓝,白云飘逸,阳光洒下一地的灿烂,花儿露出幸福的微笑,秋高气爽,体感舒适,带给您放松的心情、悠闲的享受。但白天紫外线较强,要提前做好防晒的准备工作,及时补水!温馨提醒:早晚仍微凉,仍须适时添衣,预防感冒。

【萧萧凉风洒清秋】　今晚到明天白天阴有阵雨,气温 17～23℃;10 日晚上到 12 日小到中雨转阵雨;13 日阴天;14 到 15 日多云;16 日阴间多云。★秋风萧萧,树叶渐黄,依依秋色。长假过后天空告别阳光,转为低调路线,一场降温和雨水过程也在酝酿中,又到"寒露脚不露"的时节,请大家注意保暖,细细体味这静谧的金秋好时光。

【冷空气携雨拜访,添衣保暖莫大意】　今晚到明天小到中雨,气温 16～20℃;12 到 13 日以阴天为主,局部阵雨;14 到 15 日多云间阴;16 到 17 日阴有小雨。★受北方冷空气影响,11 到 13 日盆地有一次明显的降温天气过程,大部地方日平均气温将累计下降 6～8℃,冷空气影响时,伴有 3～4 级偏北风。秋阳隐去,天低云垂,雨水降温如期而至,注意添衣保暖!

【一场秋雨一场寒】　今晚到明天白天小雨转阵雨,气温 14～16℃;12 日晚到 14 日阴转多云;15 日白天多云间阴;15 日晚到 17 日阴有阵雨;18 日阴天。★如期而至的雨水洗刷了空气,所谓一场秋雨一场寒,盆地此次降温降雨过程使温度整体下了个台阶。秋天的韵味变得越来越浓,毛衣围巾厚外套等保暖衣物都可派上用场了!近期气温变化大,体质较弱者要谨防感冒!

【乌云势力强,阳光难现身】　今晚到明天白天多云,气温 14～18℃;15 日晚到 17 日阴天间多云,晚间多小雨;18 到 19 日阴有小雨;20 到 21 日多云间阴。★伴随着袅袅凉风,大自然逐渐从绿色过渡为黄色,草木渐黄,大雁南飞,一派深秋景象。明起云层强势占领天空,阳光被遮挡地恐难现身。早晚温差较大,注意添衣保暖。秋意,不仅在于草木间,更在于心境,愿您有如秋般淡雅恬静的心情,在这好时光盛放。

【阴雨模式】　今晚到明天白天小雨转阴,气温 15～21℃;18 日晚到 19 日白天小雨转阴;19 日晚到 20 日小雨转多云;21 到 23 日多云,夜间局部小雨;24 日阴转小雨。★近期天气持续阴雨模式,秋凉四起,大家还须注意添衣防感冒。天气多变,应经常开窗通风,保持室内空气流通,这个时节是各种疾病的多发期,保证足够的睡眠,多吃滋阴润燥的水果和蔬菜,尽量少吃辛辣刺激食物。

【秋雨绵绵】 今晚到明天白天阴有阵雨,气温14～21℃;19日晚到20日白天阵雨转阴;20日晚到21日多云;22到23日阴转阵雨;24到25日阴天间多云。★连续的雨水虽然为净化空气立下了汗马功劳,但也为我们的出行带来了诸多的不便,而伴随而来的丝丝寒意仍然无孔不入,在及时添衣保暖的同时,也要相应地调整膳食和加强锻炼,谨防感冒,外出记得备好雨具。

【秋日暖阳】 今晚到明天白天多云,气温14～25℃;21日晚到22日白天多云转阴;22日晚到23日白天阵雨转阴;24到26日多云;27日阴有小雨。★太阳摆脱了云层的束缚,向大地洒下一片温暖,使人们的心情轻松而愉悦,气温又开始回升了,感觉是不是"倍儿爽"呢?但早晚的秋凉已是不可回避的现实,要注意不要受凉感冒了。早上部分地方可能有雾,开车时一定要控制好车速,注意交通安全。

【雨水诉秋凉】 雨水的冲刷赶退了雾/霾,改善了空气质量,明日还将维持阴雨寡照的天气,空气湿度大,注意预防风湿等疾病,应多开窗,让空气对流。脾胃不好的人容易胃部受凉,要注意保暖。★今晚到明天白天阴有小雨,气温15～20℃;28日晚到29日阴有零星小雨;30日阴天间多云;31日到11月1日阴天间多云,有零星小雨;2日到3日以阴天为主。

【阴云满天】 秋天的微风将带着特有的诗意,伴您度过10月的尾巴。阴天伴雨水的旋律,透着秋的凉意,着装开始向深秋调整。注意保暖,远离感冒!秋季宜多吃白色食物,如白萝卜、白菜等,可清心祛秋燥。★今晚到明天白天阴天,局部零星小雨,气温15～20℃;29日晚到31日阴有零星小雨;11月1日到2日阴天间多云;3日到4日以阴天转多云为主。

【天空阴沉】 晨风中带着些许深秋的冷意,气温变化不大,小雨还会不时光临。虽然天空依然保持阴沉,但心情可以选择明朗哦!俗语说"春困秋乏",防秋乏的最好办法就是适当地进行体育锻炼,但要注意循序渐进,保持充足的睡眠。★今晚到明天白天阴天,局部零星小雨,气温15～19℃;30日晚到31日阴有零星小雨;11月1日阴天间多云;11月2日阴天间多云;3日阴天转多云;4日到5日多云。

【阴雨天气持续】 今晚到明天白天阴天有零星小雨,气温14～18℃;31日晚到11月1日阴天,早晚有零星小雨;2日阴天间多云;3日到4日阴天转多云;5日多云转阴,局部阵雨;6日阴有阵雨。★秋雨缱绻,染绿了花花草草,带着清香,裹着雨星,滋润了少女那颗懵懂的心。由于秋季气候宜人,食物丰富,往往摄入热量过剩,会转化成脂肪堆积起来,俗话叫"长秋膘"。所以秋季千万不能放纵食欲。

【深秋已至】 今晚到明天白天阵雨转多云,气温11～17℃;2日晚到3日白天多云间阴;3日晚到4日白天阴天转多云。冷空气带来了降温,吹来了阵阵秋风,也使得空气质量有了明显提升。叶落有声,秋意无痕,深秋的季节飘然而至,提醒您天气逐渐转凉,请注意保暖!祝您周末愉快!

【深秋的美妙时光】 今晚到明天白天阴转多云,气温10～17℃;明晚到4日阴转小雨;5日晚到6日阴有小雨;7日阴转多云,局部有小雨;8日到9日多云为主。★深秋时节应该多吃点白色食物,因为"燥"是此时最明显的气候特点之一,如大白菜、白萝卜、百合等具有润秋燥的作用。而黑色食物有补肾和较强的抗氧化作用。餐桌上来点"黑白配",如蒸山药配凉拌木耳,既润燥护肺,又强肾暖身。

【秋雨落,寒意浓】 一场夜雨让深秋增添了浓郁的秋意,今日沥沥淅淅的雨水没有停歇的意思,雨中夹杂的寒意随意地乱窜着。正值周末,想要出行的朋友,防寒保暖和出行安全都是要注意的哦。★今晚到明天白天小雨转阴,气温11～16℃;9日晚到10日白天小雨转阴;10日晚到11日白天多云;12到15日,以晴天或阴天间多云天气为主,早晚多小雨或零星小雨。

【阴云与阳光的较量】 深秋的天忽热忽凉,阳光时而现身时而躲藏。在这伤风感冒多发的季节,要提高人体抵抗力,平时不妨多吃些酸味食品,研究表明,维生素C是一种强大的抗氧化剂,能增强身体抵抗力。★今晚到明天白天阴天间多云,气温9～17℃;13日晚到14日白天阴;14日晚到15日白天小雨转阴;16到19日,无强冷空气影响,主要以阴天或阴天间多云天气为主,早晚多小雨。

【醉人的金黄色】 今晚到明天白天多云,早上局部有雾,气温8～15℃;25日晚到26日白天多云转阴天,气温9～14℃;26日晚到27日阴天有小雨;28到29日阴天间多云;30到1日阴天有小雨。★天气以多云为主,早晚气温低,注意保暖。秋天既是收获的季节,也是醉人的世界,放眼望去,金黄色的银杏叶子向我们点头致意,当微风拂来,叶片便随风起舞,仿佛奏响了动听的秋天交响曲,让我们沉浸在秋韵之中,感受着秋天那独有的魅力。

【享深秋美景】 今晚到明天白天阴天间多云,气温9～15℃;28日晚到29日白天零星小雨转阴天间多云,气温9～16℃;29日晚到30日阴转小雨;12月1到3日阴天间多云,部分地方有零星小雨;4日阴有小雨。★眼下虽然节气已经过了小雪节气,但白天温度依旧不算太低。随意走在大街小巷和公园,金黄的梧桐叶、银杏叶铺满了一地,置身其中,顿然觉得诗情画意。深秋是一个多么美丽的季节,快快走出门去享受这醉人美景吧!

【阳光送暖】 今晚到明天白天多云转阴,平坝河谷地区早上到上午有雾,气温11～22℃;9日阴天间多云,有分散阵雨;10日阴天有小雨;11到13日阴到多云;14日阴天有小雨。★阳光奉送上暖意,心情舒爽而温馨,游走漫步秋意里,笑问冬意何处觅?

【秋阳杲杲】 今晚到明天白天分散性零星小雨转多云,早上部分地方有雾,气温11～22℃;6到8日以多云间晴为主,早上多雾;9到11日有一次弱的降温降雨天气过程。★天气较为平稳,昼夜温差较大,注意保暖防感冒。并且注意部分地方晨间有雾的出现,特别是团雾给我们带来的影响和危害。

【秋高气爽】 今晚到明天白天多云,早上局部地方有雾,气温12～23℃;4日阴天有小雨;5日阴转多云;6日多云间阴;7到8日多云;9日阴天间多云。★秋冬季节气候干燥,应该多吃些生津止渴、润喉去燥的水果。比如梨有生津止渴、止咳化痰、清热降火的效果,还有苹果,香蕉,山楂等。

【绵绵秋雨】 今天白天到晚上阴天,早晚有小雨,气温14～18℃;30到31日阴有小雨;1到2日多云间晴。★温馨提示:芋头为碱性食品,能中和体内积存的酸性物质,调整人体的酸碱平衡,有美容养颜的功效。

【秋意渐浓】 今天白天到晚上阴天,西部沿山有阵雨,气温15～20℃;29日阴天间多云,有分散性小雨;30到31日阴有小雨;1日多云间晴。★温馨提示:一个中等大小的甘薯能满足人体每日对维生素A需求量的400%,尤其在秋天吃,营养价值和口感更好哦。

【阴天复回】 今天白天阴天,局部地方有小雨,晚上阴有小雨,气温13～18℃;25日小雨转阴天间多云;26到28日以多云间阴天气为主。★阴天又重新掌握了天空的控制权,云层也在不断增厚,夜晚的秋凉已是不可回避的现实,请注意保暖哦!

【抓住秋天的尾巴】　今晚到明天白天多云转阴,气温 13～18℃;24 日晚到 25 日阴天间多云,夜间有小雨;26 到 30 日以阴天间多云为主,早晚多分散性的小雨。★今天秋日难得的阳光让人分外惊喜。明天云层再次占领天空。温馨提示:早晚做好保暖工作,强身健体少感冒!

【雨水频繁　秋意初显】　今晚到明天白天阴天有小雨,气温 20～26℃;2 到 4 日阴天间多云,有阵雨;5 日阴天有小雨;6 到 7 日多云。★阴雨绵绵的天气和低迷的气温,让人感觉到了秋天的气息。明天雨水仍恋战不肯离去,出门记得携带雨具,随时增添衣物,以防感冒。

【云层依旧强势】　今天白天阴天间多云,晚上阴天有小雨,气温 13～21℃;14 到 17 日阴天有阵雨或小雨。★阳光难觅踪迹,雨水也还未彻底离去。云层依然强势,牢牢地掌控天空,这些似乎成了蓉城秋日的标配。季节交替,谨防感冒,出门添衣裳哦。

【冷雨寒风】　今天白天到晚上阴天有间断小雨,气温 13～18℃;11 日阴天间多云转小雨,气温 14～19℃;12 到 14 日以阴天到多云天气为主,局部小雨。★冷雨寒风带来秋的问候,阴天当道,体感略为湿冷,天气已是随着秋天的到来更显寒意,特别提醒您注意保暖。

【早晚凉意浓】　今晚到明天白天多云间阴,气温 16～24℃;8 日阴天间多云有小雨,气温 17～25℃;9 到 11 日有一次降温降雨天气过程;12 到 13 日阴到多云,局部小雨。★据广州市五羊天象馆预测,今年中秋十五的月亮十七圆,也就是在农历八月十七月亮最圆,可惜天阴可能看不到哦。

【秋日暖阳】　今天白天到晚上多云间阴,气温 14～22℃;20 日阴天间多云;21 到 22 日阴天有小雨;23 日阴天间多云。★昨日的阳光只是暖场,今儿太阳将摆脱云层的束缚,向大地洒下一片温暖。但秋季天气变化快,早晚偏凉,关注气温变化,预防感冒。

【秋雨淅沥】　今晚到明天白天小雨转阴,气温 19～26℃;19 日阴有小雨;20 到 21 日多云间阴;22 到 24 日阴有小雨。★秋雨淅沥,早晚阴凉,此时节应注意脖子、腰部和脚部的保暖,保持愉悦的心情;保证良好的睡眠和适当的运动;多补充体内水分、多吃梨。

【凉风习习】　今天白天到晚上阴天有间断小雨,气温 20～26℃;15 到 16 日多云;17 到 18 日阴天间多云有阵雨。★初秋小雨意绵绵,欲离暑热洗尘埃;珍珠松针晶莹挂,花草沐浴美人鲜。温馨提醒:早晚较凉,请注意添加衣物!

【晴热依旧,阵雨随机】　今天白天多云间阴,午后到晚上有分散性的阵雨或雷雨,气温 23～33℃;16 到 17 日以阴天间多云为主,有阵雨或雷雨。★初秋,转季正当时,也正是感冒的高发期,因此平时应多吃些"杀菌"蔬菜,如大蒜、洋葱、韭菜等。

【雨淋淋,凉飕飕】　今天白天到晚上阴天有小雨,气温 20～26℃;2 到 4 日以阴天间多云为主,多阵雨;5 日阴天有小雨。★在雨水的助力之下,气温也降了下来。秋天在慢慢靠近,外出要适当添衣,以防受凉感冒,阵雨出没,勤带雨伞。

【阴雨模式开启】　今晚到明天白天阴天有中雨,局部地方大雨到暴雨,气温 19～23℃;18 日晚到 20 日白天阴有中雨,局部大雨;21 到 22 日阴间多云;23 到 24 日中雨。★刚送别了中秋明月,天空又开启阴雨模式,"一场秋雨一场凉",请关注天气变化,及时添衣,出门记得带伞哦。

【秋色宜人】　今晚到明天白天阴天间多云,部分地方有零星小雨,气温 16～23℃;19 日晚到 20 日阴天间多云,局部小雨;21 到 23 日阴有小到中雨;24 日阴有小到中雨,局部大到暴雨;25 日阴有小雨。★秋燥之气易伤肺,因此,秋季饮食宜清淡,少食煎炒之物,多食新鲜蔬菜水果。

【落叶知秋】　今晚到明天白天多云间阴,气温16～25℃;18日晚到19日阴天间多云;20日阴天有零星小雨;21日阴天有零星小雨;22到24日阴有小雨,部分地方中雨,局部大到暴雨。★秋季饮食主要以清淡为主,最常吃的是粥品,早晚喝些粥,既不会刺激肠胃,也易于消化,还有养生功效。

【红叶季到了】　今晚到明天白天阴天间多云,局部地方有小雨,气温15～23℃;16日晚到17日多云;18日多云间阴;19日阴天间多云;20到22日阴天有小雨。★川西高原部分地区红叶观赏指数已达二级,正值周末,和家人朋友去观赏红叶不失为一个好选择。

【注意防秋燥】　今晚到明天白天阴间多云,部分地方有零星小雨,气温16～20℃;27日晚到29日有一次降温降雨天气过程;30日阴有小雨;31日到11月2日以多云天气为主。★防秋燥、防秋郁是秋季的健康防护重点,应多食滋阴润燥食物,同时适当参加一些有益身心的娱乐体育活动。

【阳光开封11月】　回过神了吗?今日明媚的阳光已经开启11月,心愿清单上多少标记已完成?明日阴天又将回归,气温跌宕起伏,大家要注意了,裹好深秋的外套继续为今年剩下的60天努力工作吧!★今晚到明天白天多云转阴,气温11～19℃;2日晚到3日白天小雨转阴;3日晚到4日白天阴天;5到6日阴有小雨,局部中到大雨;7到8日阴天间多云,局部有小雨。

【秋近尾声,添衣御寒】　今晚到明天白天阴天间多云,气温10～20℃;28日晚到29日阴天间多云;30到31日阴天有小雨;11月1日到2日阴天间多云。★这次冷空气来得真是又快又猛,秋寒沁人,让人有种穿秋裤的冲动。明日云层依旧眷恋天空,阳光踪影难觅,相见晴日还须等待。温馨提示您:防寒保暖须做好,强身健体少感冒!

【金秋时节雨纷飞】　今晚到明天白天阴天有中雨,局部地方大雨,气温18～23℃;17日晚到18日阴有小雨,局部中雨;19日阴有小雨;20到23日阴天间多云,局部阵雨或分散阵雨。★秋雨纷纷,凉风时至,未来三日雨水持续,出行带好雨具。提醒您:注意加强锻炼,以适应天气变化,增强免疫力。老人要注意饮食、精神保养,防止因天气变化引发疾病。

【初秋的韵味】　今天晚上到明天白天多云转阴,局部地方有小雨,气温18～25℃;15日晚到16日阴天有小雨或阵雨;17日阴有小到中雨;18到19日阴有小雨或阵雨,局部中到大雨;20到21日阴天间多云。★眼下正值季节交替时期,冷热不均,应注意及时添加衣物,要小心感冒乘虚而入。这时候容易出现口干、唇干、皮肤干等典型的秋燥症状,应多吃富含维生素、滋阴润肺的食物。

【秋凉淡墨香】　阴云覆盖笼长空,忙忙碌碌又一周。早晚阴冷犹在,秋风瑟瑟悲秋凉,岁月丝丝凉意,出门谨记添衣裳。★今天晚上到明天白天阴天间多云,夜间部分地方有零星小雨,气温13～18℃;3日晚到4日阴天;4日晚到5日小雨转阴;6到9日以阴天间多云为主,局部早晚多阵雨。

【小雨伴秋凉】　今晚到明天白天阴有小雨,部分地方中雨,气温18～24℃;17日晚到18日白天小雨转多云;18日晚到20日白天多云;21到23日阴有小到中雨。★阳光渐渐退去,雨水在周末时光和我们相聚,而秋日的雨水带来的就是气温下降。没有阳光陪伴的明天会明显感觉到秋的凉意,穿衣不要太任性,小心受凉感冒;外出时最好携带雨具。

1.2.9　寒冬腊月

气象学上规定,连续 5 天日平均气温低于 10℃,就算进入冬天,第 1 天即为入冬之日。也就是说当连续 5 天日平均气温都在 10℃ 以下时,那么第 1 天就是入冬。

由于地形的影响,四川盆地的冬季,在 3000 米左右的上空常存在一个持久的逆温层,水汽、尘埃聚集其下,极易形成云系,可造成数天或十几天之久的连阴天气,使冬季晴天很稀少。冬季相对湿度大,风力微弱,故雾/霾经常出现。雾/霾天气给交通出行带来很大影响,低能见度经常导致机场航班延误、高速公路封闭等,并容易造成交通事故。四川盆地冬无严寒,冰雪少见,即使在隆冬季节也照样山清水秀,一片葱绿,是冬季旅游的好地方。

【冬日暖阳】　阳光,不只来自太阳,也来自我们的心。让心里的阳光,照亮生活的点点滴滴;让和煦的阳光,温暖你的冬天。★预计今天晚上到明天白天多云,早上局部有雾,气温 8～18℃;19 日晚到 20 日多云;20 日晚到 21 日多云转阴。

【缠绵的阴天】　今晚到明天白天零星小雨转阴天间多云,气温 9～15℃;24 日晚到 25 日白天多云,气温 7～16℃;25 日晚到 26 日多云间阴;27 到 28 日阴天间多云;29 到 30 日阴天,局部小雨。★不变的依旧是云层遍布的天空,不变的依旧是不受欢迎的阴沉天气,不变的也依旧是充满阳光的心灵。天空仍以阴天为主,偶有雨水,出门备好雨具,天空将逐渐转好,但昼夜温差加大,外出还是记得要多穿点喔。

【冬日暖阳伴周末】　冬天的阳光里,总是给人特别的温馨与温暖的感觉,享受这一刻的阳光,快乐与阳光同在。★今晚到明天白天多云,气温 3～15℃;明晚到 2 日白天晴间多云;2 日晚到 3 日白天多云。适当晒太阳能增加血液循环,提高造血功能。

【气温渐降寒气升】　今晚到 8 日白天阴天间多云,部分地方有零星小雨,气温 6～14℃;8 日晚上到 10 日白天阴天间多云。★大雪节气过后,昼夜温差更明显,出门记得要多穿点,谨防感冒。现在气温逐渐走低,寒意更浓。合理的膳食、规律的作息、及时的添衣才是健康的保证。

【云飘日照暖人心】　今晚到 13 日白天以多云天气为主,气温 2～12℃;13 日晚到 14 日阴有小雨。★终于又见到太阳了,蓝天的感觉就是好。飘浮的云朵令人赏心悦目,阳光为冬日增添了丝丝暖意。好天一扫前几日的阴雨迷雾,留给我们无尽的心旷与神怡。享受这难得的冬日暖情吧!

【暂别暖阳】　今晚到明天白天阴有小雨,气温 6～11℃;14 日晚到 15 日阵雨转多云;16 日多云。★煎熬到周末,可惜阴雨将至,气温将有所走低;大家一定要多穿点衣服,避免被它冻手又冻脚哦!

【深冬节奏】　今晚到明天白天晴间多云,部分地方早上有雾,气温 −1～12℃;17 日晚到 18 日白天多云间晴;18 日晚到 19 日白天多云间阴。★呼呼寒风吹得人们瑟瑟颤抖,太阳公公的胸怀也已温暖不了渐入深冬的大地,适时添衣、运动养生,规律生活才是抗寒的有效法宝!

【寒冷天】　欢乐的圣诞已经在冷"冻"的状态中过去,寒冷的感觉还是挥之不去,早晨出门备上一条美丽又保暖的大围巾吧!★今晚到明天白天多云间阴,局部早晨有雾,气温 0～10℃;27 日晚上到 28 日阴间多云,部分地方有小雨;29 日阴有小雨。

【辞旧迎新　今冬最冷天】　今日将告别 2013 年,大雾和冷空气也赶来凑热闹。今日成都最低气温 −1.7℃,如此冷冻的节奏,谁将带给你温暖"1314"。★今天晚上到明天白天阴天间多云,部分地方有雾,气温 0～9℃;1 月 1 日晚到 2 日白天多云转阴;2 日晚到 3 日白天多云间阴。

【阴冷天继续】　节后第一天上班,调整好状态克服节后综合征了吗? 太阳表示开始休息,阴冷模式继续开启。注意保暖,不让感冒影响工作状态。★今晚到明天白天阴天有小雨,气温 3～7℃;明晚到 9 日白天阴天有间断小雨,气温 3～7℃;9 日晚上到 10 日白天小雨,气温 1～5℃。

【小雨　阴冷】　冷空气继续肆虐,带来阴雨天气,气温走低,阴冷潮湿的节奏还没有停下来,出门在外可得武装好了。★今晚到明天白天阴天有零星小雨或小雨,气温 4～7℃;明晚到 10 日白天阴天有间断小雨;10 日晚上到 11 日白天阴天有小雨。

【防寒防冻】　"冷"已经不能最深刻地表达此刻的感受,雨水和雪花成了主旋律。想要温暖恐怕还要熬上一段时间。小伙伴们要防寒防冻,坚持住! ★今晚到明天白天雨夹雪,气温 0～6℃;明晚到 13 日白天以阴天为主,气温 0～6℃;13 日晚上到 14 日白天阴天间多云,气温 1～7℃。

【阴冷】　雨水的光顾让蓉城变得更为阴冷潮湿。明日降水减弱,气温止住下滑态势,不过阴冷犹在,抗寒保暖继续成为必修课。★今晚到明天白天以阴天为主,晚上有零星小雨,气温 1～6℃;明晚到 15 日白天阴天间多云,气温 1～7℃。

【寒意继续】　身处南方的我们,奋勇投入抵抗严寒的行动中。相信在不久后,阴冷终将被我们的激情征服,升温指日可待。★今晚到明天白天阴间多云,气温 1～8℃;明晚到 15 日白天阴间多云;15 日晚到 16 日阴天。目前冬春交替,保暖工作不可懈怠。

【天空单调又阴沉】　天空还要阴沉多久,蓝天、白云、阳光明媚的日子还有多远? ★今晚到明天白天阴有零星小雨,气温 2～8℃;明晚到 17 日阴有小雨;18 日阴转多云。天气阴沉,建议增强锻炼或将室内灯光调亮,防止抑郁情绪的产生。

【忍耐阴冷,等待升温】　阴冷天气徘徊,太阳迟迟不见踪影。★今晚到明天白天阴有小雨,气温 3～6℃;明晚到 18 日小雨转多云;19 日多云间阴。小雨来访,外出记得携带雨具。

【北风起,气温降】　今晚到明天白天阴天,部分地方有零星小雨,气温 9～13℃;30 日晚到 12 月 1 日小雨转阴,1 日晚到 2 日阴天间多云;3 到 6 日以阴天间多云天气为主,降水不明显。★冷空气的脚步正在慢慢靠近,随着夜晚北风风力加大,气温将随之下降,空气质量也会明显好转。提醒大家作息要有规律,保持睡眠充足,以提高机体的免疫力,注意补水,多食水果和蔬菜。

【气温缓慢走低】　今晚到明天白天阴天为主,气温 8～14℃;2 日晚到 3 日白天小雨转阴;3 日晚到 4 日多云间阴;5 到 6 日白天多云间阴;6 日晚到 8 日小雨转阴。★不知不觉中银杏已经黄透,满地的落叶提醒着我们现在已经 12 月了,时光匆匆如白驹过隙,岁月深处仍静美。珍惜美好时光,今年最后一个月,加油! 未来几天气温缓慢走低,注意关注天气预报,适时增加衣物哦。

【防寒保暖】　今晚到明天白天小雨转阴,气温 4～8℃;10 日晚到 11 日白天阴天;11 日晚到 12 日阴天间多云;13 到 14 日阴天间多云;15 到 16 日阴有小雨。★气温下降,畏寒怕冷的人们要加强保暖、适度运动,适当多吃些牛肉、羊肉,有助于增强机体抗寒能力。冬季天干物燥,本就是火灾高发期,若家用电器出现故障,一定要及时维修,以免引发火灾。

【天气寒冷】　今晚到明天白天阴天,气温 3～8℃;11 日晚到 13 日以多云为主;14 日阴转小雨;15 到 17 日阴天,部分地方有小雨。★阴云笼罩着天空,清风伴随着寒意,外出请注意防寒保暖。俗话说"寒从足下起",脚离心脏最远,血液供应慢而少,皮下脂肪薄,御寒能力差。大家应该特别注意脚部的保暖,晚上睡觉前用热水泡脚是不错的养生之法。

【冬日阳光】 今晚到14日白天以多云天气为主,气温1～10℃;14日晚到15日小雨转多云;16到17日多云间阴,局部地方有零星小雨;18到19日多云间晴。★今日又现蓝天白云,洒下的阳光更是为冬日增添了丝丝暖意。周末仍是好天气,心情也相当愉悦,带上你的好心情,裹上你的厚衣服出去遛遛吧! 随着冬的脚步不断前进,昼短夜长更加明显,早晚温差也较大,大家要注意防寒保暖,不要被感冒偷袭了哦。

【阳光虽在 寒意仍浓】 今晚到明天白天多云,气温3～10℃;14日晚到16日阵雨转多云;17到18日以多云间阴为主,局部地方有零星小雨;19到20日多云间晴。★虽说阳光时而露脸,但寒风吹得人们瑟瑟颤抖,看来太阳公公的胸怀也已温暖不了渐入冬季的大地,适时添衣、运动养生,规律生活才是抗寒的有效法宝!

【天阴寒意重】 今晚到明天白天阴天转多云,局部零星小雨,气温5～10℃;15日晚到17日以多云间阴为主;18日以多云间阴为主;19日多云间晴;20到21日多云间阴,局部小雨。★今日说好的阳光爽约了,午后持续的阴云成了天空唯一的风景,但周日难得的放松时光还是让人身心愉悦。明天就要开始新的一周了,希望大家一切顺利! 天越来越冷了,穿厚点儿照顾好自己。

【温婉冬日】 今晚到明天白天多云间阴,气温2～11℃;16日晚到18日以多云为主;19日多云间晴;20到22日以多云间阴为主,局部小雨。★盼望的冬日暖阳今天好好和我们会了个面,明天好天气还将持续,阳光带来正能量,在好天气适度户外运动,可增强抗寒防病能力。让我们用最好的状态迎接每一天。

【寒冷天气】 今晚到明天白天阴转多云,夜间部分地方有零星小雨,有轻度到中度霾,气温5～11℃;27日晚到29日白天多云间晴,早上有雾;30日到1月2日以多云天气为主,其中31日至1月1日受北方冷空气影响,有一次降温天气过程。★欢乐的圣诞已经在冷"冻"的状态中远去了,寒冷的感觉还是挥之不去,可多食富含脂肪、蛋白质的食物为身体储备热量。早晨出门时备上一条大围巾,保暖的同时还能达到瘦脸的效果哦!

【暖心的阳光】 今晚到明天白天多云间晴,局部地方有雾,气温0～13℃;29日晚到31日白天以多云为主,早上多雾;1月1到2日多云间阴;3到4日以多云间晴为主,早晚气温低,注意保暖。★阳光自由地绽放,心情快乐地飞翔,冬日的暖阳总是令人舒心爽朗,但早晨多雾,开车的朋友一定要控制好车速,注意交通安全,同时由于空气质量不是很好,外出时请记得带好口罩,锻炼身体也应改在雾散了以后再进行。

【冬日暖阳】 今晚到明天白天多云,早上局部地方有雾,气温3～15℃;22日晚到24日多云间阴天;25到26日阴天间多云;27到28日阴天,部分地方有阵雨或小雨。★阳光继续一路高歌,让人能够尽情享受冬日里难得的温暖。明日仍是以多云天气为主,清晨有雾,出行应关注路况信息,注意交通安全。这个季节您若坚持用冷水洗脸,既可预防感冒,又能增强皮肤的弹性。

【空气重回小清新】 在被霾污染天气长时间困扰后,昨夜南下的阴雨冷风终于让空气质量从良,重回小清新时代。不过冷空气发威,寒风凛凛,气温跳水,注意防寒保暖。★今晚到明天白天阴天有小雨,山区有小雨夹雪,气温3～6℃;29日晚到31日阴有小雨,山区有小雪;2月1日阴有零星小雨;2到3日阴天;4日阴转多云。

【寒意阵阵】　今晚到明天白天阴天,夜间有小雨,山区有小雨夹雪,气温 3～6℃;30 日晚到 2 月 1 日阴有小雨,局部山区有雨夹雪;2 到 5 日以阴天间多云天气为主,气温波动幅度不大。★讨厌的霾终于消失了,虽然天空继续阴沉,雨水不时亮相,天气依旧寒冷,但与清新的空气相比,这些都无足轻重了。不过出门时雨具与棉衣一个都不能少,千万不要美丽"冻"人喔。

【低温维持】　今晚到明天白天小雨转阴,气温 2～7℃;31 日晚到 2 月 2 日以阴天为主;3 到 4 日以阴天间多云天气为主;5 到 6 日阴天,局部有小雨。★空气比较清新,可适时开窗通风换气,但低温维持,寒风提醒我们冬天并未远离,明天就是周末,不妨延长与被窝的约会时间。天冷可以多吃些羊肉、韭菜、核桃等温性食物,而适当地活筋动骨也能起到保暖作用哦。

【阴天伴小雨】　今天晚上到明天白天阴天有小雨,气温 6～9℃;7 日晚上到 8 日小雨转多云;9 到 10 日阴转小雨;11 到 13 日多云。★冬天是最好的品鲈鱼季节,鲈鱼性温味甘,有健脾胃、补肝肾、止咳化痰的作用。

【阴天主旋律】　今天晚上到明天白天多云转阴,气温 6～12℃;6 日晚上到 7 日阴有小雨;8 到 9 日多云间阴;10 日阴有小雨;11 到 12 日阴天间多云。★冬天天气干燥,多吃些藕,能起到养阴清热、润燥止渴、清心安神的作用。

【趁阳光正好】　今晚到明天白天多云间晴,早上部分地方有雾,气温 3～13℃;28 日晚到 30 日多云转阴;31 到 1 月 3 日以阴天间多云天气为主。★冬日暖阳利晒洗,腌肉晾肠备年货,大好时光莫错过。

【冬日阳光】　今天晚上到明天白天阴天间多云,气温 3～11℃;16 日晚到 17 日多云间阴;18 日阴天有小雨;19 日阴有小雨;20 到 22 日阴天间多云。★今日阳光穿过云层的缝隙给我们打招呼,带来冬日的一抹金色。明天依然是这种节奏。早晚温差较大,请注意防寒保暖。天气阴冷,若长时间待在室内,注意定时开窗通风,以免空气污浊。

1.2.10　节日假期

在我国,元旦、春节、清明、端午、劳动节、中秋和国庆节是法定全民公休节假日,各种地方性节日、少数民族传统节日以及其他特定群体的节日也不在少数。公众对节假日天气的关注度也是日益提高。天气好当然再好不过,天气不好也可以调整计划,提前预防。为了更好地为公众服务,旅游气象、交通气象等针对性较强的气象服务也在不断地开拓发展,为旅客出行和制订旅游计划提供有针对性的气象服务,为公众规避旅游灾害风险、安全健康出游、提高旅游出行满意度提供有力的支持与保障。

【新年伊始　万象更新】　2014 年已经拉开序幕,时钟的指针永远指向下一秒,没有时间遗憾。从这一刻起,做更好的自己吧。祝愿大家新年有新的斩获!也希望今年风调雨顺、天气美美!★今天晚上到明天白天阴转多云,部分地方有雾,气温 2～8℃;2 日晚到 4 日白天多云。

【元旦快乐】　今晚到明天白天阴天,气温 4～10℃;明晚到 3 日白天多云,部分地方早晨有轻雾或雾;4 日晚到 5 日,7 日到 8 日阴有小雨,其余时间以多云天气为主。★今天元旦节,在汉语里,"元"是开始,"旦"是一天或早晨的意思,两字合称就是指新年的第一天。祝您在新的一年中,吉祥如意、笑口常开!

【元旦专题天气预报】　今晚到明天白天阴天间多云,气温 7～13℃;1 月 1 日晚到 2 日白天多云,局部地方早上有雾;2 到 3 日阴天间多云;4 日阴有小雨;5 到 6 日阴天有小雨;

7日阴天间多云。★过了今夜,2016年不再,回首取得的收获,迎接2017年吧。

【腊八节奉上腊八粥】　今晚到明天白天多云间阴,气温2～10℃;8日晚到9日白天多云;9日晚到10日白天阴天间多云。★明天是腊八节,祝愿大家健康吉祥。腊八节吃腊八粥除了纪念佛陀夜睹明星成道开悟,还有和谐、吉祥、健康、感恩、结缘等意义。

【好天助力腊八节】　今晚到明天白天阴天,局部地方有零星小雨,气温6～10℃;18日晚到20日阴有小雨;21到24日以阴雨天气为主,21日前后局部有雨夹雪或小雪,气温持续下降。★今日阳光热情地拥抱着大地,蓝天奏起欢快的乐曲,白云跳起轻盈的舞步,和煦的微风伴随在左右,为欢度腊八节的我们送上一份不错的天气大礼,未来云系将逐渐增多,但阳光仍不时会露出微笑喔!

【腊七腊八冻掉下巴】　小孩小孩你别馋,过了腊八就是年。腊八粥喝几天,哩哩啦啦二十三。★今晚到明天白天多云间阴,气温4～10℃;明晚到10日白天阴;10日晚到11日白天阴,局部小雨。常食蜂蜜能预防龋齿的发生。

【今儿小年!】　连日的"晴"歌高唱使人有了初春的错觉,今儿是小年。★预计今晚到明天白天多云,早上有雾,气温3～16℃;明晚到25日白天多云。好天气继续,利于返乡出行! 春节的脚步越来越近啦! 温馨提示大家还须及时关注最新天气信息,注意旅途安全。

【今日除尘】　除夕夜正在快马加鞭地赶来! 提醒您关注天气信息,平安出行! ★今晚到25日白天多云,气温3～16℃;25日晚到27日白天多云转阴,局部零星小雨。今天是农历腊月二十四,民间俗称为"迎春日",也叫"扫尘日"。要开始扫除尘埃迎新春啦。

【明天就是除夕夜啦!】　风雷雨神说了,他们也在忙着置办年货,没工夫捣蛋。放心过年吧! ★今天晚上到明天白天多云,早上有雾,气温5～15℃;30日晚到31日白天多云间晴,早上有雾;31日晚到2月1日白天多云间晴。节日期间,请及时关注天气变化,合理安排出行。

【除夕夜】　大年三十家团圆,灯火通明情意绵。蛇去马来尽欢颜,人增寿禄迎春年。团圆热闹除夕夜,琼浆玉液阖家欢。年宴飘香不夜天,其乐融融乐翻天。★今天晚上到明天白天多云,早上有雾,气温5～16℃;31日晚上到2月2日白天晴间多云,早上有雾。

【辞旧迎新除夕夜】　今晚到明天白天多云间晴,早上局部地方有雾,气温0～15℃;9到10日多云间阴;11到12日阴天间多云;13到14日阴有小雨。★温差较大,注意不要感冒哦! 近日天气较好,适宜探亲访友、旅游等户外活动。爆竹噼啪响彻天,瑞安祥和辞旧岁。祝你猴年添岁又增福,财源滚滚万年长。

【春节快乐】　近期的天气,让你无奈了吗? 由于受到雾/霾的影响,天空依旧难现明朗笑容,部分地方能见度较低,请大家注意出行安全。★今晚到明天白天多云,早上有雾,气温4～16℃;明晚到2月3日白天多云间晴,早上有雾,气温5～17℃。

【双节相遇握个手】　情人撞元宵,每隔19年才会出现这么幸福又美满的时刻。元宵节里说团圆,情人节里说爱你。★今晚到明天白天阴间多云,气温1～8℃;明晚到16日白天阴有零星小雨;16日晚到17日阴有小雨。恭祝您双节快乐!

【情人节快乐】　今晚到明天白天多云,气温5～17℃;15日晚到17日以多云为主;18到19日以阴天为主,有分散性的小雨;20到21日以多云间阴为主。★又是一年情人节,在这充满爱意的日子,不管是单身汉、热恋中的男女或是相濡以沫的夫妇,都应该收到同样的一句话——"我爱你"! 希望大家都能珍惜身边爱你的人。顺便提醒一下,近期天气干燥,补水更加重要。

【羊年送祝福】　今晚到明天多云转阴,气温 11～15℃;19 日阴有小雨;20 日小雨转阴;21 到 22 日阴转多云,早晨到上午有雾;23 日多云间晴;24 日阴间多云。★天气较好,温暖舒适。羊年未到,祝福先行。祝福大家:"羊"起生活的风帆,走向"羊"关通途。向着羊年奔跑,达到吉羊未年,沾沾羊年的喜气。让美梦成真,叫理想变现,要祥瑞高照。愿朋友羊年喜羊羊,如日中天发羊财!

【冬日的温暖】　今日暖阳如期而至,明日太阳君也将不负众望。冬日的阳光总让人格外温暖,今天春运进入第一天,天气仍寒冷,愿归途中的游子能拥有温暖的心情。★今晚到明天白天多云间晴,气温 2～12℃;17 日晚到 18 日白天阴转多云;18 日晚到 19 日白天零星小雨转阴间多云。

【新春快乐】　今晚到明天阴转小雨,气温 9～13℃;20 日阴有小雨;21 到 22 日阴转多云,早晨有雾;23 日多云间晴;24 到 25 日阴天间多云。★今天是除夕,在这辞旧迎新的时刻,我们一起打包全年的收获,扔掉生活的困惑,带着喜悦的心情,迎接羊年第一天的到来。在此祝愿大家羊年大吉、工作顺利、家庭幸福、身体健康、万事如意、新春快乐!

【大年初二齐欢乐】　今晚到明天多云,气温 10～17℃;22 到 23 日阴天间多云;24 日多云;25 日阴天有零星小雨;26 到 27 日阴天。★空气质量有所好转,春节期间在与家人团聚欢乐的同时,安全问题也不容忽视,外出须注意交通安全,安安全全、开开心心享受春节假期。愿您拥有一个平安的假期。不管去哪,不管什么天气,永远带上自己的"小太阳"。

【正月初六日,穷气送出门】　今晚到明天白天多云,局部地方早上有雾,气温 7～16℃;明晚到 26 日白天多云转阴;26 日晚到 27 日白天阴有小雨;28 日阴有小雨;3 月 1 日到 2 日多云。★大年初六打扫卫生,称"恨穷"。春节假期最后一天,送走穷神,招财进宝!希望家家户户都能过上幸福美满的好日子!另外,今天也是返程高峰,提醒大家注意安全,平安返程,让家人少一点牵挂,多一点安心!

【元宵节佳节多阴雨】　风萧萧兮,细雨霏霏,气温直降,阴冷天气占据了主要高地。明日就是元宵佳节,说好的赏月、赏花灯恐怕有点难了。出行的朋友们还须注意保暖并且携带雨具!★今晚到明天白天零星小雨转阴,气温 4～10℃;5 日晚到 7 日白天阴天间多云;8 到 11 日以多云间晴到阴天间多云天气为主,其中 10 到 11 日部分地方有小雨。

【元宵佳节】　今晚到明天白天阴天间多云,夜间局部零星小雨,气温 3～12℃;6 日晚到 7 日阴到多云;8 日多云间晴;9 到 12 日以多云间晴到阴天间多云天气为主,其中 10 到 11 日部分地方有小雨。★气温较低,要及时添衣保暖,谨防感冒。今天是元宵佳节,祝您日圆、月圆、圆圆如意;人缘、福缘、缘缘于手;情愿、心愿、愿愿成真!今夜之后,请开始新一年的打拼吧。

【二月二,龙抬头】　天公不作美,有丝丝小雨飘落,连日阴天让大家对晴天充满向往,4 日和 5 日或将能和太阳打个照面,但稍纵即逝,6 日雨水复来。★今天晚上到明天白天阴天,部分地方有小雨或零星小雨,气温 7～11℃;明晚到 5 日阴天间多云。二月二,龙抬头,以新面貌迎接新一周!

【今日"龙头节"】　今晚到明天白天多云间阴,夜间部分地方有零星小雨,气温 4～15℃;明晚到 3 月 2 日多云;3 到 6 日阴天间多云,有阵雨或小雨。★今天是农历二月初二龙头节,象征着春回大地、万物复苏。民间传说二月二剃龙头能鸿运当头、福星高照。

【清明太阳也休假哦】　节前的你们是否开始蠢蠢欲动啦,坚持住最后半天!清明假期太阳公公休假回家,雨水君开始当班。★今晚到明天多云转小雨,气温 15～24℃;4 日晚到 5 日小雨依旧,局部有中雨,气温下降 6℃ 左右哦,感觉就是凉飕飕! 6 日雨过转多云,假日的心情会不会也时晴时雨呢?

【雨伴清明】　今日的春雨虽然为我们的出行带来了些许的不便,却更进一步地清洗了大地,涤除了尘埃,净化了环境,大大改善了空气质量。同时淅淅沥沥的雨水也寄托了我们对逝去亲人无限的追思与怀念。今日清明节,请出门祭扫和踏青的朋友们带好雨具,注意安全用火,预防火灾事故的发生。★小长假天气:今晚到明晚小雨转多云,气温 11～22℃;7 日多云,气温 12～24℃;8 到 9 日以多云为主;10 到 11 日有阵雨;12 日多云。

【未来三日有阵雨】　今天晚上到 14 日白天多云间阴,有阵雨或雷雨,局地中雨,气温22～32℃;14 日晚到 15 日白天阴天间多云,部分地方有阵雨或雷雨;15 日晚上到 16 日白天多云,局部有阵雨或雷雨。★端午小长假天气很给力,既无烈日炎炎,也无雨水绵绵。未来三日有阵雨,提醒您出门带好雨具。

【喜迎五一小长假】　今晚到 5 月 1 日白天多云转阴,局部雷阵雨,气温 15～24℃,阵风 4级;1 日晚到 2 日阴有阵雨;3 日晚到 7 日以多云天气为主,气温逐步上升。★今天是 4 月最后一天,阳光值完了最后一班岗。似乎已然闻到了放假的味道,小伙伴们,准备迎接美好的小长假吧! 五一期间,外出最好备上雨具哟。你想好去哪儿了吗?

【劳动节快乐】　今天白天到晚上多云,气温 14～26℃;30 日到 5 月 1 日白天多云;5 月 1日晚到 3 日阴天有阵雨或雷雨。★愉快的五一小长假终于到了,好天气也将陪伴我们一起过节,正是外出游玩的好时机。

【"五一"前的雷雨天气】　今晚到 29 日白天阴天有雷阵雨,雨量中雨,局部地方大到暴雨,北风 4～5 级,气温 17～26℃;29 日晚到 30 日白天阴天,局部地方有阵雨;30 日晚到 1 日白天阴天,早晚有阵雨。★明日就是"五一"小长假了,全国高速公路从 4 月 29 日零时起,对 7 座及以下的小型车辆实施免费通行。

【阵雨频频】　各区县今晚到 3 日白天多云间阴,早晚阵雨,气温 15～22℃;3 日晚到 4 日多云间阴;5 日多云间阴,局部阵雨;6 日到 7 日以多云天气为主;8 日到 9 日阴天有阵雨。★明天是五一小长假的最后一天,盆地大部都是阴天的节奏,阵雨会频频出现,但气温不冷不热的,非常舒适。要提醒大家的是,在游玩及返程路上要注意安全哦!

【"五一"出行注意安全】　今晚到 5 月 1 日白天阴天间多云,局部早晚有阵雨;气温 18～25℃;1 日晚到 3 日白天阴天有小雨。★昨日高速公路开始实施免费通行,成渝、成南等高速车流均有井喷之势。因车流量大,导致追尾、擦剐等小事故不断,高速的通行能力较弱。交警提醒:注意出行安全,请勿擅自占用应急车道。

【小雨伴五一】　今天晚上到 2 日白天阴天有小雨,气温 17～25℃;2 日晚上有小雨或雷雨,3 日白天阴天转多云;3 日晚上到 4 日白天有小雨。★新的《机动车强制报废标准规定》将从 5 月 1 日起施行,其中明确规定了机动车实施强制报废的标准。私家车取消报废年限限制,不过行驶超 60 万公里须报废。

【周一到了,五一还会远吗】　今晚到 29 日白天阵雨转多云,气温 15～26℃;29 日晚到 30日白天多云间晴;30 日晚到 5 月 1 日阴转多云,局部阵雨;1 日晚有阵雨;2 到 4 日白天以多云天气为主,气温 15～24℃。适宜户外活动。★五一又要到来了,天公作美,整理好心情、收拾好行囊,准备好咱们的五一之行吧! 今年"五一"期间全国高速公路继续执行对 7 座以下小客车免费通行政策。免费通行时间为 2014 年 5 月 1 日 00 时至 3 日 24 时。

【浮云反客为主,雨水重出江湖】　今晚到 2 日白天阵雨或雷阵雨转阴,气温 15～22℃,阵风 4 级;2 日晚到 3 日阴,有阵雨或雷雨;4 日到 7 日以多云到晴天气为主;8 日阴天,有雷雨或阵雨。★五一小长假期间,雨水会为大家的出行带来些许的不便,外出要带好雨具哦! 在大家享受小长假的同时,要感谢现在依然工作在各个岗位上的同志们,辛苦啦,劳动最光荣!

【明日端午节】　明日便是端午小长假。朋友们,想好去哪儿游玩没有? 今晚开始天气将转为晴天模式,远离雨水的滋扰,正适合假期出游。★今天晚上到 10 日白天多云转晴,最低气温18～20℃,最高气温 32～33℃;10 日晚上到 12 日白天以多云到晴天气为主。紫外线强,外出需要注意防晒降温!

【端午节愉快】　今天是五月初五端午节,也是小长假的最后一天。这个假期没有火辣辣的太阳,也没有大雨倾盆,有的是云彩、微风以及还算舒爽的气温,可见老天爷对我们是非常贴心的。★今天晚上到 13 日白天多云间晴,气温 20～32℃;13 日晚上到 15 日白天阴天间多云,有阵雨或雷雨。祝您端午节愉快!

【端午安康】　今晚到明天白天阴天有小到中雨,局地大雨,气温 18～27℃;10 日晚到 12日以多云为主;13 到 14 日多云转阵雨,局部大到暴雨;15 到 16 日以多云为主。★雨水带来清凉之后将渐渐离开,天气渐渐转好,阴天携手云朵将要来接班啦!

【儿童节快乐】　今天白天到晚上多云间阴,气温 20～32℃;2 日阴天间多云转小雨;3 到 4日阴有小到中雨;5 日转晴。★六一到来,虽然迎接我们的依旧是闷热天气,但我们要学会用一颗纯真、快乐的童心来面对一切。向童年致敬,给疲惫的心放个假,祝大家儿童节快乐!

【明媚阳光陪你过六一】　如果说青春留在心里,那么童年就藏在梦里。那是个无忧无虑的时代,廉价的零食玩具带来了最简单最纯粹的快乐。★今晚到明天多云,气温 18～30℃;明晚到 3 日以多云天气为主。太阳公公也来凑热闹,和我们一起怀揣你的童心过六一吧。

【Hello 国庆节】　今天晚上到明天白天多云间阴,气温 15～24℃;2 日晚上到 3 日白天阴天,早晚有小雨;3 日晚上到 4 日小雨转阴;5 到 6 日阴天间多云,早晚有分散性小雨;7 到 8 日多云间阴天。★今天是国庆假期第一天,走亲访友、节日聚会以及中短途自驾游增多,提醒各位驾驶员注意出行安全。饮酒莫开车,开车莫饮酒!

【国庆快乐】　盼望着,盼望着,国庆小长假到了。放假旅行的意义就是:新鲜满怀,见闻大开,观赏新都市的欢悦,与陌生人相遇,学到各种风土文化。★今天晚上到明天白天多云间阴,部分地方有阵雨,气温 15～26℃;明晚到 2 日白天多云,早晚有阵雨;2 日晚上到 3 日白天阴天间多云有小雨。

【国庆耍够　过时不候】　秋高气爽好气候,旅游休闲好时候,好吃好玩好伺候,亲朋好友送问候,开心快乐在等候,祝福的话语说不完,祝您国庆快快乐乐,欢欢喜喜! ★今晚到明天白天多云间阴,气温 17～25℃;明晚到 3 日白天阴天间多云;3 日晚上到 4 日白天阴天,部分地方有阵雨。

【国庆节将至　天空示好】　今晚到明天多云,气温 19～29℃;30 日多云转阵雨;1 日多云间阴;2 日多云间阴;3 日阵雨;4 到 5 日多云。★眼看着国庆大假将至,天空也渐渐变得多彩起来,时而晴空碧蓝,时而云朵飘飘! 就这样开始盼望美好假期的到来,嘴角都不禁上扬! 温馨提示您:高速公路免费通行的时间为 10 月 1 日 00 时至 7 日 24 时,提前或者超出这一时段驶进或驶出高速公路的都要正常收费。

【国庆期间天气总体较好】　今晚到明天阴天间多云有阵雨,气温 19～26℃;1 日阴天转多云;2日多云间晴;3到4日阴天有阵雨;5到6日多云到晴。★国庆的脚步越来越近,相信很多朋友开始为出行做准备了。这里告诉你一个好消息:国庆期间我省天气总体较好,气温波幅不大,利于出行。若要去高海拔旅游景区,须注意防寒保暖。请及时注意旅游目的地天气变化,适时增添衣物。

【大假天气趋势】　预计节日期间无强冷空气影响我市,气温波动幅度不大,对外出旅行无显著影响。★假日前期天气以多云到阴天气为主,4到5日阴天有小雨。出行请带好雨具,注意降雨对交通安全的影响。今天晚上到明天白天多云,气温17～27℃。

【国庆阳光洒　出游莫迟疑】　今晚到明天多云间晴,气温19～29℃;3日阴天转小雨;4日小雨转阴天;5到7日多云间晴;8日多云间阴,局部阵雨。★国庆第一天阳光满溢,蓝天白云相映衬,户外舒适宜人,正是出游好时机。快快邀上小伙伴去享受假期吧!出行前最好提前了解沿线天气和道路信息,检查车况及随车工具,合理选择出行线路。

【中秋云遮月】　今天晚上阴天有阵雨;5日阴转多云,气温15～23℃;6日多云间阴,气温16～24℃;7日阴转小雨,气温18～25℃;8日阴天有小雨,气温18～23℃。★天气虽然转好,但今夜云层较厚,与明月相会的概率很小,其实不论能否赏月,阖家团圆就是最大的幸福!

【中秋佳节人团圆】　今日阴天,气温16～22℃;5日多云间阴,气温16～23℃;6日多云间阴,气温17～24℃;7日阴转小雨,气温18～24℃;8日阴天有小雨,气温18～23℃。★养生知识:早晨是肝气最活跃的时候,此时可以走一走,将肝脏功能调整到最佳状态。今天是中秋佳节,祝您节日快乐!

【怀念能赏月的那些年】　今晚到明天白天阴间多云,有阵雨,局部大雨,气温22～29℃;18日晚到19日白天中到大雨,局部暴雨;19日晚到20日白天阵雨,局部中雨。又要放假了,还是中秋节哦,可惜雨神还没下班,四川的同学赏月的愿望可能又会成为泡影,突然有点想念"秋虎"咯。

【中秋天气展望】　小长假期间,降雨逐渐减弱,体感舒适,请关注天气,合理安排假期生活!今天阴有中到大雨,局部暴雨,气温21～26℃;19日晚到20日白天小雨转阴,局部中雨;20日晚到21日白天阴间多云,夜间局部阵雨。马上中秋了,预祝大家佳节阖家欢乐,幸福甜蜜。

【雨水伴中秋】　今天晚上到明天白天阴天有小雨,局部地方有中雨,气温20～26℃;20日晚上到22日白天阴天间多云,部分地方阵雨。★明月几时有,把酒问青天。不知天上宫阙,今夕是何年?今天是中秋佳节,祝各位朋友们节日快乐,身体健康!

【早晚雨水利除尘】　今天晚上到明天白天阵雨,局部地方中雨,气温19～26℃;21日晚上到22日白天阵雨转阴天;22日晚到23日白天小到中雨。★中秋小长假,老天爷很配合给力,早、晚降些雨水,荡去了浮尘,净化了空气,为我们的中秋小长假提供了一个清新爽朗的环境。

【中秋小长假来啦】　今晚到明天白天阴间多云,局部阵雨,气温20～27℃;6日晚到8日白天以阴天为主,夜间多分散性阵雨;8日晚到11日有一次降水过程,气温有所下降。★小长假期间气温舒爽宜人,但雨水会不时光临,外出的朋友不妨随身携带雨伞,遮阳防雨两不误。随着阵雨的光临,小长假也会有好空气伴随哦,祝各位朋友中秋快乐,团圆美满!

【九九重阳节】　今晚到明天白天多云间阴,部分地方有阵雨,气温19～27℃;4日阵雨转多云;5日多云间晴;6到7日多云间晴;8到9日多云间阴,局部阵雨。★江涵秋影雁初飞,与客携壶上翠微。尘世难逢开口笑,菊花须插满头归。但将酩酊酬佳节,不作登临恨落晖。古往今来只如此,牛山何必独沾衣。祝重阳节快乐!温馨提示:节假日出行,请保持平和心态,不开斗气车,不强行超车、强行会车,不随意变更车道或在车流中穿梭抢行。

【又逢重阳】　今晚到明天白天阴天有小雨,气温 13～16℃;11 到 12 日阴天有小雨或间断小雨;13 到 16 日以阴天为主,有小雨或间断小雨,局部有中雨。★重阳节,又称重九节、晒秋节。庆祝重阳节一般会包括出游赏秋、登高远眺、观赏菊花、遍插茱萸、吃重阳糕、饮菊花酒等活动。

【重阳节登高日】　今晚到明天白天阴天间多云,局部地方有小雨,气温 18～25℃。21 日晚上到 23 日白天阴有小雨,局部中雨;24 到 25 日阴有阵雨;26 日阴天间多云;27 日阴有小雨。★云层增厚,遮挡阳光,天气转阴。秋的脚步已来到"重九",明天就是重阳节,也是敬老节,和父母家人一起出游赏景、登高远眺、观赏菊花、头插茱萸、吃重阳糕、饮菊花酒……岁岁重阳,今又重阳;不似春光,胜似春光!

【喜迎感恩节】　天空中的云层像拉开的百叶窗,柔柔的光线透过"窗叶"间的缝隙照射到地面。明日感恩节,阳光或许与你不期而遇,一起借此机会向家人朋友表达感谢之情哦!★今天晚上到明天白天多云,气温 5～15℃;28 日晚上到 30 日白天以多云天气为主,气温 5～14℃。

【感恩的心】　今天是感恩节,让我们一起感恩父母赐予生命、给予无私的爱!★今晚到明天白天多云,气温 5～14℃;明晚到 30 日白天多云间阴;30 日晚到 12 月 1 日白天多云。成都已经正式进入冬天。

【平安夜】　阴沉的天空,带着平安夜的祈祷;跳动的烛光,装着平安夜的心愿;悠长的钟声,传递着平安夜的祝福。祝您开心、平安、幸福。★预计今天晚上到明天白天阴天有小雨,气温 4～8℃;25 日晚到 27 日白天小雨转阴天间多云。

【圣诞节】　悠扬的铃声,美味的红酒,摇曳的烛光,散不尽的圣诞情节;翠绿的圣诞树,华丽的霓虹灯,温馨的祝福声,道不尽的圣诞味道。★预计今晚到明天白天小雨转阴,气温 4～7℃;26 日晚到 27 日白天阴天间多云;27 日晚到 28 日白天阴天有小雨。

【平安夜快乐　圣诞节阳光缺席】　今晚到明天白天阴天为主,气温 4～11℃;25 日晚到 26 日阴天,早晚有小雨;27 日阴转多云;28 到 31 日多云间晴,早上多雾。★今夜,祝福来到你身边,带着快乐,带着好运,带着平安!平安夜,美丽而温馨的夜晚。明天就是圣诞节,阳光看来是要缺席了,准备外出参加庆祝活动的朋友们要穿暖和,谨防感冒。

【圣诞节快乐】　今晚到明天白天零星小雨转阴,气温 4～9℃;26 日晚到 27 日白天阴转多云;27 日晚到 28 日白天多云间晴;29 日到 1 月 1 日以多云天气为主,局地有小雨。★天空有些阴沉,寒意依旧浓重,体感还是阴冷,早出晚归时要注意防寒保暖喔!虽然天气寒冷,但冬天的萧瑟阻挡不了快乐的心情,今天是圣诞节,祝朋友们节日快乐!

【告别 2014 年】　今晚到明天白天阴天间多云,大部地方早晨有轻雾,有轻度霾,气温 3～12℃;1 日晚到 3 日白天阴转多云,部分地方早晨有轻雾或雾;4 日晚到 5 日、7 日阴有小雨,其余时间以多云天气为主。★天气还是没有太大的变化,早晚气温仍然偏低,防寒保暖依旧不可大意。早上平坝河谷还有雾,出行仍须注意交通安全。今日告别 2014 年,回首这一年,喜悦伴着汗水,成功伴着艰辛,遗憾激励奋斗,祝朋友们新年快乐!

1.2.11　专题资讯

　　春节将近,春运开始,"春运专题天气预报"也闪亮登场;夏日炎炎,高考学子奋力一搏,"高考专题天气预报"也为他们加油;秋高气爽,"西博会"开幕了,"西博会专题天气预报"都准备好了……随着人们对生活质量要求的提高,更富有个性的气象服务成为一大需求,各类活动的气象服务保障也越来越受到重视。做好有针对性的气象服务,搞好气象科技保障服务,也是气象服务的重要部分。

专题

　　【天佑雅安,祈福】　今日谷雨节气,雅安地震! 你若安好,才是晴天! 让我们共同为震区人民祈福! ★今晚到明天多云;22 到 23 日阴间多云有阵雨,气温 16～25℃。大家出行请主动避开永丰路和成雅高速,让出生命通道,另外,建议不要盲目前往灾区,以免造成震区无序及拥堵。

　　【加油雅安】　天气预报:今晚到明天白天阴天间多云,西部山区有阵雨,气温 16～25℃;明晚到 23 日阴有小雨,局部中雨;24 日阴天转多云。★成温邛、成雅高速公路今晚到明天阴间多云,部分路段阵雨。灾难发生已过去一天,不断上升的伤亡数字让人揪心。呼吁大家不要盲目到灾区,做好本职工作,为雅安祈福。

　　【未来三天震区多阴雨,注意防范地质灾害】　天气预报:今晚到 24 日白天阴间多云有小雨,西部山区小到中雨,气温 16～27℃;24 日晚到 25 日阵雨转阴间多云。★成温邛、成雅高速部分路段有阵雨。未来三天震区多阴雨,受灾群众、救援人员要及时增添衣物,还要特别注意防范降雨诱发的崩塌、滑坡等地质灾害。

　　【滑坡、泥石流地震次生灾害如何防御】　天气预报:今晚到 24 日白天阴有小雨,部分地方中雨,气温 17～27℃;明晚到 25 日阵雨转阴间多云;26 日多云。★防御指南:(1)滑坡的躲避应向垂直滑坡前进方向逃跑;(2)只要听到泥石流的声音和发出的泥石流警报时,立即向主河道两岸的高山地区安全地带逃跑。

　　【震区降雨渐停转好】　天气预报:今晚到 26 日晚以多云为主,明天气温 16～28℃;27 日白天局部有分散阵雨。★未来三天芦山地震灾区由雨转为多云天气,对交通运输和救灾工作有利,请当地居民和救灾人员注意食品卫生安全,做好卫生防疫工作。早晚温差较大,请注意夜间防寒保暖。

　　【地震灾区如何防雷】　今天晚上到明天白天多云间晴,26 日晚上到 28 日多云间阴,气温 15～31℃。★帐篷应尽量安置在低矮、空旷、干燥的地方,切忌在大树下搭建;打雷时应蹲在地上,双手抱膝,胸口紧贴膝盖,尽量低头,千万不可躺下。雷雨时在空旷场地不宜打伞,不宜把工具物品扛在肩上。

　　【明日全省哀悼日】　今晚到明天白天多云,气温 16～32℃;明晚到 28 日白天多云转阵雨;28 日晚有小到中雨并伴有雷电;29 日白天阴转多云。★明日全省停止公共娱乐活动,08 时 02 分起全省人民默哀 3 分钟,届时汽车、船舶鸣笛,防空警报鸣响。为 4·20 芦山地震遇难同胞表示深切哀悼!

　　【震后重建计划实施】　今晚到 30 日白天阴天间多云,气温 17～28℃;30 日晚到 5 月 1 日白天阴天,部分地方早晚有阵雨;1 日晚到 2 日白天阴天间多云,早晚有阵雨。★昨日省委召开常委会议研究决定,"4·20"芦山强烈地震抗震救灾工作由抢险救援阶段转入过渡安置阶段,同时着手启动灾后恢复重建规划工作。

【财富雨洗蓉城】　明日财富论坛将在成都盛大开启,全世界的目光将聚焦蓉城。这几天的天气情况也备受关注,今晚将会有一场财富雨为蓉城洗尘,明天白天阳光为财富开道。★预计今晚有阵雨,明天白天到 7 日白天为多云或晴的天气,气温 20～31℃;7 日晚上到 8 日白天阴间多云有阵雨,局部地方中雨。

【雨水停,阳光现】　昨天一场雨将闷热一驱而散。今天早上,阳光明媚、蓝天白云,让人倍感心情愉悦。被誉为"把握世界经济走向最清晰和最直接的窗口"的财富全球论坛今日盛大开幕。★今晚到明天白天多云,气温 22～33℃;7 日晚上到 8 日白天雷雨或阵雨,大部地方有中雨;8 日晚上到 9 日白天大雨。

【好天气助力"神十"升空】　今晚三位航天员将乘"神十"奔赴天宫,茫茫太空将再次留下中国人的足迹。今年也是中国人首飞太空十周年。让我们祝福航天员顺利升空,安全返回!★今晚到 13 日白天晴间多云,气温 18～33℃;13 日晚上到 14 日白天阴天间多云,部分地方有阵雨或雷雨。提前祝您端午节愉快!

【漂流节,雨水又重来】　今天晚上到 4 日白天阴天间多云,有阵雨或雷雨,雨量中雨,部分地方有暴雨,气温 24～31℃;4 日晚上到 5 日白天阴天间多云,夜间有阵雨或雷雨,局部大雨;5 日晚上到 6 日白天多云。★第五届都江堰(虹口)国际漂流节开幕了,朋友们可以前去欣赏漂流,享受清凉哟。

【凉爽天气喜迎车展开幕】　今天晚上到明天白天阴天间多云,南部部分地方有阵雨,气温 21～30℃;30 日晚上到 31 日白天多云间晴;31 日晚上到 9 月 1 日白天阴天,部分地方有阵雨。★明日第十六届国际汽车展览会将在新会展中心开幕。建议前往现场的朋友尽量乘坐公交、地铁等公共交通工具。

【阴天有阵雨】　14 日晚到 15 日多云间阴,夜间局部地方有阵雨,气温 22～31℃;16 到 17 日阴天间多云,部分地方有阵雨或雷雨,局部地方中雨。★第四届中国成都国际非物质文化遗产节将于明日至 23 日在蓉举办。从明日 13 时起非遗博览园将实行免费入园。同志们可以品尝一场文化盛宴了。

【西博会专题】　今晚到明天白天阴天间多云,部分地方有小雨,气温 14～20℃;22 日晚到 23 日白天阴天,部分地方有小雨;23 日晚到 24 日白天多云。★西博会将于 10 月 23 日至 27 日在成都世纪城新会展中心举办,本届西博会主题为"构建区域合作新格局,激发西部发展新活力"。

【西博会专题】　今晚到明天白天多云,早上到上午有雾,气温 13～23℃;24 到 25 日以多云到晴天气为主。★明日第十四届西博会将在成都拉开帷幕,将有 6 万海内外嘉宾齐聚蓉城,共话中国西部发展的新活力。

【好天气助力西博会】　24 到 25 日以多云到晴天气为主,局部早上有雾,气温 13～24℃;26 日多云转阴,晚上有零星小雨。★伴随好天气,西博会今日开幕。本届西博会主要的特点:一是国际化程度大幅提升;二是参展大企业增多;三是展览亮点多。

【暖秋捧场西博会】　早晚秋意虽浓,总有阳光驱走寒意。如此温暖秋日就像在为西博会助威,天气如此盛情,快去感受一下这场盛会吧!★今晚到 26 日以多云天气为主,局部地方早上到上午有雾,气温 14～21℃。

【舒适温度过周末】 本该渐冷的深秋却被温暖的太阳所庇护,总有阳光与你不期而遇。温度舒适的周末已经走来,陪父母去绿色森林吸收负氧离子,带上小朋友逛逛西博会,尝尝美食吧!★今晚到明天阴间多云,气温 13～21℃;27 到 28 日阴,晚上局部地方有零星小雨。

【魅力西博会】 今晚到明天白天多云转阴,气温 15～24℃;26 日晚到 28 日阴有小雨,局部中雨;29 到 30 日阴有小雨,晨间平坝河谷地区有雾或霾;31 到 11 月 1 日以阴天为主。★花浴天爱之后异样娇媚,草沐甘露之后别样清欢,人在季节更迭时亦欢欣鼓舞,徜徉自然山水中,身浸渍了自然之气,心感悟了天籁之音,感受了清风的沐浴,身心坦荡惬意。魅力西博会,等你去参与!近期早上有雾,出行注意安全。

【好天助力西博会】 今晚到明天白天多云,早晨部分地方有雾,气温 10～20℃;3 日晚到 5 日以多云天气为主;6 到 9 日我省将有一次降温降雨天气过程。★天气转好,又可以见到阳光了,体感比较舒适,但早晚气温较低,穿衣不可任性,西博会明日在世纪城新国际会展中心开幕。

【好天气助阵西博会】 今日西博会拉开帷幕,老天也给足了面子。虽有"寒露不算冷,霜降变了天"之说,但秋日的阳光给城市带来温暖的光泽,晒得大家暖洋洋,好天气毫不羞涩地绽放魅力。★今晚到明天白天多云间阴,气温 13～24℃;24 日晚到 26 日以多云为主;27 到 30 日阴天为主,雨日较多,局部雨量较大。

【纪念邓小平诞辰 110 周年】 今晚到 23 日白天阵雨转阴天间多云,气温 19～26℃;23 日晚到 25 日阴转多云,气温 20～30℃;26 到 29 日阴天间多云有阵雨。★邓小平开启了一个国家新的时代,他规划了改革的蓝图,后代仍在继续描绘,在他诞辰 110 周年时纪念,不仅因为他是个卓越的领导者,而且他引领全中国继续坚持全面深化改革,是对中国改革开放总设计师最好的纪念。

教育

【阳光助力高考】 今天白天到晚上多云间晴,局部午后到傍晚有阵雨或雷雨,气温 20～34℃;8 到 10 日阴天有小到中雨;11 日阴天间多云。★有一种青春叫高考!在这稍炎热的环境里,愿考生们用平静的心态发挥出最好的水平,加油!

【高考倒计时 1 天】 今天白天到晚上多云间晴,气温 19～32℃;7 日多云转阴;8 到 10 日阴天,有小到中雨。★今天天气状况虽没有昨天那么好,但也将继续高唱"晴歌",紫外线较强,外出的朋友请记得做好防晒工作,小心黑三度哟。

【高考开始】 今天晚上到 8 日白天多云转雷雨或阵雨,雨量小到中雨,个别地方暴雨,雷雨时伴有阵性风,气温 21～29℃;8 日晚上到 9 日白天小到中雨转阴;9 日晚上到 10 日白天多云转晴。★今日高考正式拉开了帷幕,请考生们注意天气变化,祝福各位莘莘学子高考成功。

【再接再厉,迎战高考最后一天】 今晚到明天白天阵雨转多云,气温 22～29℃;明晚到 10 日白天阴天,早晚有阵雨;11 到 12 日有一次较明显的降雨天气,同时最高气温将有所下降。★夏季最适宜养心,因为夏日心脏最脆弱,暑热逼人容易烦躁伤心,易伤心血。莲子具有补脾、益肺、养心、益肾和固肠等作用。祝考生们再接再厉,考出好成绩,加油!

【高考结束,好高兴】 今晚到明天白天阵雨转阴,气温 21～26℃;明晚到 11 日白天阴天,早晚有阵雨；12日到13日降雨较明显，普遍中雨，局部大雨，同时气温将有所下降。★夏季养生重在精神调摄，保持愉快而稳定的情绪，切忌大悲大喜，以免以热助热，火上浇油。高考结束了，考生们自由了。短暂的放松后，也预示着即将踏上新的征程！

【考研之日好天气来关照】　午后阳光弥漫，一缕阳光、一杯香浓，让寒凉的冬季充满了温暖。★今晚到明天白天多云间晴，部分地方早上有雾，气温−1～13℃；明晚到5日白天多云转阴。今日最高气温超过13℃。

【开学季来临，暑假君泪别】　今晚到明天白天阴有中雨，局部大雨，气温21～25℃；明晚到2日白天阵雨转多云；2日晚到3日白天多云；4到5日多云；6到7日阴有阵雨，局部大雨，外出请随身携带雨具。★8月将去，开学在即。不少学生出现"开学恐惧症"，多表现为：失眠、嗜睡及一些查无原因的头晕、恶心、腹痛、食欲不振、记忆力减退、理解力下降、厌学、焦虑、情绪不稳等。家长们一定要帮助孩子放松心情，调整好心态。

【开学季来临】　今晚到明天白天阴天间多云，夜间局部地方有阵雨，气温20～30℃；1日晚到2日多云转阴有阵雨；3日中雨，局部大到暴雨；4到6日有一次较明显的降雨天气过程；7日以多云天气为主。★季节交替的时候，请注意早晚增添衣物，适当使用空调及电风扇，以免感冒。新学期开始了，祝愿莘莘学子学习进步，健康快乐每一天！

资讯

【春运第一天，冬日的温暖】　今日暖阳如期而至，明日太阳君也将不负众望。冬日的阳光总让人格外温暖，今天春运进入第一天，天气仍寒冷，愿归途中的游子能拥有温暖的心情。今晚到明天白天多云间晴，气温2～12℃；17日晚到18日白天阴转多云；18日晚到19日白天零星小雨转阴间多云。

【高温"烤"验建军节】　今日多云，有分散性阵雨或雷雨，气温24～34℃；2到5日以多云为主，多分散性阵雨或雷雨。★从不妥协，大国尊严不容侵犯；永不让步，每寸领土不容侵占！值八一建军节之际，向英雄的军人致敬！温馨提醒：烈日当空，外出请注意防晒。

【致敬，中国军人！】　今晚到明天白天多云，部分地方有阵雨或雷雨，个别地方大雨，气温23～35℃；2日晚到4日雷雨或阵雨，雨量中雨，局部大到暴雨；5到6日以多云为主，有分散性阵雨；7到8日阵雨或雷雨，局部大到暴雨。★守卫边疆，保家卫国，他们守护祖国平安；灾难面前，搭人梯、筑人墙，他们是最可亲可敬的子弟兵。以报效国家为使命，为履行使命而战斗，这是他们的坚守，是他们誓死捍卫的信仰。让我们一起向中国军人致敬！

【明天防灾减灾日】　成都市各区县今天晚上到明天白天多云间晴，气温14～30℃；12日晚到14日白天以多云为主；15到17日有雷雨或阵雨，局部地方大到暴雨；18日多云。★明天是我国第七个防灾减灾日，今年的主题是：科学减灾，依法应对。大家都学习一下防灾减灾的相关知识吧！灾难来临时，多一分正确防护，便为自己的生存多加了一道保险！

【防灾减灾日】　阳光儿绽放，早晚微风儿凉爽，阵雨偶来扰，这就是春末夏初的美妙。今天是防灾减灾日，学习防灾减灾知识，灾难来临时，多一分正确防护，便为自己的生存多加了一道保险！★今晚到明天白天多云间阴，气温17～27℃；明晚到14日白天阴天间多云，局部阵雨；14日晚到15日白天阴天有阵雨；16日阴天有阵雨或雷雨；17到19日以多云天气为主，气温明显升高。

【特殊的日子】 今晚到明天白天多云间阴,有分散性阵雨,气温16~31℃;13日晚到15日白天阴天有雷雨或阵雨,部分地方有中雨。★今天是个特殊的日子,既是母亲节,又是国际护士节,还是我国第五个防灾减灾日!今年防灾减灾日主题为"识别灾害风险,掌握减灾技能"。愿世界更美好!

【白色情人节,淡淡的甜蜜和幸福】 ★明日开始到18日以多云间晴天气为主,日最高气温在20℃上下,出游赏花正当时;19—21日有小到中雨,最高气温将降至13~15℃。★今天是白色情人节,又是周五,情侣们是不是又要约会了?其实只要爱对了人,每天都是情人节!★今晚到15日白天多云间晴,气温8~19℃;15日晚到16日白天多云间晴;16日晚到17日多云间阴。气温攀升,适宜外出踏青。

【晴天罩七夕】 今天晚上到明天白天多云间晴,有分散的阵雨或雷雨,气温23~33℃;13日晚上到15日白天多云间晴,有分散不均的阵雨或雷雨。★明日是七夕节,又称乞巧节,是我们的"情人节",天公也识趣,作美成全。真是抬头望碧霄,喜鹊搭鹊桥。月下齐聚首,心丝君知晓?

【浪漫七夕,好天回归】 挥别7月,牵手8月。明日将迎来浪漫的七夕节,老天识趣,褪去雨水,还来晴朗蓝天。没有雨水的烦恼是给情侣们带来的福利,可以和另一半尽情享受浪漫甜蜜。★今天晚上到明天白天多云,气温23~32℃;明晚到3日以多云为主,闷热天气卷土重来;4到8日以多云天气为主,其中5—7日傍晚和午后有雷雨或阵雨,局部地方有大雨到暴雨。

【3.15:让消费者更有尊严】 ★16到18日以多云天气为主,适合外出赏花踏青;20日前后受冷空气影响,会有小雨天气,气温将明显下降。★今天是消费者权益保护日,新消法首次赋予消费者"后悔权":凡通过网购等方式购买商品,收到货品7天内,退货无须说明理由。小伙伴们,"后悔权"用起来哦!★今晚到17日白天多云间晴,气温7~20℃;17日晚到18日白天多云。春意盎然的周末,让心情也跟着灿烂起来吧!

【明日3·15】 今晚到明天白天阴天间多云,局部零星小雨,气温10~21℃;15日晚到16日白天多云转阴;16日晚到17日阴有零星小雨;18到21日为多云间阴天气,早晚有分散的阵雨,其中19日前后有降温降水过程。★明天是"国际消费者权益日",由国际消费者联盟组织于1983年确立,目的在于扩大消费者权益保护的宣传,在国际范围内更好地保护消费者权益。如遭受假冒伪劣等不法侵害,请来电"12315",将维权进行到底。

【明日世界气象日】 今晚到明天白天多云间阴,气温12~23℃;23日晚上到24日白天阴天,部分地方有阵雨或小雨;24日晚上到25日阴天间多云。★阳光撒娇,时隐时现。明天是世界气象日,主题为"气候知识服务气候行动"。气候变化关系到每个人,倡导并实践低碳、节能、环保的生活方式,使用公共交通工具,减少一次性用品消耗,共同保护地球环境。

【世界气象日】 ★预计未来7天,前期以多云天气为主,阳光再现;后期以阴天间多云天气为主,部分地方早晚多阵性降水。★冷空气的余威逐渐消散,气温将有所回升,天空慢慢放晴。今天是世界气象日,关注天气和环境,需要大家的支持和参与!★今晚到明天白天阴天间多云,气温8~17℃;明晚到后天白天阴转多云,气温8~21℃;25日晚到26日多云转阴,气温9~22℃。

【今晚,为地球熄灯一小时】 ★预计未来7天,今晚开始,贵如油的春雨将轻轻地洒落,气温逐渐回落,4月2日后多云天就又回来了。★今天20:30—21:30,是一年一度的"地球1小时"活动。关闭所有不必要的电源,熄灭不必要的灯光,替地球疗伤。你的选择,有一天将决定天空的颜色。★今晚到明天白天阴有阵雨或小雨,气温 12~19℃;明晚到 4 月 1 日阴有阵雨或小雨。

【好天伴随返程路】 清新的空气,暖暖的气温,养眼的景色,让人感觉很舒心惬意。现在是返程高峰,注意交通安全,祝您一路顺风,平安返家。今天也是世界卫生日,今年的主题为"病媒传播的疾病"。我们要提高防病意识,维护自身的健康!★今晚到明天白天以多云天气为主,气温 13~24℃;9 到 10 日以阴天为主,有小雨,气温 15~22℃;11 日以阴天为主,有阵雨;12 到 14 日以多云为主。

【世界地球日】 ★今天是第 45 个世界地球日,今年的主题是"珍惜地球资源,转变发展方式——节约集约利用国土资源,共同保护自然生态空间"。我们提倡用低碳环保的生活方式来保护和珍惜地球母亲。★今晚到明天白天多云间阴,气温 15~25℃;明晚到 25 日白天阴有阵雨或雷雨,局部中雨;26 日到 29 日阴转多云。

【快乐青春】 今晚到 5 日白天多云,气温 14~26℃;5 日晚上到 7 日多云到晴;8 日有阵雨或雷雨;9 日阴转多云;10 到 11 日以多云为主。★岁月能带走青春的年华,却带不走青春的心态。五四青年节,愿你有快乐的青春!

【明日母亲节】 今晚到明天白天多云,傍晚前后局部地方有阵雨或雷阵雨,气温 17~31℃;10 日晚到 11 日阵雨转多云;12 到 13 日多云;14 到 15 日雷阵雨,雨量中雨,局部大到暴雨;16 日阴有阵雨。★天空广阔,比不上母亲的博爱广阔;太阳温暖,比不上母亲的真情温暖;鲜花灿烂,比不上母亲的微笑灿烂;彩虹鲜艳,比不上母亲的快乐鲜艳。明天母亲节,不妨多花点时间陪陪妈妈! 最后,提前祝天下所有妈妈身体健康,快乐平安。

【明日母亲节】 今晚到明天白天多云,气温 16~30℃;明晚到 14 日白天多云间阴。★明天是母亲节,有时她们并不需要多华丽的礼物,简单的问候和陪伴就足以令她们幸福!在家的帮妈妈做做家务,陪她吃饭拉家常,带她逛街看电影。不在家的也要记得给妈妈打个电话聊聊天哦。

【舒适多云天】 昨夜阵雨拍打门窗,还给空气一份小清新。今天天气转好,之后两天以多云天气为主。明日是母亲节,记得为母亲送去一份关怀,为她撑起一把伞,挡去生活的风雨。★今晚到明天白天多云,气温 15~27℃;明晚到 12 日白天多云;12 日晚到 13 日白天多云间阴;14 到 15 日阴天间多云,有阵雨或雷雨;16 到 17 日阴天转多云。

【老天助阵母亲节】 母爱,如和风,如细雨,如暖阳。阳光已经大面积回归,让周末变得更加温馨。今天是母亲节,趁天气正好,请给母亲一个爱的关怀!★今晚到明天白天多云间阴,气温 16~27℃;明晚到 13 日白天阴间多云;13 日晚到 14 日白天阵雨转多云;15 到 16 日阴天间多云,有阵雨或雷雨;17 到 18 日以多云为主,气温升高。

【明天世界环境日】 今晚到明天白天多云,气温 19~31℃;5 日晚到 6 日白天多云;6 日晚到 7 日白天阵雨转多云;8 到 11 日以多云间阴的天气为主,局部有阵雨。★明天是世界环境日,今年世界环境日主题为"可持续消费和生产";中国主题为"践行绿色生活"。环保部呼吁人人行动起来,从自身做起,从身边小事做起,实现生活方式和消费模式向勤俭节约、绿色低碳、文明健康的方向转变。

【细雨点缀植树节】 今晚到明天白天阴天,西部有小雨,气温 8~14℃;明晚到 13 日阴有小雨;14 到 15 日阴天间多云;16 到 18 日阴天间多云,早、晚多阵雨。★明天是周日也是植树节,在细雨的点缀下开始梦想的发芽。虽然天气不给力,但也不要浪费美好的周末时光哦。

【多云相伴】　8日晚上到9日白天多云间阴,夜间局部地方有阵雨,气温21～31℃;9日晚上到10日白天多云间阴,有分散阵雨;10日晚上到11日白天多云转阴,有分散性雷雨或阵雨,部分地方有中到大雨。★今天是第五个全国"全民健身日"。加强锻炼,强身健体,立即行动吧!

【雨势加大】　雨姑娘的舞步遏制了气温上扬的势头,现在空气清新惬意,体感凉爽舒适,心情也随着这凉爽天而轻松飘逸!但雨势增大,山区的朋友要预防强降雨引发的滑坡、泥石流等次生灾害。今天也是"全民健身日",主题是"全民健身促健康,同心共筑中国梦"。★今晚到9日中到大雨,部分地方暴雨,气温23～27℃;10日小到中雨,局部大雨;11日阵雨;12日起以多云天气为主,局部阵雨。

【世界湿地日】　今晚到明天白天阴转多云,气温2～9℃;3日晚到5日多云;6日前后有零星小雨;7到9日以多云到晴天气为主,气温逐渐回升。★天气比较平稳,但早晚的空气中依然夹杂着寒意,防寒保暖仍是第一要务。今天是世界湿地日,今年的主题为"湿地,我们的未来"。湿地素有"地球之肾""生命摇篮""文明的发源地""物种的基因库"之美誉。

【明日祭灶节】　今晚到明天白天晴间多云,早上局部地方有雾,气温2～17℃;明晚到13日多云;14到17日阴天或阴天间多云,气温上升明显。★明天是传统节日祭灶节,俗称小年。民间讲究吃饺子,取意"送行饺子迎风面"。各地小年习俗不尽相同,包括祭灶、扫尘、剪窗花、洗浴理发等。传统中,从小年到正月十五都算过年。小年来了,大年还会远吗? 小伙伴们,开始进入过年的节奏啦!

【保护母亲河日】　今晚到明天白天阴转小雨,气温9～15℃;10日晚到11日白天小雨转多云;11日晚到12日白天多云;13到16日以多云或多云间晴天气为主。★天气转为阴天为主,雨水不时光临,气温略有下降。今天是保护母亲河日,工业废水、生活污水及城市垃圾的乱排乱放,使河流污染严重,造成淡水资源短缺,为了明天有放心的饮用水,让我们立即行动,拒绝污染,减少污染物排放,保护我们的母亲河。

【明日植树节】　今天晚上到明天白天多云间晴,局部地方早上有雾,气温7～20℃;12日晚到14日多云间晴;15到18日以阴天间多云天气为主,其中16日晚到17日有小雨。★阳光重现,气温回升,美好的春色令人陶醉。明天是植树节,森林能够调节空气和水的循环,影响着气候的变化,保护土壤不受风雨的侵蚀,减轻环境污染带来的危害,让我们都行动起来,为家园增添一抹温馨的绿色吧。

【今日植树节】　今晚到明天白天多云间晴,早上局部地方有雾,气温8～21℃;13日晚到15日白天阴天间多云;16到19日以阴天间多云为主,其中16日晚到17日阴有小雨。★有一棵树,春天倚着她幻想,夏天倚着她繁茂,秋天倚着她成熟,冬天倚着她沉思。今天是我国第37个植树节。让我们守护身边的每一寸绿色,用行动筑起生命的绿色。

【高温搭配父亲节】　今天晚上到16日阴天转多云,部分地方有阵雨或雷雨,气温23～32℃;17到18日多云间阴。★明日就是父亲节了,如果说母亲让我们懂得了仁慈与博爱,父亲则教会了我们坚强与担当。好好陪陪父亲吧,让操劳的父亲享受到节日的快乐!

【浓情相约情人节】　今天晚上到明天白天阴天间多云,夜间部分地方有零星小雨,气温9～16℃;15日晚到16日阴天,局部阵雨;17日多云;18到19日多云;20到21日阴天有阵雨。★今天是白色情人节,情侣们是不是又要约会了? 其实只要爱对了人,每一天都是情人节!

【世界微笑日,开怀一笑】　今天晚上阴天有小雨,明天白天多云,气温14～29℃;9日晚到10日多云间晴;11日多云;12日多云间晴;13日阴天转小雨;14到15日小雨。★今天既是母亲节又是世界微笑日,摆明了是要妈妈开口笑。今天在妈妈面前一定要做个乖孩子,不要调皮哦。

【好天助力三八节】　今天晚上到明天白天多云间阴,气温5～16℃;8日晚到11日以阴天间多云为主,早晚阵雨;12到14日阴有小雨。★明天是妇女节,天公送上不错的好天气作为贺礼,花儿绽放出温馨的笑容,绿叶扭动轻盈的舞姿,为女同胞们送上温馨与甜蜜!

【妇女节快乐】　今天白天到晚上多云间阴,气温5～16℃;9到10日阴天间多云,有阵雨或小雨;11日多云间阴;12日阴有小雨。★新女性,半边天,家庭事业双肩担。育儿女,在膝前,和谐幸福喜连连。懂时尚,能勤俭,精彩生活乐无边。祝妇女节快乐!

【三八妇女节天气转好】　连续的阴云天气将暂缓,即将迎来一段小幅升温的好天气,12日开始又将受到一股弱冷空气的影响,部分地方有小雨。今天是女生节,祝各高校女生们节日快乐;明天是三八妇女节,希望好天气给妇女朋友们带来好心情。★今天晚上到8日白天阴天转多云,气温7～13℃;8日晚上到9日白天多云间阴,气温7～14℃;9日晚上到10日白天多云,气温6～15℃。

【老天爷的礼物】　今晚到明天白天多云间晴,气温7～20℃;9日晚到10日白天阴转小雨;10日晚到11日白天阴转多云;12到15日以多云或多云间晴天气为主。★阳光温馨,气温回升,这是老天爷为女士们送上的节日大礼,女士们一定要让自己放松一下,妩媚一点,奢侈一把。愿你们绽放最美的笑容,拥有最好的心情,拥抱最多的幸福!祝三八节快乐!

【三八妇女节天气转好】　今晚到明天白天阴转多云,气温7～17℃;8日晚上到9日白天多云;9日晚到10日阴转小雨;11日小雨转多云;12到14日以多云或多云间晴天气为主。★今天是女生节,祝女生们节日快乐,明天是三八妇女节,天气转好,一定能为妇女朋友们带来好心情。气温回升加快,要防止肝火旺盛,可多吃蔬菜来"灭火",而芹菜、胡萝卜、菠菜、苋菜都是不错的选择。

【世界防治荒漠化和干旱日】　今天晚上到明天白天多云间阴,局部阵雨,气温22～32℃;18日晚到19日多云转阵雨,局部中雨;20日阵雨转多云;21到23日多云,早晚有分散性阵雨;24日阴有阵雨或雷雨,局部中雨。★今天是第21个"世界防治荒漠化和干旱日"。近10年间,我国湿地面积减少了340万公顷,接近一个海南省的总面积。别让人类的未来枯竭!珍爱地球,守护这片土地,需要你的呼声!

【享受周末休闲】　今晚到明天白天阴,部分地方有阵雨,气温20～26℃;21日晚到22日白天阴有阵雨;22日晚到23日阵雨转阴;24到25日白天多云间阴;25日晚到27日阴有小到中雨。★气温还是比较适宜的,空气清新润肺,偶有雨水的光临,出门时带把伞,既可遮阳又可挡雨。现在早、晚的凉意渐浓,要注意合理着装,谨防感冒。同时要多吃新鲜的瓜果、蔬菜,预防秋燥。今天也是第十二个"全国公民道德宣传日"!祝好人一生平安!

【好天任你行】　今晚到明天白天多云间晴,气温17～29℃;5日晚上到6日白天多云,气温17～28℃;6日晚上到7日多云间阴;8到9日多云转阴天;10到11日阴天有阵雨。★假期已经过半,出行计划完成得如何?天气仍适宜出游,不要辜负了美好天光。天气虽好,但早晚微凉,要适时添衣。今天也是世界动物日,爱护和关心动物,让它们也和我们一样拥有生存的权力。

【天气平稳】　今晚到明天白天阴天间多云,气温 9～14℃;26 日晚到 27 日白天零星小雨转阴天,气温 9～15℃;27 日晚到 28 日以阴天为主;28 到 29 日以阴天为主;30 到 11 月 1 日阴天有小雨;2 日多云。★随着冬的脚步不断迈近,昼短夜长也更加明显了,天气还是比较平稳的,阳光躲在云层的后面和我们玩起了捉迷藏,不时跳出来亮个相,但人体感觉偏冷,适宜穿初冬装。今天也是国际消除家庭暴力日,要防止并制止任何暴力侵害妇女和女孩的行为。

【教师节快乐】　今晚到明天白天阴天间多云,早晚多阵雨,气温 22～28℃;11 日晚到 12 日白天阵雨转阴;12 日晚到 13 日阴有阵雨,局部中雨;14 日到 16 日阵雨转阴天;17 日多云间阴。★讲台上、书桌旁,寒来暑往,春夏秋冬,撒下心血点点。在这个特别的日子里,让我们祝福所有的老师节日快乐! 愿你们在今后的日子里更加健康快乐!

【教师节,桂花香】　今晚到明天白天多云间阴,晚上部分地方有阵雨,气温 20～27℃;11 日晚到 12 日白天阴有阵雨;12 日晚到 13 日白天阴转多云。★天气好,心情更是好到想唱歌。桂花盛开扑鼻香,这样的秋天才是真秋天! 在这美丽的日子里,祝我们辛勤的园丁们教师节快乐!

【国际家庭日】　今天是国际家庭日。家庭是社会的"基本细胞",是我们生活中最基本的组成部分。无论我们身处何处,无论我们经历再多,我们的潜意识里都有回家的概念。家中才有自由,家中才有问候,一个幸福家庭的和谐发展,需要我们付出更多的努力。★今晚到明天白天阴天间多云,部分地方有阵雨,气温 16～24℃;16 日晚到 18 日白天阴转多云,气温 16～25℃。

【雨润大地】　今天晚上到明天白天阴天有小到中雨,局部地方大雨,气温 20～26℃;23 日晚上到 24 日白天阴天有阵雨;24 日晚上到 25 日白天阴天,早晚有阵雨。★今天是世界无车日,请大家尽量少开车,多乘公交或自行车,减少碳排放,让城市获得清净,让世界拥有更多绿色。

【雨水阴云模式切换快】　今晚到明天阵雨转阴,气温 19～26℃;29 日多云;30 日阴转小雨;1 日小雨;2 到 3 日阴天间多云;4 日阴天有小雨。★近两日天空将上演雨水和阴云争霸赛,二者呈现随机切换模式,最好的防御方式还是雨伞随身带! 今天是世界旅游日,随着"十一"黄金周将至,温馨提示您外出旅游注意关注天气变化,安全出行!

【珍爱生命,远离艾滋】　今天是世界艾滋病日,口号为"行动起来,向'零'艾滋迈进"。★今天晚上到明天白天多云间晴,气温 3～15℃;2 日晚上到 3 日白天多云;3 日晚上到 4 日白天多云。昼夜温差较大,谨防感冒。

【世界电信日】　阳光照耀着大地,风儿轻盈而柔和,天气仍然舒爽宜人,出游访友正是时候。但防晒不可疏忽大意,建议出门时带上一把伞,既能防晒又可挡雨。今天是世界电信日,今年的主题为"宽带促进可持续发展"。便捷的通信使我们彼此之间拉近了距离,增加了了解,促进了合作,提升了友谊。★今天晚上到明天白天多云,气温 18～28℃;18 日晚有阵雨;19 到 20 日多云;21 到 24 日阴天间多云,大部地方有雷雨或阵雨,局部中雨。

【世界博物馆日】　今晚到明天白天阴天间多云,有阵雨,气温 19～28℃;19 日晚到 20 日多云;20 日晚到 21 日有阵雨;22 到 24 日阴天间多云,大部地方有雷雨或阵雨,局部中雨;25 日阴转多云。★今天是第 38 个世界博物馆日,今年的主题是"博物馆藏品架起沟通的桥梁"。

【中国旅游日】　昨夜雨水轻拍着地面,为我们又创造了小清新,今日雨水继续清洗大地。今天是第四个中国旅游日,主题为"快乐旅游,公益惠民"。读万卷书,行万里路。旅游不仅可以增长见识,还有益于身心的健康。★今天晚上到明天白天多云,气温 18～29℃;20 日晚到 21 日白天阴天间多云,有阵雨;21 日晚到 22 日多云;23 日到 25 日白天阴天间多云,大部地方有雷雨或阵雨,局部中雨;25 日晚到 26 日阴转多云。

【表白日】 阳光照耀着大地,空气清新宜人。今夜雨水仍继续造访,为明晨出行的我们扫地除尘。由于"520"谐音"我爱你",因此今天也称为网络情人节或表白日,快向你心仪之人大胆地去表白吧。★今晚到明天阵雨转多云,气温 18～28℃;22 日到 23 日阴天间多云,有阵雨;24 日阴天间多云有阵雨,局部中雨;25 到 27 日阴转多云。

【国际生物多样性日】 阳光时隐时现,雨水随时亮相,出门记得备好雨具。今天是国际生物多样性日,主题是"岛屿生物多样性"。正是有了各种生物,地球才变得如此美丽,善待每一个生命,维护生物多样性就是保护人类自己。★今晚到明天白天阴间多云有阵雨,气温 19～26℃;23 日晚到 24 日白天阵雨转多云;24 日晚到 25 日阵雨转阴;26 到 27 日多云间阴;28 到 29 日阴转多云,局部阵雨。

【阳光再现】 今天晚上到明天白天阴转多云,气温 19～30℃;26 日晚上到 28 日多云;29 日到 6 月 1 日以多云为主,其中 31 日局部有阵雨。★气温陆续回升,阳光将再次露出微笑,外出防晒不可大意。今天是"世界预防中风日",主题是:"预防中风,我们在行动"。当气温过高或者过低时都会诱发中风,当下患有高血压、心脏病的老年人要特别关注气温的变化,加强防暑降温工作。

【阳光好心情】 沐浴着温暖的阳光度过了甜蜜七夕,晴朗的天气是为了配合大家夜晚仰望星空,看到牛郎织女"鹊桥相会"哟。明日太阳继续"笑傲江湖",阳光周末都会以火辣的姿态出现,紫外线较强,要注意防晒!★今天晚上到明天白天多云间晴,气温 24～34℃;明晚到 4 日以多云为主,局部有阵雨或雷雨;5 日到 9 日傍晚和午后多雷雨或阵雨,其中 6—7 日有中到大雨。

1.2.12　交通、旅游

天气与旅游的关系到底如何?气候条件、气象条件、天气情况对旅游业会产生哪些影响?天气最严重的不利影响是危及游客安全,不过这种情况发生较少,当然,我们也不能忽视暴雨、台风、大雪、冰冻等极端天气对旅游业的破坏性重创。天气对旅游质量以及出游心情的影响更普遍。

交　通

【东边日出,西边雨】 今晚到明天阴有阵雨,局部地方中到大雨,气温 23～28℃;8 日到 9 日白天阴天间多云,有阵雨;10 日阴天间多云,有阵雨;11 到 13 日多云间阴。★夏季的忧伤就是无雨和凉爽不能兼备,温度不高,湿度较大,有点闷闷的感觉。出门的朋友们请备好雨具。近日雨水不断,雨天行车尽量低速行驶,更需要注意路边的行人,应减速慢行,耐心避让,切勿抢道。

【好天气继续】 今天白天到晚上多云,早上局部地方有雾,气温 12～23℃;4 到 7 日以多云为主。★温馨提示:雾天行车,能见度低,视线模糊,容易发生交通事故。请保持合理车速、车距,合理使用车灯。

【阳光继续】 今晚到明天白天多云,早晨到上午有雾,气温 10～23℃;27 日晚到 28 日多云转阴;29 日阴天有零星小雨;30 到 31 日阴天有阵雨,局部中雨;11 月 1 日到 2 日阴天间多云。★阳光轻抚大地,将微微的暖意洒向人间。温馨提醒:早上有雾,出行请注意交通安全。

【阴雨绵绵】 今天白天到晚上阴天间多云,局部有小雨,气温 13～18℃;12 到 15 日以阴天间多云天气为主,有阵雨或小雨。★阴雨天气持续,雨帘重重、视线不佳,雨路湿滑,行路注意交通安全;另外,雨水落来,寒意四起,大家还须注意添衣防感冒。

【雨水继续起舞】 今晚到明天白天阴天间多云,有中雨,气温 22～32℃;20 日晚上到 26 日阴天间多云,有阵雨或雷雨。★雨水继续起舞,请关注天气变化,注意预防降水带来的不利影响,外出时记得携带雨具,注意交通安全。

【阳光不时微笑】 今天白天到晚上多云,早上部分地方有雾,气温 1～12℃;22 日多云转阴;23 到 24 日阴天间多云,局部零星小雨;25 日多云间阴。★时间离新年又近了一步,今日阳光不时微笑,但早晚气温偏低,衣服还是要多穿点,早上部分地方有雾,出行注意交通安全。

【降雨持续】 今晚到明天白天阴天有中雨,气温 20～29℃;6 日晚到 8 日以阴天为主;9 到 12 日多云间阴。★雨天路面湿滑,司机朋友开车时请尽量放慢车速,谨慎驾驶,注意交通安全。

【雨军来袭】 今晚到明天白天阴有小到中雨,个别地方大雨,气温 19～25℃;4 日晚到 5 日阵雨转多云间晴;6 到 7 日多云间晴;8 到 9 日阴天间多云,有阵雨;10 日多云。★雨天路况差,请注意交通安全,降雨较强时应减速行驶。

【阴雨模式】 今天白天到晚上阴天间多云,气温 6～15℃;8 到 11 日阴到多云;早晚多阵雨。★云遮天,光线暗,时来小雨湿路面,外出注意交通安全。雨水落,寒意起,早晚气温相对较低,出门注意添衣保暖;适当加强运动、锻炼,提升自身免疫能力。

【约会好天】 今晚到明天白天阴转多云,早上局部地方有雾,气温 6～18℃;17 到 19 日以多云为主;20 到 23 日阴有小雨。★天公心情不错,继续提供好天气与我们相约,阳光抚慰着大地,云朵装扮着天空,但早上局部地方有雾的骚扰,出行时请注意交通安全!

【天气转折】 今晚到明天白天阴天间多云,有分散性阵雨或雷雨,雷雨时伴有短时阵性大风,气温 17～26℃;2 日晚上到 3 日白天小到中雨转阴天间多云;3 日晚上到 4 日多云间晴;5 日阴天间多云;6 到 7 日阴天有阵雨;8 日多云。★天气转折,局部将会出现降雨和大风天气,外出注意交通安全。

【阴云相间】 今天白天到晚上阴天,气温 4～9℃;20 日阴天间多云;21 到 23 日多云到晴。★云遮天,光线暗,时来小雨湿路面,行路请注意交通安全。春节将至,千万谨记:酒后不开车,开车不饮酒!

【好天气持续在线】 今天白天到晚上多云,气温 3～12℃;15 日多云转阴;16 到 17 日阴有小雨;18 日阴天间多云。★新年的脚步在一点点靠近,新的周末又再次来临,天气还是给力,但早晚气温低,出门要裹厚实些,清晨不时有大雾的干扰,请注意交通安全。

【天气平稳】 今晚到明天白天多云,早上局部地方有雾,气温 9～19℃;13 日晚到 15 日阴天间多云;16 到 19 日以阴天间多云为主,局部地方有小雨。★近期天气较为平稳,早晚仍是寒意浓浓,部分地方早上有雾,交通安全不得忽视。外出最好多加件衣服,以防受寒,尤其是早出晚归的朋友。

【阳光迎猴年】 今晚到明天白天多云,气温 4～15℃;9 日多云;10 日多云间阴;11 日阴天间多云;12 日阴,部分地方有小雨;13 到 15 日有一次明显的降温、降水天气过程,日平均气温将下降 5～7℃。★阳光如期而至,开启了猴年的第一天,并且将会持续下去哦! 较适宜探亲访友、旅游等户外活动。驾车出行的朋友们要自觉遵守交通规则,平平安安过新年!

【春节倒计时】 今天晚上到明天白天阴天转多云,夜间部分地方有零星小雨,气温5～12℃;25到27日多云间阴;28到29日阴有小雨;30日多云。★春运期间,车流、物流、人流高度集中,请自觉遵守交通法律法规,提高安全意识,关爱生命,文明出行。

【年前最后的工作周】 今天晚上到明天白天阴天间多云,气温4～11℃;24到27日多云间阴;28到29日阴有小雨。★明日阴天占主导地位,注意防寒保暖哦。春运期间道路交通流量大,请合理安排行程和出行路线。记得及时关注最新天气信息,注意旅途安全。

【阳光相约 早晚温差大】 今天晚上到明天白天多云间阴,早上局部有雾,气温3～12℃;23日阴天间多云,局部零星小雨;24到27日多云间阴;28日阴有小雨。★明日温暖的阳光将继续绽放,但清晨部分地方仍有些雾,出行须关注路况信息,注意交通安全。

【今夜雨水光临】 今天晚上到明天白天阴天有阵雨或雷雨,雷雨时有短时阵性大风,局部地方中到大雨,气温16～23℃;14日阴有阵雨或雷雨;15日多云;16到17日多云间阴;18到19日阴有阵雨或雷雨。★这几日的烧烤模式是不是受够了?天空中阴云聚集,雨水今夜来送清凉了,明晨出行带好雨具,注意交通安全喔。今天也是我国第八个"防灾减灾日",今年主题是"减少灾害风险 建设安全城市"。

【小长假已接近尾声】 今晚到明天白天阴天有小雨,局部地方中雨,气温17～23℃;8到9日阴有小雨或零星小雨。10到13日以阴天为主,多阵雨或小雨。★假期即将结束,返程高峰到来,请注意沿途路况,尽量避免交通堵塞,安全顺利回家。

【阴雨相间,气温略降】 今晚到明天白天阴有小雨,局部地方中雨,气温16～21℃;23日晚到24日白天小雨转阴;24日晚到25日白天小雨转多云;26日白天阴天间多云;26日晚到28日阴有小雨,局部中雨;29日阴天。★秋雨洗去尘埃,带来清新的空气与秋天独有的气息。预计未来三日阴雨相间,气温略有下降,请多关注天气,以便出行无忧。温馨气象提醒您:雨天出行,请遵守交通规则,注意交通安全。

【雨水来袭】 今晚到明天白天中雷雨,局部暴雨,伴阵性大风,气温23～30℃;明晚到14日白天暴雨转中雨;14日晚到15日白天多云间晴;16日多云;17日到19日有一次降水天气过程。★雨水来袭,局部地方雨量较大,大家需要注意防范,外出活动携带雨具,雨路湿滑,注意交通安全。

【期待阳光】 今晚到明天白天多云间阴,早晨局部地方有雾,气温13～20℃;20日晚到21日白天阴天间多云;21日晚到22日小雨转阴天;23日阴天有分散性小雨;24到26日盆地有一次降雨降温天气过程。★天空的主场终于由阴天改换为以多云为主了,久违的阳光也有可能亮相,但早晨气温不太给力,体感较冷,出门一定要多穿点,同时早晨部分地方还可能有雾的影响,驾车外出时要注意交通安全喔。

旅游

【欢乐旅途,安全出行】 今天晚上到明天白天阴天间多云,局部有零星小雨,气温16～22℃;3日晚到4日白天零星小雨转阴;4日晚到5日阴转多云;6到7日以多云天气为主;8到9日有一次降雨天气过程。★长假安全提示:乘车逛街多留心,财物贴身包不离。上街时最好只携带少量现金,不要佩戴高价值的金银首饰,以免"露富"成为不法分子下手的目标。

【文明出行】   今晚到明天白天阴天间多云,部分地方有零星小雨,气温 16～23℃;4 日晚到 5 日阴天间多云;6 日部分地方有零星小雨;7 日以多云天气为主;8 到 10 日有一次降雨天气过程。★国庆小长假期间,各地旅游景点频现不文明行为。提醒各位文明出行,营造和谐环境!

【天气舒适   适宜郊游】   今晚到明天白天多云间阴,局部地方有阵雨,气温 20～31℃;29 日晚到 31 日多云间阴,局部阵雨;9 月 1 到 2 日阴天,局部阵雨;3 到 4 日以阴天间多云天气为主,部分地方有阵雨或小雨,西北部有中到大雨。★没有恼人的高温,也没有难缠的雨水,有的是舒适宜人的天气。周末非常适宜外出旅游,但大家还是要多注意早、晚温差,预防感冒。

【阴天间多云】   今晚到明天白天阴天间多云,气温 13～20℃;明晚到 4 日白天阴天间多云,早晚有小雨。★现在是金秋红叶的黄金季节,层林尽染,给自己一个美好的红叶之旅吧:光雾山位于巴中南江县,此时美景正盛,快去看山看水看红叶!

1.2.13   心灵鸡汤

没有夏日的炙热,没有冬日的阴冷,温度不高不低,最喜欢这样的天气,心情也无限好!

阳光明媚,晴空万里,阳光暖暖的,是不是觉得照得人心头都亮堂堂的?!

天一直阴沉,像老天哭丧着脸;再加上阴雨绵绵,是不是觉得心底也阴沉沉的,茫然若失……

其实,无论晴天雨天,只要心中拥有阳光,就是好天!

【成都人无敌了】   在山的那边,海的那边,有一群成都人,他们一会儿穿衬衣,一会儿穿棉衣,他们开春以来穿越在那赤道与南北极,气温每天涨跌 10℃真是够刺激!哦,坚强的成都人。哦,铁打的成都人。他们春捂秋冻拼过这奇葩的天气,终于迎来未来三日的好天气。最高气温逐步回升至 20℃以上。

【周末拥抱阳光】   太阳马上就要来了,周末就可以和阳光约会了。今天晚上到 14 日将维持多云到晴的好天气,最低气温 10～12℃,周日最高气温将上升到 28℃。快速的升温将让我们由清风凉雨跨进暖阳高照,愿你我的心情也像气温一样,一天一个台阶的升上去。

【过山车走到最高点了】   气温是个调皮的小孩,它从 11 日开始就跳上了过山车,在经过连续几日爬过一个又一个新的高点后,终于登上了顶端,预计明晚过山车就要开始急速下降了,大家一定要做好准备哈!★今晚到明天白天多云,18 日傍晚前后局部有雷雨或阵雨,最低气温 16～17℃,最高气温 29～30℃。

【天气正好,周末走起!】   今天晚上到明天白天多云,气温 18～30℃;明晚到 21 日晴间多云,好天气一路畅通。★每一次的风雨历程,都是一次追求阳光的过程。雨过天晴,阳光崭露头角,伴着清爽的气息,在周末放飞心情吧。温馨小提示:气温回升,多饮水,出行注意防晒。

【太阳请年休,雨水撑大局】   太阳公公连续值班后决定请年休了,它打算几天后以"满血复活"的状态陪小孩子们过儿童节。为了让太阳公公安心休养,雨妹妹决定独撑大局。未来四天将有一次降温、降雨天气过程。★今晚到明天白天多云转阴,有阵雨或雷阵雨,并伴有短时阵性大风,气温 22～29℃。

【微风伴出游】   今天的天空湛蓝湛蓝的,阵阵微风吹来,让人倍感心情愉悦!好像老天爷也知道我们连上 7 天班的不容易,特意放假时间出太阳,好便于我们出游。千言万语只能化作一句:老天爷你太给力啦!★未来三天以多云到晴天气为主;24 小时内,最低气温 18~19℃;最高气温 30~32℃。

【阵雨在继续】　今晚到明天白天阴有中雨,局部大雨,气温 22~28℃;24 日晚到 25 日白天阴天间多云,有阵雨,雨量中雨;25 日晚到 26 日多云间阴,夜间有阵雨。★天气舞台上目前还是雨水在尽情表演,不禁想说:"雨姑娘,你都演了那么久,该歇歇了;太阳老兄,你的休假也太长了,赶紧回来上班吧。"

【雨过天晴】　今晚到明天白天多云间阴,气温 22~32℃;明晚到 28 日白天多云间晴。前阵的阴雨使得啥都湿漉漉的。★今儿太阳从云层中探出了头,充满激情地将阳光撒下。看到美丽的朝霞了吗? 趁着这美好的时光赶紧洗衣晾被吧。雨过天晴,干净的天空,清爽的空气,清凉的微风,好喜欢哟!

【雨仍在下】　今天晚上到 2 日白天阴天间多云,有小到中雨,个别地方大雨,气温 23~31℃;2 日晚上到 3 日白天阴天间多云,大部地方有阵雨,个别地方中到大雨;3 日晚上到 4 日白天阴天间多云,部分地方有阵雨或雷雨,个别地方大雨。★心情像是被雨水清洗擦亮,欢快的感觉在心中滋长。

【降雨送清凉】　今天晚上到明日白天多云间阴,夜间局部地方有阵雨,气温 24~33℃;2日晚上到 3 日白天阴天间多云,有雷雨或阵雨;3 日晚上到 4 日白天阵雨或雷雨。★早上的一场降雨来得快、去得也快,但好像下得意犹未尽,未来两日阵雨依旧会来偷袭。出门请带好雨具,做好两手准备。

【阵雨不解暑】　今晚到明天白天多云,午后或傍晚前后有分散不均的阵雨,个别地方暴雨,气温 25~34℃;明晚到 22 日白天多云,有阵雨。★持续的高温天气,伴随的是各种不爽,偶尔的阵性降水也只是短时间稍微缓解一下,根本不能根治。同学们还是要做好防暑、消暑的准备工作。

【静候凉爽】　今晚到明天白天多云转阴,有阵雨,局部地方大雨,气温 24~32℃;27 日晚上到 28 日白天阴天有中雨,局部暴雨;28 日晚到 29 日白天小到中雨转阴天,局部地方大雨到暴雨。★秋老虎晒蔫焉了,高温渐行渐远,凉爽的日子也越来越近了。

【雨水送清凉】　今晚到明天白天阴天有中到大雨,部分地方暴雨,气温 24~30℃;28 日晚上到 29 日白天小到中雨转阴天,局部地方大雨;29 日晚上到 30 日白天多云间阴,夜间有阵雨。★凉风有信,秋意无边,凉快的节奏越来越近,思秋的人儿是时候把房间的窗户打开换换气咯!

【喜迎降温的节奏】　今天晚上到明天白天阵雨转阴天间多云,局部地方中到大雨,气温 22~30℃;29 日晚上到 30 日白天阴天间多云,局部地方有阵雨;30 日晚上到 31 日白天多云间阴。★高温败于冷空气,带着暑热畏罪潜逃了。久违的降温终于为我们还来一份隐约秋意。

【气温略回升】　今晚到明天白天阴天转多云,晚上部分地方有阵雨,气温 19~27℃;10 日晚到 11 日白天多云间阴,早晚有阵雨;11 日晚到 12 日白天阴天转阵雨。★被没完没了的雨折磨得有点发霉的心情,终于可以见点阳光晒一晒了。之后两天阳光会偶尔露脸,秋高气爽的日子不远啰!

【阴天】　今天晚上到明天白天多云间阴,气温 15~24℃;29 日晚上到 30 日白天阴天间多云,局部地方有阵雨;30 日晚上到 1 日白天小雨转多云。★阴天,回忆过去,期待美好。珍惜眼前的人,做好眼前的事。一切都是美好的! 记住,阴天,不一定会下雨,阴天过去依然会有阳光。

【国庆旅途】　人生旅途,不是每一段旅行都要邂逅,也不是每一段生命都需要故事,就算多数时间都是一个人孤单且平淡在走,只要有爱,就不会寂寞。★今晚到明天白天阴天间多云,部分地方有阵雨,气温 17～24℃;明晚到 4 日白天阴天,部分地方有阵雨;4 日晚上到 5 日白天阵雨转多云。

【阴有小雨】　时光不老,我们不散。同学们聚在一起参加聚会也好,出游也好,共同见证某人的幸福也好,苍天为证,偶尔的小雨也不影响我们共度此刻欢乐!★今天晚上到明天白天阴天间多云,有阵雨,气温 17～23℃;5 日晚上到 6 日白天多云间晴;6 日晚上到 7 日白天多云。

【阴天间多云】　长假过去大半,雨水时不时来唱首小插曲。不过外出的小伙伴不用担心,明后两天将是多云唱主角的舒适天,伴你回归路途风调雨顺。★今天晚上到明天白天多云间阴,气温 16～25℃;6 日晚上到 8 日白天多云间晴,气温 17～28℃。

【阳光返程】　长假进入收尾期,心灵的旅游即将结束,开始了回归的节奏。气温保持着热情上涨的姿态,堵车的时候抬头看看阳光,希望所有的烦恼都能烟消云散。★今晚到明天白天多云间晴,局部地方早晨有雾,气温 16～28℃;7 日晚上到 8 日白天多云间晴;8 日晚上到 9 日白天多云间阴。

【湿度增加】　今晚到 28 日白天阴天间多云,局部地方有阵雨,气温 13～21℃;28 日晚上到 29 日白天阴天有小雨。★多云与阴天交替上场,云层虽然看起来有点厚重,局部的阵雨却也不影响周末的出行好心情。湿度增加,气温略降,注意添衣。

【阴天成主宰】　俏皮的阳光来去匆匆,在蒙蒙云层笼罩下平添了一份秋的清淡。阴天间多云的节奏将会继续敲响,雨水偶尔来打照面,带上雨具以防不时之需。★今晚到明天白天阴天间多云,夜间有阵雨,气温 14～20℃;28 日晚到 29 日白天阴天有阵雨;29 日晚到 30 日白天小雨转阴。

【阴雨天是主旋律】　风,带着深秋的凉意,凌乱了心头的思绪。天较凉了,请注意保暖,防止感冒。★今晚到 3 日白天阴天有间断小雨,气温 13～18℃;明晚到 4 日白天小雨转阴。阴雨天可增加室内环境的亮度,以振奋精神、放松心情。

【寂寞的阴天】　今晚到 10 日白天阴有小雨,气温 13～16℃;10 日晚到 11 日白天阴有小雨;11 日晚到 12 日白天阵雨转阴。★连续的阴天难免会影响到人的心情,不妨随遇而安,暂别快节奏的日子,趁这周末让所有浮动思绪一点点沉淀,倾听自己的心灵。

【又见金风绣锦衫】　银杏黄了,最美的季节来临了。阳光洒下一层温暖的金黄色,与银杏交相辉映着。早晨有雾,午后的气温升高,早晚温差较大,出门还须多穿点。★预计今天晚上到明天白天多云,早上局部有雾,气温 8～18℃;19 日晚到 20 日多云;20 日晚到 21 日多云转阴。

【天空阴沉】　天苍苍,野茫茫,越来越冷,天更凉;风萧萧,雨飞扬,流行感冒,要提防。近期天空还将持续阴沉,大家注意防寒保暖。★预计今晚到明天白天阴天,有小雨或零星小雨,气温 4～8℃;20 日晚到 22 日白天以阴天为主,有零星小雨。

【阴天小雨寒气重】　天空阴沉,偶有小雨光顾,寒气咄咄逼人。风度固然要保持,但温度也不容忽视。该添衣时还得添,不要为了风度而成了美丽"冻"人喔。★今天晚上到明天白天阴天,局部有零星小雨,气温 3～9℃;11 日晚到 12 日白天小雨转阴;12 日晚到 13 日白天多云。

【舒心的阳光】 金色的太阳向我们全面展示了灿烂的笑容,它一扫前几日的阴沉压抑,令我们感到心情非常舒畅。但早上气温还是低,出门仍须注意。★今晚到明天白天多云间晴,气温 2～10℃;14 日晚到 15 日白天多云,气温 3～11℃;15 日晚到 16 日白天阴转多云。

【阴天又归来】 好不容易盼到点阳光,不甘心的阴天就立马杀了个回马枪,刚升起的一丝暖意转眼之间又被阴冷取代,注意防寒保暖喔。★今晚到明天白天阴天间多云,局部零星小雨,气温 3～9℃;15 日晚到 16 日白天阴转多云;16 日晚到 17 日白天多云间晴。

【享受降温前最后一天阳光】 明天白天多云。明晚开始将明显降温,气温低位徘徊,一直持续到 23 日晚;24 日到 25 日多云,天气转好,气温回升。★春天的微风,轻柔温润,带着淡淡的馨香,掠过萌动的土地,抚过渴望的枝头,吹得芳草青青,吹得柳枝抽芽,催开繁花似锦。★今晚到 19 日白天多云,气温 11～23℃;19 日晚到 20 日阴天有小雨,气温 11～18℃,北风 3～4级;21 日以阴天为主,局部小雨。

【最美 4 月天来啦!】 预计未来 7 天,1 到 3 日阴天间多云,有阵雨或零星小雨,4 到 5 日阴有小雨,6 到 7 日转为多云天气。★细雨无声,都说春雨润如油,又有难得的优良空气,不妨且享受且珍惜。在这美丽的四月天,愿你一切安好,携一抹温柔,素心向暖,浅笑安然!★今晚到明天白天阴天间多云,局部有零星小雨,气温 10～20℃;2 日晚到 3 日白天阴天间多云;3 日晚到 4 日白天阴有阵雨。

【阳光见缝插针】 阳光见缝插针,偶有阵雨陪伴,早晚仍旧凉爽。夜风凉、晨风清,酣梦到天明;云儿多、阳光弱,快乐工作和生活。★今晚到明天白天多云间阴,局部有阵雨,气温 18～26℃;17 日晚上到 19 日阴,有阵雨或雷雨,局部中雨。★未来七天:20 日以阴天为主,多阵雨或小雨,局部雨量较大;21 到 22 日天气逐渐好转。

【天气多变】 老天爷真纠结,一会儿觉得晴天清纯,一会儿觉得阴雨诗意,根本不知道它选择和谁约会;还好近期它的心情不错,出门总挂着 20℃ 左右的宜人微笑。春、夏交替,天气多变,还须多加注意。★今晚到 25 日白天阴有阵雨或雷雨,局部中雨,气温 15～23℃;25 日晚到 26 日白天阴转多云;27 日到 29 日多云间阴。

【天气逐渐好转】 今晚阴,局部阵雨,明天多云间晴,气温 13～23℃;27 日多云;28 日多云转阴,晚上有分散性阵雨;29 日到 5 月 1 日以多云或晴天气为主;5 月 2 日多云转阴,晚上部分地方有阵雨。★今早风那个吹,雨那个飘。风儿简直发了狂,像下山的猛虎横冲直撞,撞得电马儿摔了跤,刮得树儿弯了腰,只留下一地的狼藉。欣慰的是风雨过后,周末会迎来美好的天空。

【宁静周末,小清新】 今晚到 28 日白天多云间阴,气温 15～24℃;28 日晚到 29 日白天阴转多云;29 日晚到 30 日多云间晴;30 日晚到 5 月 3 日白天以晴到多云天气为主,气温 15～28℃;5 月 4 日阴天间多云,有分散性的阵雨。★没有风雨的侵扰,没有过于火热的阳光,舒适的天气造就了一个平静而充实的周末。喝一杯暖暖的清茶,捧一本喜欢的书,小清新的日子就这么过了!

【收拾心情,好好工作】 今晚到 4 日白天阵雨转多云,气温 14～26℃;4 日晚到 5 日多云间阴,局部阵雨;6 日多云;7 日以多云天气为主;8 日阴天,有小到中雨;9 日多云间阴,局部阵雨。★看饱了风景秀丽,听够了竹音清笛,满载收获与惬意,归来别忘休息。明天又是工作日啦,让我们调整好心情和身体,以饱满的热情投入到新一周的工作中吧!

【阵雨来凑趣】　云层遮掩着阳光,阵雨今夜来凑趣。之后两天天气逐渐转好。阳光总在风雨后,生活好比天气,有高潮,有低落,只有保持一颗向上的心,才是永恒。★今晚到 10 日白天阵雨转阴,气温 16～24℃;10 日晚到 11 日白天阴天转多云,气温 17～27℃;11 日晚到 12 日白天多云;13 日多云间阴;14 到 15 日阴天间多云有阵雨;16 日多云。

【雨水将至】　今晚到明天白天阵雨,气温 22～28℃;3 日晚到 4 日白天中雨;4 日晚到 5 日阵雨转多云;6 到 8 日以阴间多云为主,有阵雨或雷雨。★老天还是高烧不退,大地仍然热情似火,而雨姑娘也即将亮相,为我们扫涤除尘。欣赏了山川秀丽,饱尝了美食佳饮,回来注意休息调整。明天又是工作日啦,祝您新的一周一切顺利!

【阳光重现】　今晚到明天白天阴转多云间晴,气温 21～30℃;16 日晚到 18 日以多云为主;19 日阴,有阵雨或雷雨;20 到 21 日白天盆地阴天间多云;21 日晚到 22 日有阵雨或雷雨。★雨水渐无踪,云与骄阳戏。阵雨偶尔还将在今夜出没,明天白天天气转好,阳光会重出江湖,气温也会回到 30℃左右,防晒、补水工作又将提上日程。明天又是工作日了,祝您新的一周一切顺利!

【拥抱夏末,遥望秋天】　今晚到明天白天阴转多云,气温 19～27℃;3 日晚到 4 日白天阴天间多云,有阵雨;4 日晚到 5 日白天多云;6 到 7 日阴天间多云有阵雨;8 到 9 日有一次较明显的降雨过程。★花浴天爱之后异样娇媚,草沐甘露之后别样清欢,人在季节更迭时亦欢欣鼓舞,徜徉自然山水中,身浸渍了自然之气,心感悟了天籁之音,感受了清风的沐浴,身心坦荡惬意! 早晚较凉,请注意加衣裳。

【阵雨伴中秋】　今晚到明天白天阵雨转阴,气温 22～27℃;8 日晚到 9 日白天小到中雨转阴,局部大雨;9 日晚到 10 日阴有阵雨;11 到 12 日阴转阵雨;13 到 14 日阴天有阵雨,局部中雨。★明天云层做伴,阳光依旧难觅,喜欢不期而至的绵绵秋雨也许又会与你相逢,所以出门带把伞还是有必要的。不过只要有亲人相伴左右,尽享天伦之乐,月亮有多圆、天气好不好也不是那么重要了,对么?

【节后上班第一天】　空气良好,阳光舒展,为假期画上了圆满的句号。今天是新年开工第一天,大家要抓紧赶走节后综合征,恢复生活规律,保证睡眠。不管你去往何方,不管将来迎接你的是什么,都带着阳光般的心情启程吧。★今天晚上到明天白天多云转阴,气温 9～16℃;26 日晚到 28 日阴有小雨;3 月 1 日到 2 日多云;3 到 4 日阴有小雨。

【开启 3 月】　乍暖还寒时分,3 月悄然来到。阳光努力拨开云层露脸,换来蓝天白云! 春天,是希望,是播种,朝着新的起点出发! 愿时光不负努力,青春不负自己,3 月,加油! ★今天晚上到明天白天多云间阴,气温 4～14℃;3 月 2 日晚到 3 日白天阴;3 月 3 日晚到 4 日阴有小雨;5 到 8 日以阴天间多云的天气为主,其中 5 日大部有小雨或间断小雨。

【云层渐增】　今晚到明天白天多云转阴,傍晚前后有小雨,气温 15～20℃;明晚到 29 日阴天,早晚有零星小雨;30 到 31 日阴天有小雨;11 月 1 日到 3 日以多云为主。★父母在,人生尚有来处。父母去,人生只剩归途。明天是九九重阳节,回家陪陪父母吧!

【阴雨为主】　今天白天到晚上小雨转阴天,气温 20～26℃;19 日阴天有阵雨;20 到 22 日阴天间多云。★阴沉依旧是天空的主色调,雨水继续不离不弃,气温不高不低,体感较为舒适,新的一周又开始了,祝您一切顺利。

【时阴时雨】　今天晚上到明天白天阴天间多云,气温 5～12℃;14 日晚到 15 日小雨转多云;16 到 18 日阴天有小雨;19 到 20 日阴天。★天气阴沉,可别再让心灵蒙上一层灰影。读一本耐人寻味的书,看一部轻松自在的电影,听一首情感细腻的歌曲,心灵因此而洗涤。

【阴云复回】 今晚到明天白天阴天间多云,西部有小雨,气温 8～14℃;9 日晚到 11 日以阴天间多云为主,早晚阵雨;12 到 13 日阴有小雨;14 到 15 日阴天间多云。★阴云又将再次回归,雨水也不时亮相,天公又要起了变脸,其实变化的只是天气,不变的是心情喔!

【周一,加油!】 今天白天到晚上阴天间多云,早上有分散性阵雨,午后到傍晚前后局部有短时阵性大风,气温 19～27℃;23 到 25 日阴天间多云,局部阵雨;26 日多云。★雨水和阴天对唱情歌,多云君偶尔附和,新的一周,新的开始,大家加油喔!

【和风恬逸】 今晚到明天白天阴转多云,局部夜间有小雨,气温 13～24℃;7 日晚到 10 日多云;11 日阴天间多云有阵雨;12 到 13 日多云间阴有阵雨。★这样一个恬逸的日子,漫步通幽小径,放眼绿草茵茵,静静品尝生活的味道,虽平淡,也惬意!

第2章　气象新闻的编创

2.1　气象新闻的定位与编写

随着互联网技术的迅猛发展,气象新闻已经成为一个专用名词,并且对每个人的日常生活产生着潜移默化的影响。目前,大多数气象新闻都刊登在中央级大型气象网站以及地方性气象网站上,如中国天气网、中国天气网各个省级站;部分气象新闻也刊登在新浪、腾讯等主流门户网站的天气频道上;除此之外,传统气象报刊以及一些商业报刊上也有气象新闻的存在。

2.1.1　气象新闻的定位

(1)技术定位

门户网站的访问量很大,可以发掘大量的气象新闻受众,此类网站集合了商业性与受众的接受力,成为气象新闻的最大发布平台,其影响力甚至超越了很多专业气象网站。但受到新闻采访准入制的影响,门户网站的气象新闻来源,主要还是依靠传统媒体或专业气象网站,业务形式以采集与整合为主。在效益为先的市场经济中,气象新闻只是吸引受众的一种手段,无论是门户网站还是专业气象网站,气象新闻只是网站内容的一部分,因此在技术上,信息采集、转发、共享等方面使用得较多。

(2)影响力定位

天气的变化与人们的生活息息相关。近年来,极端天气越来越多,人们对气象新闻的关注度也越来越高。同时,随着网络的普及率逐年增加,互联网基础条件的改善,也极大地推动了气象新闻的发展。大部分网民都习惯从网络中获取新闻资讯,因此气象新闻的影响力定位,可以充分考虑传媒市场的环境。现在手机上网越来越普及,在发展网站的同时,要及时推出手机APP应用,进一步提高气象新闻的影响力,抢占更大的市场资源。

(3)媒体定位

在互联网的环境下,新闻的发布形式越来越多样化,包括文字、图片、视频、音频等,好的视频图片与文字记录能够真实地反映出现场的情况,并且给人们带来强烈的视觉冲击与心灵震撼。气象新闻也是如此,既能通过视频直播当时的天气状况,又能通过图片形式展示当地的气候环境,还可以通过文字结合图片的形式定性、定量地描述出某地某时某刻的天气情况,给受众带来各种直观及定性的体验。专业气象网站还可以根据自身的实际情况,对相关气象新闻以及气象知识进行整合,除了感官上的天气情况传播外,还加强了气象科普知识的普及,有利于提高气象新闻的特色。发布形式的定位,决定了气象新闻的内容特点。

2.1.2　气象新闻的编写

（1）编写结构

新闻的基本结构一般包括标题、导语、主体、背景和结语五个部分,当然,气象新闻也不例外。下面简单分析一下标题和导语的编写技巧。

标题主要有两个作用:一是提示,让人一望而知这条资讯要讲什么;二是吸引,要尽力让人们产生非看不可的欲望。如果标题做得好,能够吸引受众对它进行点击,那么报道也就基本成功了一半。做气象新闻有时候难以抓住报道的主要内容,这时可以先想出一个标题,会对报道有所帮助。因此,从某种意义上来说,一篇好的气象新闻是它的标题"点"出来的,点出了它报道的方向以及价值所在。例如,《上海突遭短时雷雨大风　街道瞬时成河》《天公不作美　长三角地区或将无缘日全食》这两个标题虽然并没有提及气象二字,但"雷雨大风""瞬时成河""天公不作美"这些词牵出了与气象之间千丝万缕的关系,清楚明了地体现出了标题的两大作用。

导语,就是新闻的第一段,统领全文。导语是以简练而生动的文字介绍新闻事件中最重要的内容,揭示消息的主题,并能引起读者阅读兴趣的开头部分,它往往是最精炼、最重要的部分。例如,"中国天气网讯　7月3日至5日早晨,西江流域上游的广西境内和广东省西部和南部沿海部分市县出现了暴雨到大暴雨,局部特大暴雨,强降雨导致西江流域部分江河超警戒水位。预计未来几天两广雨势将减弱,气温升高。"此段导语中,"西江流域上游的广西境内和广东省西部和南部沿海部分市县出现了暴雨到大暴雨,局部特大暴雨,强降雨导致西江流域部分江河超警戒水位",用质朴而清楚的语言点明了该则气象新闻的中心和意义,使读者看完导语之后就能够了解到新闻的主要内容。

（2）新闻性

气象新闻作为气象科技产品的一种,一定要具备准确性、及时性、全面性。首先,要具备准确性,即所宣传的气象信息内容要准确,真实可靠。其次,气象新闻作为新闻的一类,也要具备及时性。即气象信息的采集、编辑、传递、反馈要及时、迅速,讲究时效。信息处理不及时,就会失去信息的价值,甚至造成严重的损失。再次,气象信息所宣传的素材或信息的收集和处理要注意广泛性,真实地反映事物各个方面的情况,提高气象新闻价值和实效性,从而提升气象新闻的传播力。只有具备了以上三种特征的气象新闻,才能真实反映情况,才能取信于民,才能保证各级领导机关及决策者依据真实的、准确的信息做出恰当的判断和科学决策。例如,中国天气网2009年的一则新闻《"莫拉克"台风在台湾已造成291人死亡》:台湾灾害应变中心24日公布统计显示,"莫拉克"台风灾害已造成291人死亡、387人失踪、45人受伤。其中,被泥石流掩埋的高雄县甲仙乡小林村有129人死亡,311人仍报失踪。据截至24日中午12时30分的统计,台湾各县市伤亡最严重的是高雄县,有224人死亡、338人失踪、13人受伤;其次是台南县,有28人死亡、1人受伤;再次是屏东县,有22人死亡、24人失踪。新闻中的死伤人数、失踪人数均来源于"台湾灾害应变中心",即表明了消息的准确性;24日下午统计的信息,25日早上就发出来了,体现出了气象新闻的及时性;新闻中提到"台湾各市县",表明该新闻的数据统计具有全面性。

气象新闻关系着公众利益,与老百姓的生活密切相关,在具备了一般新闻的准确性、及时性和全面性的同时还应该具备"重要性、接近性、趣味性"。因为老百姓关注气象新闻来决定出门穿什么衣服、要不要带雨伞,农民朋友们关注气象新闻来决定什么时候播种,什么时候收割,气象新闻的重要性不言而喻。正因为如此,我们要求气象新闻不管是在地理上还是心理上都要有接近性,接近老百姓,才能给老百姓带来生活的方便。与此同时,气象新闻也要具备趣味性,这样才能凸显出对老百姓的人文关怀。例如,中国天气网气象新闻图片集《哈尔滨:雪落冰面　游客嗨翻天》中,"雪落冰面"反映出了天气严寒,这就关乎着老百姓出门的着装,"游客嗨翻天"则体现出了该则气象新闻是非常接近老百姓生活的,并且体现出了一定的趣味性。

（3）文字新闻的编写

气象新闻除具有一般新闻的特质外,还有着很强的专业性,因此在编写气象新闻的时候都会带入一些气象类信息。然而,一篇优秀的气象新闻报道只有准确的气象信息是不够的,还需要有细致的新闻现场描述以及现场的一些图片,这样才能够让气象新闻变得有内涵,让读者有强烈的愿望想要读下去,并且读完之后有一种身临其境的感觉。例如,中国天气网2015年度好新闻中的《"回南天"下的反省:真是天意弄人吗?》这篇气象新闻。这篇报道之所以优秀,并不因为仅仅报道有这回事情而已,而在于报道的文字细节表述非常出色,同时还配了相应的图片。报道中细致地描述了"回南天"下广州转身变"潮州"的种种表现,使读者有种身临其境的感觉。同时采访了专家,并且选取了广东民间宗祠式的古代建筑在"回南天"时依然能够保持干爽,让专家分析为什么会出现"回南天"现象,给读者一个"恍然大悟"。最后还预报了未来天气,并且告知读者"回南天"将要逐渐缓解,这样给读者一个完整的交代。这篇报道图文并茂,并且文字细节描述做得很好,提供了丰富的信息量,可读性高。

（4）图片新闻的编写

图片类气象新闻主要是以一瞬间的形象来揭示天气实况、传播气象信息。做好一则图片气象新闻一定要提前做好分析策划,理清拍摄思路,想清楚从什么角度来表现,才能够凸显出鲜明的主题,进而吸引读者的眼球。例如,中国天气网2016年度好图片中的《雪窝烟台迎大风降温犹如进入冰河世纪》图组。2016年1月22日开始,霸王级寒潮袭来,素有雪窝之称的山东烟台遭遇降雪和降温天气,图组中,作者敏锐捕捉到核心话题点,通过海边厚厚的积雪、挂满的冰柱、大风掀起的惊涛骇浪、人物表情动作等多张图片,很好地反映了此次天气的特点。新闻图片完整、真实记录了降雪发生时的现场情况,视觉冲击力较强,现场感强烈。

（5）视频新闻的编写

视频气象新闻可以理解为是文字和图片画面相结合的,所以拍摄视频气象新闻的思路尤为重要,只有有清晰的思路之后才能够将文字和画面完美结合起来,拍出优秀的气象视频新闻。如果文稿中写到了雷雨天气时,而拍摄到的视频画面却只是有一点小雨,并且没能够看到雷电,这样的气象新闻就很难让观众产生共鸣。因此,在拍摄视频气象新闻的时候,一定要思路清楚,要将文字所表达的天气现象与视频中体现出来的天气现象密切关联,这样才能够让观众在观看这一则气象新闻的时候产生身临其境的感受。例如,2017年4月,大连电视台天气预报主持人在录制一个关于雷雨天气的气象视频新闻的时候遭遇雷电,他被电得大叫,并且立马扔掉了手中的雨伞,所幸人无大碍。虽然被雷劈并不是当时所策划好的镜头,但是这样一则视频新闻让人看着就有一种身临其境的感觉,正因为如此,这条新闻的传播面非常广。

（6）采访新闻的编写

气象新闻跟其他新闻一样,撰稿前也需要进行采访。不管是记者还是通讯员,都要积极争取,通过多种手段,如现场采访、电话采访、邮件采访等,获得第一手材料。首先,采访前要分析梳理材料,拟定好采访提纲,做好策划,准备好采访设备等。其次,气象新闻线索可以从以下几个方面去获得:第一,从气象部门的方针、政策、法规、规章及领导的重要指示、讲话中获得;第二,从气象部门的各种会议及科研成果中获得;第三,从全国天气会商、各业务部门的预报预警信息及书面材料中获得;第四,从通讯员和新闻媒体已发表的报道中获得。在采访时多问几个为什么,多一些疑问,并且要及时采访,及时撰稿、发稿。同时,要明白自己想做一个什么样的气象新闻,清楚关于这个新闻的气候及天气背景的介绍,以及这条气象新闻对公众有什么用处,这样才能够编写出一则有价值的气象新闻。

2.1.3　气象新闻的未来

气象新闻一定程度上关乎着社会经济发展的命脉,其发展的重要性是不言而喻的。下面从几个方面谈一谈气象新闻的发展。

(1)加大宣传力度

由于气象新闻的特殊性,在进行现代的信息传播过程中,就需要加强基础的发展建设规划,并推动在现代环境下的各项适应性。随着现代社会的信息化发展加剧以及互联网的发展,气象新闻也应该利用好网络媒体进行传播。可以通过与网络媒体的合作,从而扩大气象新闻的受众范围,使得气象新闻得到更多群体的关注。与此同时,随着智能手机的普及,可以通过了解广大民众对气象方面的需求来推出一些气象类手机 APP 应用,将人民的生活和气象新闻结合起来,从而推进气象新闻的传播与发展。

(2)结合人性化播报形式

随着现代化社会的不断发展,在进行气象新闻播报的过程中,为了保证其信息传播能够与相关热点进行合并,并保证对人文思想强化,需要加强在人性化新闻的形式发展,为广大人民群众提供更为精准的气象信息。只有充满人性化的气象新闻才能够让民众阅读的同时感受到关怀,从而促进气象新闻的传播力,进而促进气象新闻的发展。

(3)以为人民服务作为总指导

气象新闻报道的主要作用是为民生提供公共性的服务,为人民服务应该作为气象新闻发展的总指导。特别是有灾害性天气时,气象新闻只有保证灾害性天气的日常报道有效性,才能够确保我国广大人民群众的日常生活。因此,无论是文字、图集或者视频类的气象新闻,都一定要以为人民服务为核心,这样才能提高气象新闻的社会影响力,从而促进其发展。

(4)人工智能在气象新闻编写的创新

人工智能 AlphaGo 的胜利昭示了人工智能技术的迅猛发展,而除了在棋盘上豪取胜利之外,人工智能热潮再次席卷科技领域,未来也可能在智能服务、交通、安全防卫、医疗、金融等领域掀起风暴。同时,在与人们生产生活密切相关的气象领域,也发挥着举足轻重的作用。实际上,人工智能早已在气象领域得到应用,如天气预报专家系统、智能天气信息采集系统、智能预报系统、智能气象信息发布系统以及应用在天气预报中的人工神经网络等。当今,在越来越多的人类的大脑无法胜任的数据处理工作面前,人工智能显得尤为重要。机器人写作在精密算法和新闻投放方面均有着无法比拟的优势,越来越“聪明”的电脑会逐渐取代人们更多的工作。在气象新闻方面,人工智能新闻发布的速度远高于人类,而且会比人类更加高效、准确地完成。未来,人工智能数据采集系统、天气预报自动预测系统和天气新闻自动撰写发布系统等将在气象领域得到更广泛的应用。采用人工智能技术,气象工作者外出度假一周也无须有人替班,每天系统会从多个数据源自动下载气象数据,然后进行自动处理,接着天气预报自动预测系统开始工作,然后对天气新闻预报并编写,进而自动发布。

总而言之,气象新闻关乎着广大人民群众的日常生活,具有巨大的社会作用。随着互联网及智能手机的普及,气象新闻的关注度也越来越大,而在气象新闻中采用人工智能技术,将会更加高效、准确地进行气象宣传。因此,做好气象新闻的定位及编写极其重要。在现代的新闻传播过程中,为更好地突出气象新闻传播能力,还需要加强在多个方面的强化与改进,同时结合人性化的传播形式,从而促进气象新闻的不断发展。

2.2　气象新闻集锦

2.2.1　暴雨灾害

四川攀枝花强降雨已致 7 人遇难　未来 3 天有雨不利救灾

2016 年 9 月 18—19 日,四川攀枝花市境内遭遇暴雨袭击,导致仁和区大田镇、平地镇、务本乡和东区银江镇等地受灾严重。灾情发生后,武警四川总队攀枝花支队紧急调集 150 多名官兵,携带救援救护装备,赶赴灾区参与抗洪救灾。目前,武警官兵们已疏散转移民众 600 多人,营救被困民众 11 人。

武警官兵营救被困民众(图片来源:中新网)

中国天气网讯　18 日夜间开始,四川攀枝花遭遇强降雨,导致多处道路中断、农田被淹,目前已有 7 人遇难。预计未来三天(20—22 日),攀枝花市仍有降雨,局部中雨,对救灾重建较为不利。

监测显示,18 日 20 时—19 日 20 时,攀枝花所属国家气象站录得的降雨量为 87.6 毫米,仅次于该站 1988 年以来的 9 月单日极值 97.3 毫米(2005 年 9 月 22 日),此外,仁和区大部降暴雨,有 10 个站点的雨量超过 100 毫米,最大降雨量出现在水渭田水库监测点,单日降雨量达到 333.2 毫米(仁和区常年年平均降水量仅 800 毫米左右)。

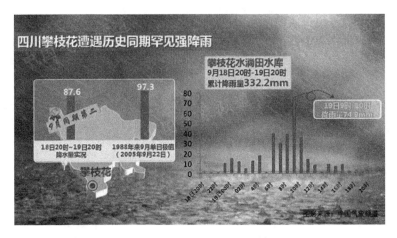

四川攀枝花遭遇历史同期罕见强降雨（图片来源：中国气象频道）

受强降雨影响，攀枝花市多地出现灾情。据市防汛抗旱办公室 19 日统计，此次灾害使多处道路中断，农田被淹，仁和镇城区、务本乡、啊喇乡、大田镇、总发乡部分片区大面积停电，网络中断，已造成全市 7 人死亡，东区银江镇 3 人、仁和区 6 人失去联系，东区银江镇村四社硫黄沟 4 户民居被水损毁，灾情还在统计中。

另据中新网报道，19 日凌晨，攀枝花到云南方向的 G5 京昆高速 2478～2490 公里处大田到平地段突发泥石流，隧道封闭，全部断道，省道 214 线两端也断道，致攀枝花发往云南方向的永仁、元谋、楚雄、姚安、大姚、昆明的班车全部停运，交通运输部门正在全力抢修，预计三天后能抢通，复班时间另行通知。

截至 20 日上午发稿时，降水仍在继续，不过相较于 19 日上午有所减弱。攀枝花市气象台预计，今天白天到夜间阴有小雨，局部中雨，南风 1～2 级，气温 16～21℃，明后两天阵雨，局部有中雨。

气象专家提醒，公众要防范持续降雨可能引发的塌方、滑坡、泥石流等地质灾害，加强对病险水库的巡查，做好相应的防范措施。（文/李阜樯　粟畅）

四川攀枝花今起天气逐渐转好　利于救援和重建

中国天气网讯　四川攀枝花地区 18 日夜间开始的强降雨，昨天明显减弱，今天（21 日）已转为阵性降水。预计未来三天，天气逐渐转好，气温也将有所回升，较利于救援和重建工作的展开。不过由于前期累积雨量大，地质条件较为脆弱，还须警惕局地短时强降雨可能引发的地质灾害。

监测显示，9 月 20 日 20 时—21 日 08 时，全市大部分地区以小雨为主。由于持续降雨，今早由成都开往攀枝花的火车 t8869、k9483、k117 车次均有不同程度的晚点。

另外，G5 京昆高速攀西段目前大田至平地路段（G5 京昆高速 2478～2495 公里）道路正在抢通中，今日起该路段四川到云南方向总发（2464 公里）至田房（2500 公里）从早晨 08：30 至中午 13：00 间断放行；云南到四川方向田房（2500 公里）至总发（2464 公里）从中午 13：30 至下午 18：00 间断放行，其余时间交通管制，客运车辆一律不允许通过。

攀枝花市气象台预计，未来三天，天气逐渐转好，气温也会有所回升。今天白天全市小雨转阴，局部中雨，晚上阴间多云有零星小雨，最高气温 20～22℃，最低气温 16～17℃；22 日白天阴转多云局部阵雨,晚上多云间晴,最高气温 25～27℃,最低气温 17～18℃;23 日白天多云间晴,晚上多云局部阵雨,最高气温 29～31℃,最低气温 18～19℃。

21 日,高新区交警大队民警正在对有塌方地段安放警戒线(图片来源:新浪微博@攀枝花交警)

气象部门提醒,受连续强降水影响,目前地质灾害风险等级仍然较高,夜间温度较低,且空气湿度大,请注意主动避险,防寒保暖,确保生命财产安全。(文/李阜楠　粟畅)

四川暴雨致地质灾害频发　九寨沟现特大泥石流

中国天气网讯　24—25 日,四川持续多阵雨或雷雨天气,其中,四川盆地西北部、西南部和阿坝州东部的部分地区降下暴雨,局地大暴雨。强降雨导致四川西部山区多处发生塌方、滑坡、泥石流等地质灾害。预计月底前四川仍多强降雨天气,易发地质灾害,须加强防范。

25 日晚,四川九寨沟县境内普降大到暴雨。凌晨 01 时许,双河乡甘沟村发生特大泥石流,省道 205 线九寨沟县段 K7＋000 处 1 公里多的道路被泥石流掩埋,已中断交通,目前仍在紧急抢通中。泥石流还冲毁下甘座村民房 8 户,乡村道路、桥涵、水利设施、基础设施、农作物、经济作物等受损严重。截至目前,多台大型机械已投入抢险救灾工作,疏散双河乡群众 190 余人,无人员伤亡。灾情正在进一步核查中。

26 日九寨沟县发生特大泥石流(图片来源:《华西都市报》)

24 日夜间雅安出现暴雨,24 小时最大降雨量达到了 103.2 毫米,导致国道 318 线雅安至飞仙关段路边一阵飞石滚滚,道路被拦腰截断,25 日上午 10 时 30 分左右,芦山与雅安交界处飞仙关再次发生滑坡,大量车辆排起长龙。

25 日 318 国道发生山体滑坡(图片来源:微博@芦山公安)

四川省气象台预计,26 日晚到 27 日白天四川盆地阴天有雷雨或阵雨,部分地方有中雨,其中雅安、眉山、乐山、成都、内江、自贡、宜宾 7 市和遂宁、资阳、绵阳、德阳 4 市部分地方有大雨到暴雨,个别地方有大暴雨;川西高原以多云天气为主,有阵雨或雷雨,其中甘孜州东部有中到大雨;攀西地区阴天有阵雨或雷雨,其中凉山州东北部中雨到大雨,局部暴雨。这次降雨将主要集中在 26 日晚上,27 日白天东移减弱。

29—31 日,四川省大部仍多雷雨或阵雨,其中广元、绵阳、德阳、雅安、眉山、乐山、巴中、南充、遂宁 9 市有大雨到暴雨,局部地方有大暴雨,过程累积雨量 40～80 毫米,局部地方可达120～150 毫米。

近期四川盆地西部及川西高原地区降水频繁,易发生滑坡、泥石流、山洪等灾害,提醒相关地区加强防范。在道路抢通前尽量不要前往。(文/徐诚)

四川强降水致多地现灾情　今明天成都凉山等地局部有暴雨

中国天气网讯　22 日开始四川遭遇新一轮强降水,导致多地出现灾情。预计今(24)明两天强降雨区仍位于盆地西部沿山和攀西地区东部,广元、绵阳、成都、凉山等地有大雨,局部暴雨。同时九寨沟震区阴有中雨,局地大到暴雨,请注意防范强降雨可能引发的山洪、滑坡等次生灾害。

8 月 22 日开始,四川遭受了新一轮强降水的袭击,其中,成都、德阳、绵阳、雅安、乐山、眉山、凉山 7 市州普降大到暴雨,局部大暴雨。雅安市有 20 个气象测站出现大暴雨,雨城区观化乡雨量最大,为 168.3 毫米;乐山市最大雨量出现在峨眉山市沙溪乡,为 129.5 毫米;眉山市最大降雨量在东坡区陈沟水库,为 128.8 毫米。

受降雨影响,22—23日四川多地出现灾情,眉山市青神县万沟村部分道路发生塌方;马边县鄢家沟出现小流域洪涝灾情;凉山州雷波县境内的金沙江支流西宁河西宁站23日00时05分出现洪峰,水位767.57米,超保证水位0.07米;另据《四川在线》消息,23日凌晨,雅安天全县发生山体垮塌,致4人被埋,其中1人确认死亡,另外3人获救。

图为23日雅安天全县山体垮塌现场(图片来源:《四川在线》)

四川省气象台预计,随着台风"天鸽"减弱西移,受台风倒槽影响,24日晚上到25日,四川盆地和攀西地区大部分地方有阵雨或雷雨,其中广元、绵阳、成都、雅安、眉山、乐山、宜宾、攀枝花8市以及凉山州东部有大雨到暴雨。

另外,预计九寨沟县25日阴有中雨,局地大到暴雨;26日多云有阵雨。九寨沟地震灾区应密切关注雨情、水情变化,加强对山洪、滑坡、泥石流等次生灾害的防御。

气象专家提醒,未来强降雨区仍位于盆地西部沿山和攀西地区东部,前期降水已致部分地方土壤含水量达到饱和,持续性降水容易导致山体滑坡、泥石流、局地山洪等次生灾害的发生,请相关地区密切关注当地气象台站发布的实时天气预报及预警信息,加强对滑坡、泥石流、崩塌等灾害的监测和预防。同时注意防范短时强降水、大风、雷电等强对流天气带来的危害。

(文/潘媞　孙明)

四川强降雨致宜宾百余人受灾　未来三天多地仍有暴雨

中国天气网讯　近日,四川持续遭强降雨袭击。受强降雨影响,宜宾横江场镇被淹,转移281人。预计,未来三天(26—28日)四川强降雨仍将持续,成都、绵阳等地有中到大雨,局地暴雨。

近日,四川强降雨频繁来袭,其中雅安等地雨势较强。监测显示,昨天08时至今天08时,雅安降雨量达到79.2毫米。此外,省会成都降雨量也达到了大雨量级。

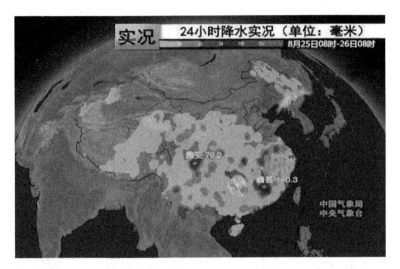

24 小时降水实况(图片来源:中央气象台)

据《四川日报》消息,受降雨影响,25 日 10 时金沙江支流横江上的水文站横江(二)站水位为 295.93 米,超保证水位 1.83 米。此外,受横江河上游洪水影响,宜宾市宜宾县横江场镇部分低洼地带进水受淹,截至 25 日中午,当地已转移 281 人。

未来三天降雨仍将持续。四川省气象台预计,今天广元、绵阳、德阳、成都、巴中、南充、遂宁、资阳、眉山、乐山、雅安 11 市阴天有小雨,其中广元、绵阳、德阳、成都 4 市西部和巴中市北部的部分地方有中到大雨,局地有暴雨。

27 日白天到晚上,雅安和广元、绵阳、德阳、成都、乐山、眉山 6 市西部阴天有小到中雨,其中雅安北部和广元、绵阳、德阳、成都 4 市西部有中到大雨,局地暴雨。

28 日白天到晚上,盆地西部、西南部、南部、中部阴天有小到中雨,其中雅安、乐山、宜宾、自贡、内江、资阳 6 市的部分地方有大雨,局地有暴雨。

气象专家提醒,四川降水持续,相关部门和公众须注意防范强降雨可能引发的地质灾害,尤其要加强对山洪和中小河流洪水灾害的防范。(文/袁静思　常勇　潘媞)

四川暴雨致灾害频发　未来三天强降雨持续

中国天气网讯　27 日晚至 28 日,四川省因持续暴雨引发多处山洪灾害,道路出现严重漫水。未来三天降雨仍将继续,巴中、南充等地将出现大雨,局部暴雨。请公众做好防雨措施,并对地质灾害加强防御。

连日的强降雨使四川灾情不断,监测显示,27 日晚至 28 日,雅安宝兴县境内普降暴雨,降雨量普遍达到 50 毫米,局部降雨量超过 100 毫米。最大降雨量出现在广元市旺苍县正源乡竹园村,达 173.9 毫米。

据《四川在线》消息,28 日 09 时 30 分许,因暴雨致蒙顶山景区道路(陇蒙路)往永兴寺方向道路漫水严重,且部分路段水流开始倒灌。暴雨引发多处山洪灾害,导致部分房屋受损。截至 28 日 13 时,山洪灾害已造成 1 位村民失联、2 名电站值守人员死亡。

预计从 28 日 22 时起的 24 小时内,崇州地质灾害风险较高,其次是新津、双流、天府新区、龙泉驿、高新东区和简阳。各位司机朋友暂时不要前往漫水路段,周边群众也须注意出行安全,预防降雨可能带来的地质灾害。

　　未来三天降雨仍将持续。四川省气象台预计,今天盆地各市阴天有小到中雨,其中巴中、南充、广安,以及遂宁、资阳、广元东部和宜宾、泸州南部有大雨,个别地方有暴雨;川西高原北部有中雨,攀西地区大部的雨量可达中到大雨。明天,巴中、达州将有中雨,局部大雨到暴雨;阿坝州中部、甘孜州北部和攀西地区的部分地方中雨。31日巴中、南充、达州、广安有中雨,局部大雨到暴雨。公众须注意天气变化,做好防雨工作。

　　气象专家提醒,未来三天四川盆地强降雨逐渐东移,盆地东北部将持续出现强降雨,山体滑坡、泥石流、局地山洪、城镇内涝等次生灾害的风险高,请相关地区密切关注天气预报及预警信息,加强对滑坡、泥石流、崩塌等灾害的监测和预防。同时注意防范短时强降水、大风、雷电等强对流天气带来的危害。(文/潘媞)

昨天,蒙顶山景区道路漫水严重
(图片来源:微博@四川在线)

四川万源持续降水致洪涝塌方　未来三天多地仍将有强降雨

　　中国天气网讯　近期,四川降雨频繁。受降雨影响,万源市部分乡镇出现洪涝、塌方等灾害。预计未来三天(26—28日)降雨仍将持续,南充、遂宁、广安等多地仍有大雨,部分地区暴雨。虽然连日阴雨,但四川气温却下降缓慢,预计成都或破12年来最晚入秋纪录。

　　9月中旬开始,四川降雨不断。监测显示,昨天08时至今天08时,巴中和达州两市北部出现大雨,其中达州市万源市曹家雨量最大,为48.3毫米,达大雨量级。持续降雨导致万源市八台镇桅杆坪村以及沙滩镇道路被洪水淹没,交通中断,花楼乡马鞍山出现塌方。

　　今明两天,四川多地雨势仍然较强。四川省气象台预计,今天,四川盆地大部有阵雨或雷雨,其中,巴中、达州、南充、遂宁、广安5市以及广元、资阳2市东部有中到大雨,巴中东部、南充北部和达州北部的部分地方有暴雨,局部地方大暴雨;阿坝州大部、甘孜州北部和攀西地区有阵雨或雷雨,其中阿坝州北部、甘孜州西北部有中到大雨。

　　明天,达州以及巴中、广安、泸州三市的东部有中雨,局部地方有大到暴雨;甘孜州中部、阿坝州南部和攀西地区大部有中雨,局部地方有大雨。28日,盆地北部和西南部的部分地方有阵雨或小雨;川西高原和攀西地区有阵雨或雷雨,局部地方有中雨。

昨天,万源市八台镇桅杆坪村
洪水将道路淹没(图/夏菲)

昨天,万源市花楼乡马鞍山强
降水导致道路塌方(图/夏菲)

虽然连续多日阴雨绵绵,但四川气温却下降缓慢。今天,盆地西北部最高气温为 24~26℃,其余地方为 26~29℃。从气象学意义上来讲,四川迟迟无法真正进入秋天。据资料显示,省会成都近 12 年以来最晚入秋时间为 9 月 26 日。而今年受副热带高压的影响,气温持续"走高",从目前的预报来看,今年成都入秋时间很可能继续推迟,或打破近 12 年来入秋时间最晚的纪录。

气象专家提醒,近日四川降雨较多,局部地方累积降雨量较大,公众和相关部门须注意防范降水带来的次生地质灾害,并做好防雨措施。(文/孙明　纪欣)

四川强降雨频繁　省道山体垮塌致交通中断

中国天气网讯　昨天(6 日),四川多地出现降雨,南部地区雨势较强。受降雨影响,今晨四川省省道攀枝花路段山体发生大面积垮塌,造成交通中断。预计,未来三天四川降雨还将持续,局地有大到暴雨。

昨天,四川多地出现降雨,南部地区雨势较强。监测显示,6 日 08 时到 7 日 08 时,四川南部局地出现暴雨到大暴雨天气,其中,最大降水量出现在攀枝花仁和水淌田水库,为 105.1 毫米,达到大暴雨量级。

5 日开始,攀枝花就遭遇了强降雨天气,据攀枝花市手机台消息,受持续强降雨影响,今晨 08 点 50 分,省道 214 线甸渡路公路左侧山体发生大面积垮塌。超过 2000 米³ 土石涌上路面,造成交通中断。目前,相关单位仍在进行道路抢通工作。对攀枝花而言,此次降雨过程无论累积雨量还是持续时间,都是今年以来最强。

今天,大型机械对甸渡路进行道路抢通工作(图片来源:攀枝花手机台)

未来三天,四川雨水将不会停歇,局地仍有大到暴雨。四川省气象台预计,今天白天到晚上,盆地阴天间多云,大部地区有雷雨、阵雨以及小雨。川西高原和攀西地区阴天间多云,有阵雨或雷雨,局部大雨;明天白天到晚上,盆地阴天有阵雨,宜宾、泸州等局部大雨。川西高原和攀西地区阴天间多云有阵雨,局部大雨;9日盆地南部小雨转多云,川西高原和攀西地区阴天间多云有阵雨,部分地方中雨,攀西地区南部有大雨到暴雨。

气象专家提醒,近日四川降水频繁,尤其是南部雨水较多,易发生滑坡、泥石流、崩塌等山地灾害,须加强防范。此外,降水也可能给人们出行造成一定不便,请公众及时关注路况,注意出行安全。(文/李阜樯)

四川攀枝花强降雨引发泥石流和塌方　多处道路中断

中国天气网讯　今天(18日)凌晨起,四川攀枝花普降中到大雨,局地暴雨。强降雨在多处引发泥石流、塌方和山体滑坡,造成道路中断。预计今天强降雨仍将持续。

监测显示,今天00时至09时,四川攀西大部地区的雨量达中到大雨量级,南部和北部有暴雨,局地大暴雨,其中盐边县红果乡的降水量高达177.9毫米,为大暴雨级别。

在强降雨的猛烈进攻下,今天上午09时许,省道214线66公里+800米(方田大桥)处塌方,只能单向车道通行;省道216线283+250米(同德往渔门方向大约10公里)发生大面积山体滑坡,导致车辆无法正常通行;盐边盐择路红果码头往红果乡方向3公里处发生泥石流,造成道路中断。

截至今天11时,雨势仍未有明显减缓。攀枝花气象台预计,今天白天到晚上,全市还将持续出现中到大雨量级的降水,局部地区有暴雨;明天雨势减弱,阵雨转中雨。

气象专家提醒,近日降水频繁,山区易发生滑坡、泥石流、崩塌等山地灾害,须加强防范;出行须避开已经发生地质灾害的路段,以免发生危险。公众应及时关注天气预报及实时路况,注意安全。(文/李阜樯)

攀枝花盐边盐择路道路被泥石流中断（图片来源：微博@攀枝花市交警）

四川降雨致部分高速收费站关闭　今明两天雨区东移

中国天气网讯　昨天(17日)夜间，四川盆地西部、川西高原、攀西地区出现明显降雨。今明两天，降雨范围东移，四川盆地东部局部将有暴雨，并伴有雷电、阵性大风等强对流天气。

监测显示，17日08时至18日08时，全省127站降雨量为25～50毫米，25站降雨量为50～100毫米，1站降雨量为100毫米以上，最大降水出现在乐山市峨边县大堡镇，为104.3毫米。

受降雨影响，部分地方引起暴雨排水拥堵。据四川日报消息，18日13时，G5京昆高速绵阳往广元方向剑门关服务区处，因暴雨导致路外边沟排水拥堵，水漫至主线道路，目前已临时关闭剑门关、昭化、广元收费站。

暴雨致路外边沟排水拥堵，水漫至主线道路（图片来源：新浪微博@四川日报）

四川省气象台预计,今起至19日08时,降雨范围东移,四川盆地东部以及南部将会有一次强降雨天气过程。部分地方50～90毫米,局部120～180毫米,部分地区伴有雷电、阵性大风等强对流天气。

气象专家提醒,相关地区须做好巡查和监测预防工作,注意防范局地强降雨可能引发的中小河流洪水及城乡积涝等灾害。同时,气温较高,气层不稳定,极易出现雷电、大风等强对流天气,请加强防范。最后,请大家及时关注当地气象台的实时天气预报及预警信息。(文/曾科)

四川暴雨致 68 航班延误　今明局地有大暴雨

中国天气网讯　昨天(21日)傍晚时分,强降雨席卷成都、绵阳、德阳、眉山以及川西高原甘孜、阿坝大部地区,导致多路段积水严重,成都双流机场多航班取消,上千乘客滞留。预计今天强降雨仍将持续,当地须注意防范。

昨天傍晚开始,四川盆地西部多地遭遇暴雨袭击,监测数据显示,21日08时—22日08时,四川195个站点出现暴雨,39个站点出现大暴雨,最大降水量226.6毫米出现在绵阳市江油大唐镇。

强降雨致乐山市街道出现积水(摄影:张世妤)

受雷雨天气影响,成都双流机场今日凌晨9个航班被取消,截至09时,已导致68个出港航班延误,大约有5000名旅客出行受到影响,不能准点飞往目的地。

双流机场今早大量旅客滞留(图片来源:民航资源网)

四川省气象台预计,降雨天气还将持续,22 日白天到 23 日晚上,盆地各市阴天间多云,有阵雨或雷雨,雷雨时有短时阵性大风,其中广元、绵阳、德阳、成都 4 市的西部及雅安、乐山、眉山三市的部分地方有大雨到暴雨,局部大暴雨;川西高原东部、南部和攀西地区西部有中雨,局部大雨。

由于强降雨天气,当地须注意防范城镇内涝、雷电大风以及强降水可能引发的山洪、滑坡、泥石流等次生灾害。(文/徐诚)

四川近日降雨连绵　雅安高速遭遇泥石流

中国天气网讯　3 日起,四川盆地被阴雨天气所笼罩,受降雨影响,雅安高速遭遇泥石流,交通中断。四川省气象台预计,今(5)明两天,四川局地仍有降雨,当地山区须注意防范地质灾害。

监测数据显示,3 日 08 时至 4 日 08 时,盆地西南部、南部、甘孜州南部和攀西地区大部分地方出现了中到大雨,攀西地区南部的局部地方降了暴雨,最大降水在凉山州会理县六民乡,为 98.5 毫米。4 日 08 时至 5 日 08 时,成都、雅安、眉山、乐山、自贡 5 市和甘孜州大部、攀西地区南部出现了中到大雨,最大降水在成都市蒲江县长滩水库,为 77.6 毫米。

由于连日降雨,雅安高速遭遇泥石流。据《成都商报》报道,3 日雅西高速往成都方向离栗子坪停车区 50～100 米处大水冲垮排水渠,裹挟着泥土涌上了主线,造成交通临时中断,相关工作人员立即组织对道路抢修。4 日上午 09 时 27 分,中断道路被抢通,车辆可以正常通行。

图为雅西高速遭遇泥石流现场(图片来源:新浪微博)

四川省气象台预计,今天白天到晚上,四川北部阴天间多云,南部阴天有小到中雨,西南部局部地方有大雨;明天盆地南部小雨,其余地区多云间阴,川西高原南部和攀西地区(攀枝花和西昌两地名的合称,位于四川省西南部)有中到大雨。

气象专家提醒,盆地西南部山区降水较强,须注意防范山洪、泥石流等地质灾害。同时降雨可能会给出行造成一定不便,当地公众须关注天气预报及实时路况。正当换季,气温起伏不定,希望大家多多关注天气变化,及时增添衣服。(文/魏挪巍)

四川达州遭暴雨致全城"看海"未来三天仍有中雨

中国天气网讯　今天(8日)凌晨开始,四川达州出现了一次暴雨天气过程,由于降水集中、强度大,主城区出现大面积积水,部分路段交通瘫痪。

强降雨致达州出现大面积积水,交通受阻(图片来源:新浪微博)

截至上午 10 时,全市共有 61 个站点达 50 毫米以上。主要集中在达川区、通川区、宣汉县和开江县北部。其中,宣汉凉风水库 125.5 毫米、庙安 118.9 毫米、东林 110.4 毫米、通川区北外 144.1 毫米、开江天师 149.9 毫米。城区雨量:达川区 73.1 毫米、宣汉县 43.5 毫米。

达州市气象台先后发布了雷电黄色预警信号、暴雨黄色预警信号,提醒相关部门和广大市民朋友注意预防强降雨引发的城市内涝、局地洪涝和地质灾害。由于降水强度过大,达州主城区多地出现大面积积水,致使交通瘫痪,许多停放车辆泡水、市民出行受到严重影响。

四川 > 达州 > 城区						11:30更新
今天	7天	8-15天	40天		雷达图	
8日(今天)	9日(明天)	10日(后天)	11日(周二)	12日(周三)	13日(周四)	14日(周五)
中雨	小雨转中雨	小雨	阴	多云	多云	多云转晴
19/16℃	19/14℃	17/11℃	21/13℃	22/14℃	25/15℃	26/14℃
微风	微风	微风	微风	微风	微风	微风

分时段预报　生活指数

目前降雨已逐渐停歇,不过今天夜间至 10 日白天,达州市大部分地方有中雨,局部大雨,须注意防范城市内涝及滑坡等次生灾害的发生。(文/曹小宝)

四川今夜将遭强降雨 局地大暴雨伴雷电大风

中国天气网讯 "五一"三天小长假,四川持续艳阳天,最高气温达到 35℃。不过从今晚(2 日)开始,将有一次强对流天气覆盖四川大部地方,以雷雨或阵雨为主,局部雨量暴雨,个别地方将达到大暴雨,公众须注意防范。

5 月 1 日,四川成都天气晴好(图片来源:微博@四川气象)

刚刚过去的五一小长假,四川天气持续晴好,气温节节攀升。第一天有 3 个区县攻破 30℃,分别是仁和、盐边和米易;第二天有 8 个区县超过 30℃,分别是仁和、延边、攀枝花、宁南、米易、德昌、宜宾县和甘洛;第三天共有 44 个区县超过 30℃,还有 3 个区县超过 34℃,其中仁和达到了 35℃。

假期过后,降雨轮班。四川省气象台预计,今天晚上,巴中、达州、南充、广安、遂宁、雅安、乐山、宜宾、泸州、自贡 10 市,资阳、内江 2 市东部和盆地西部沿山有雷雨或阵雨,雨量普遍中到大雨,东北部局部地方有暴雨,个别地方有大暴雨,过程伴有 4~6 级偏北风,山口河谷风力可达 7 级以上;川西高原大部和凉山州北部多云间阴,有雷雨或阵雨,局部地方有中雨,凉山州南部、攀枝花市多云。

明天降雨将明显减弱,在雨水的打压下,明天四川盆地最高气温将不超过 27℃,较"五一"假期出现 5℃左右的降温。

气象专家提醒,近期气温逐步上升,大气层不稳定,极易出现雷电、大风、短时强降水、冰雹等强对流天气,请注意防范强对流天气对农业生产、公共设施及旅游出行等带来的危害。(文/陈洁默)

大暴雨致四川部分地区道路中断 5 日局部仍有大雨

中国天气网讯 昨天(2 日)白天开始,四川盆地大部地区出现了明显降水,局地大暴雨。

降雨导致国道318线广安区蒲莲乡大岩村至牛角村路段路基、防护栏被冲断,路面积水较深,部分山体滑坡。目前该路段交通管制仍未解除,市民须提前绕行。

昨天白天开始,四川盆地大部地区出现了一次明显的降水天气过程,雨量普遍为小到中雨,局地暴雨到大暴雨。部分地方伴有雷电、大风等强对流天气,监测显示,强降水主要出现在达州、巴中、南充、广安4市。全省50～100毫米(暴雨)共487站,100毫米以上(大暴雨)46站,最大雨量出现在广安的蒲莲乡,为219.5毫米。

据《四川交通在线》消息,由强降雨所致,目前国道318线2098～2102公里(即广安区蒲莲乡大岩村至牛角村路段)处路基、防护栏被雨水冲断,路面积水较深,部分山体出现滑坡,目前该路段已实行交通管制。经广安区花桥镇前往南充、渠县、蓬安方向的车辆须经G85高速通行。截至3日15时30分,交通管制仍未解除。

5月3日,大雨导致国道318线道路中断(摄影:蒋靖)

目前盆地强降雨已减弱,趋于结束,今天白天,达州、广安、南充、雅安、眉山、乐山6市部分地方有中雨,局部地区有大雨。中央气象台预计,明天四川天气转好,但5日四川大部又将经历一次小到中雨天气过程,其中盆地东北部和西南部的局部地方有大雨,盆地北部、中部伴有4～6级偏北风。

明天四川盆地雨水趋于结束,但目前土壤含水量较大,尽管降雨停止,但地质灾害往往具有滞后性,气象专家提醒,游客和当地居民仍须警惕滑坡、泥石流等灾害。另外,市民须及时关注临近天气预报,强对流天气下尽量减少外出,外出须避开临时搭建物、高大树木及大型广告牌,防止雷击或砸伤。(文/陈洁默)

暴雨致四川多地内涝　今天强降雨持续　局地大暴雨

中国天气网讯　昨天(6日),四川多地出现暴雨,导致部分地方出现明显内涝。今天强降雨持续,11市仍有暴雨,局地大暴雨。暴雨容易引发城市内涝及滑坡等地质灾害,须加强防范。

昨天夜间起,四川盆地西部出现明显降雨天气。监测显示,6日08时到7日08时,广元、绵阳、德阳、成都、乐山、雅安、眉山、阿坝、甘孜等9个市州的局地出现了暴雨,个别地方大暴雨;最大降雨出现在广元朝天区花石乡,达154.2毫米。暴雨导致部分地方出现城镇内涝现象,公众出行受阻。

今天,四川雨势不减,仍有暴雨出没。四川省气象台预计,今天白天到晚上四川盆地大部有一次雷雨天气过程,雷雨时伴有5～6级阵性大风,局部风力可达7～9级,其中广元、绵阳、德阳、成都、雅安、眉山、乐山7市和巴中、达州、南充三市北部以及宜宾西部的部分地方有暴雨,局地大暴雨;川西高原阴天间多云有雷雨或阵雨,部分地方雨量可达中到大雨;攀西地区多云间阴,有分散性的雷雨或阵雨,其中凉山州北部有中雨。针对此次降水过程,四川省气象台7日早上05时40分发布了暴雨黄色预警信号。

气象专家提醒,暴雨天里公众须尽量减少外

四川崇州唐人街内涝严重(摄影:谢伟)

出,驾车出行时要尽量避免涉水。此外,四川盆地西部地质较为脆弱,尤其是茂县昨天已出现塌方,今天四川多地雨势强劲,要注意防范山洪以及地质灾害的发生。(文/徐诚)

四川强降雨致多地受灾　未来三天川西高原雨水频繁

中国天气网讯　昨天(7日),四川遭遇区域性暴雨,导致宜宾、眉山、内江等多地出现内涝、道路塌方等灾害。预计今天强降雨过程趋于结束,但在达州、广安、内江、宜宾等地局部仍有大雨,同时未来三天川西高原局部雨量较大,须注意防范山体滑坡、泥石流等次生灾害的发生。

昨天,四川盆地西北部和南部出现区域性暴雨,局部大暴雨。监测显示,8月7日08时至8日08时,广元、雅安、眉山、宜宾、内江等16个市州共672站雨量达50～100毫米(暴雨),9市共182站降雨量达100毫米以上(大暴雨),最大降雨量在四川剑阁盐店,降雨量达215.7毫米,雷雨时普遍出现5～7级阵性大风。

受强降雨影响,自贡、宜宾、雅安、眉山、内江、凉山等多地出现山体滑坡、道路塌方、内涝等灾害,致多处断电、通信中断。

此次强降雨过程今天将趋于结束,但是盆地地区和川西高原局部仍有大雨。四川气象台预计,今天白天到晚上,广元、绵阳、德阳、成都4市阴转多云,盆地其余地方阴天间多云,有雷雨或阵雨,其中达州、广安、南充、遂宁、资阳、内江、宜宾7市部分地方有中雨,局部大雨;川西高原和攀西地区多云间阴,有雷雨或阵雨,其中甘孜州南部和攀西地区有中雨,局部地方有大雨。

预计明后两天,四川盆地有分散雷雨或阵雨,甘孜州南部和攀西地区西北部有中雨,局部地方有大雨。

气象专家提醒,近期四川雨水频繁,川西地区地质结构相对比较脆弱,须特别注意防范降雨可能引起的山体滑坡、泥石流等次生灾害的发生。目前正值暑期旅游高峰,请游客避免前往

地质灾害风险较高的山区游玩,并远离河道谷地,确保人身安全。(文/徐诚)

四川内江威远紧急排险修通公路(图/王梅)

成都暴雨致车站漏雨积水严重 未来四川仍多强对流天气

中国天气网讯 昨夜至今晨(21日),一场强对流天气影响四川盆地西部地区,部分地区出现暴雨。成都东站二楼候车大厅出现漏雨,导致地面积水严重。预计今天白天到晚上,成都将有中雨,绵阳、德阳、雅安等地局地有分散阵雨或雷雨,明天开始雨势又将加强。

17日到20日,四川省气象台连续四天发布了暴雨蓝色预警信号,雨水都主要集中在盆地西部地区。据监测显示,8月20日08时至21日08时,成都等8个市州的26个区(市、县)部分地方降了暴雨,广元市旺苍县鼓城乡雨量最大,为143毫米。其中,九寨沟震区大部地方降了阵雨,漳扎镇达5.2毫米。

昨天夜间到今天早晨的一场大雨影响了成都市及周边地区,同时还伴有打雷和闪电,不少网友表示被雷声吓醒了。据四川在线消息,在成都东站二楼候车大厅,顶棚发生了大面积漏雨现象,漏雨点多达十余处,有些漏雨点雨水大量倾下,导致地面积水严重。一些乘客不得不在候车大厅撑起了雨伞。

在候车大厅撑伞避雨的乘客(图片来源:四川在线)

预计未来两天盆地西部地区还将迎来更明显的雷雨或阵雨天气。四川省气象台预计,今天白天到晚上,成都将有中雨,绵阳、德阳、雅安等地局地有分散阵雨或雷雨。从明天开始到23日盆地西部的雨势又将加强,四川大部地区有雷雨或阵雨,雨量分布不均,其中盆地的西部、中部、南部部分地方有中到大雨,局地大到暴雨。降雨的同时可能伴有雷电,局部地方伴有短时阵性大风。

气象专家提醒,降水仍然持续,有关部门须密切关注实时天气预报及预警信息,特别是九寨沟地震灾区,更要密切关注雨情、水情变化,加强山洪、滑坡、泥石流等次生灾害的防御工作。此外,还须继续注意防范短时强降水、雷电、阵性大风等强对流天气的危害。(文/粟畅)

2.2.2　强对流天气灾害

成都雷雨、大风、冰雹齐来袭　大树被连根拔起

中国天气网讯　昨天(7日),成都出现雷雨天气,并伴有短时阵性大风、冰雹强对流天气,路边树木被吹倒并连根拔起。预计未来三天成都还将多阵雨或雷雨,局地有大到暴雨。

昨天正值"立秋",下午16时左右,成都天空布满了黑压压的乌云,随之出现雷雨。监测显示,7日16时到8日08时,金堂县官仓单降雨量最大,为113.5毫米,达到大暴雨量级。

降雨的同时,成都局地还伴有阵性大风、冰雹强对流天气。其中,金堂、青白江、龙泉驿、双流的局地遭遇8～10级阵性大风,路边多棵大树都被大风吹倒并连根拔起,环球中心主入口玻璃门被吹倒砸碎,天府大道两侧灯泡也被吹碎。此外,成都市区、天府新区、双流和龙泉驿的局部地区下起了冰雹,最大的直径超过了一元硬币大小。

成都市区乌云压顶(摄影:李宾)

预计,未来三天成都还将多阵雨或雷雨,局地有大到暴雨天气。成都市气象台预计,8日阴天间多云有阵雨或雷雨,局部地方大雨到暴雨;9到10日多云间阴,有阵雨或雷雨,个别地方暴雨。

气象专家提醒,公众出行须关注天气变化,随身携带雨具,防范短时强降水、雷电、大风和冰雹等强对流天气所带来的危害。另外,还须加强防范山洪、滑坡、泥石流等次生灾害。(文/粟畅)

成都冰雹直径大如一元硬币（图片来源：《成都商报》）

四川广安遭狂风暴雨齐袭　主城区受灾点达200余处

中国天气网讯　昨天（11日）凌晨，四川广安遭雷雨大风齐袭，主城区受灾点达200余处，300余株树木被大风刮倒，街道一片狼藉。预计，今起至17日广安将以多云天气为主，有分散性阵雨或雷雨，局地或仍将出现强对流天气，注意防范。

广安被吹断的树木横在道路中间（摄影：张平　唐亚林）

昨天凌晨，广安突遭狂风暴雨袭击，全市普遍出现降雨。监测显示，昨天最大降水量出现在广安区悦来，7小时降雨量达到103.2毫米，为大暴雨量级；最大风速出现在广安区桂兴，为27.3米/秒，风力达10级。此外，广安城区也出现了风速达25.7米/秒的大风。

据中国新闻网消息，受风雨影响，昨天广安主城区多处受灾，受灾点多达200余处，300余株树木被大风刮倒，20余辆汽车被树木砸伤，并造成了民安街、百业街等10余个地方交通堵塞。

今起雨势明显减弱。四川省气象台预计，今起到17日广安以多云天气为主，有分散性阵雨或雷雨，局地仍然可能出现强对流天气，最高气温处于29～32℃，天气较为凉爽。

气象专家提醒，夏季天气多变，强对流等天气破坏力强，公众出行须注意防范高空坠物、树

木断裂和雷电可能造成的伤害。（文／张平）

2.2.3 暴雪灾害

康定遭遇 10 年来最强降雪　积雪 35 厘米　牦牛饲料短缺

中国天气网讯　21 日起，四川甘孜州全境普遍出现降雨降雪天气，州政府所在地康定市 24 小时降水量达 38.3 毫米，打破有气象记录以来同期极值。雨雪天气造成甘孜州多条公路被限行管制，多个乡镇农业、电力不同程度受灾。预计，此次降水天气将持续到 25 日晚，建议有关部门和群众加强雪灾、冻害等次生灾害的防御。

23 日，康定城内积雪深厚，汽车成"蛋糕"（摄影：周翠玲）

监测显示，21 日起，甘孜州 15 个县均出现不同程度降雪、降雨天气。截至 23 日 08 时，康定市降水量 42.4 毫米，积雪深度达 35 厘米。其中，21 日 08 时至 22 日 08 时 24 小时降水量达 38.3 毫米，创日最大降雪量纪录，也是 10 余年来最大一场降雪。之前，康定最大降雪量出现在 2006 年 2 月 28 日，为 26.8 毫米。

22 日 08 时，康定的积雪深度接近 33 厘米（摄影：周翠玲）

受持续降雪影响,甘孜州内海拔 2000 米以上的大部分路段有道路积雪和结冰,特别是国道 318 线康定折多山路段等重要公路积雪、结冰严重,对交通运输有较大影响。目前,交管部门已对积雪严重的折多山路段进行了交通限行管制,建议无防滑链的车辆不要上山。

另据四川在线消息,受降雪影响,康定市炉城镇、金汤镇、麦崩乡等 10 个乡镇不同程度受灾。康定折东片区羊肚菌受灾严重,受灾面积共 1568.2 亩*;舍联乡水果受灾 50 亩。降雪还造成金汤镇、前溪乡、捧塔乡、瓦泽乡 4 个乡镇断电,捧塔乡两河口村 4000 头牦牛饲料短缺。

甘孜州气象台预计,此次降水天气过程将持续到 25 日晚。23—25 日白天,甘孜州大部有阵雪(雨),局地中到大雪,其中康定 24 日晚或将再次出现中雪天气。

建议各级各部门加强雪灾、冻害等次生灾害的防御。畜牧、交通运输、电力、通信、供水等部门及公众切实做好防寒防冻及防滑工作。(文/徐诚)

四川阿坝州局地大雪阻交通　未来仍多雨雪

中国天气网讯　从 4 日开始,四川高原大部地区出现中到大雪天气,造成道路结冰,高速暂时封闭,影响正常的通行。今天(6 日),川西高原局地仍有中到大雪,其余地方阴天,有小雨或零星小雨,未来三天仍多雨水。雨天路滑,公众出行须注意交通安全。

从 4 日开始,阿坝州红原县城等地出现了降雪天气。监测数据显示,上周末,阿坝州普降小雪(雨),其中,红原县城、阿坝县城、若尔盖县、壤塘县、马尔康市先后出现中到大雪天气。

受大雪天气影响,从 5 日 18 时起,G5 京昆高速雅西段因大雪主线封道。截至 6 日晨 09 时,G5 京昆高速雅西段冕宁管理处辖区,栗子坪至彝海路段拖乌山路况好转,车辆可恢复通行,现在这一线双向解除交通管制,由交警带队放行。

交警在高速路上对来往车辆进行疏导(图片来源:四川新闻网)

未来三天,四川大部的雨雪天气仍频繁。四川省气象台预计,今天川西高原阴天间多云,大部地方有阵雪(雨),北部的局部地方有中到大雪,攀西地区阴天有阵雨(雪),其中凉山州东

---

* 1 亩 $=\dfrac{1}{15}$ 公顷,下同。

北部局部地方有中雨(雪),盆地其余地方阴天有小雨或零星小雨;明天,甘孜州东部、北部、阿坝州北部及凉山州大部阴天有阵雪(雨),盆地其余地方小雨转多云间阴;8日,甘孜州东部、阿坝州东部及凉山州东北部阴天有阵雨(雪),盆地各市多云转阴天有小雨。

专家提醒,未来高原地区仍有雨雪天气,建议司机朋友尽量推迟出行时间,重新合理规划行程,上高速以后,在交警的指挥下减速缓行。(文/叶瑶 徐诚 粟畅)

2.2.4 雾/霾灾害

成都双流机场遇大雾停航关闭 约9000旅客滞留

中国天气网讯 今晨(3日),四川发布了今年入秋以来第二个大雾橙色预警信号,局地能见度不足50米。受大雾影响,成都双流机场停航关闭,大面积航班延误,约9000名旅客滞留,境内多条高速路也因大雾被临时关闭。预计今天中午前后四川大雾将逐渐消散。

今天早晨,四川部分地区出现大雾天气,四川省气象台也于07时发布了大雾橙色预警。受大雾影响,截至目前成都双流机场仍处于停航关闭状态,飞机大面积航班延误,约9000名出港旅客滞留,少量进港航班备降周边机场。据双流国际机场附近的居民姜世科先生称,上午10:30左右开始陆续有航班起降。

此外,据四川高速微博消息,四川境内多条高速因雾临时关闭。成都市绕城高速、第二高速、成渝高速、成自泸高速、达万高速、成乐高速等16条高速被关闭。截至目前,多路段关闭已解除。

四川省气象台预计,3日早晨到上午,南充、广安、遂宁、资阳、自贡、内江、宜宾、泸州、眉山9市及成都南部、达州南部、巴中南部、乐山北部有大雾,部分地方能见度小于200米,局部地方小于50米。据四川省气象台首席预报员陈朝平介绍,大雾将于中午前后逐渐消散。

气象专家提醒,大雾天气对交通影响明显,四川的公众出行要关注最新机场航班和道路路况信息,合理安排出行计划,外出时要使用口罩抵御雾中有害物质。(文/粟畅)

大雾造成双流机场航班大面积延误(图片来源:《华西都市报》)

四川局地遭大雾,高速封闭 未来大雾天气少,阴雨持续

中国天气网讯 今天(8日)早晨,四川成都等地遭遇大雾天气,多条高速道路封闭。预计

今天上午大雾天气仍将维持,公众须注意出行交通安全。

8日早晨,四川盆地的眉山、资阳、成都、乐山出现了大雾天气,部分地方能见度小于200米,成都市气象台已发布大雾橙色预警信号。

8日早晨成都遭遇大雾,建筑物"隐身"(图片来源:新浪微博)

受大雾天气影响,四川省内多条高速路封闭。据四川交通广播报道,受大雾影响,G4202成都第二绕城高速、G0512成乐高速、G4215蓉遵高速、G5京昆高速、G76厦蓉高速、G93成渝环线高速、S17遂西高速部分被迫关闭,预计至中午左右才会陆续恢复通行。

四川省气象台预计,未来三天出现大雾天气的可能性较小,9—10日,四川盆地将维持阴天有小雨天气状况。

气象专家提醒,阴雨天气下道路湿滑,驾车的朋友须时刻关注天气与交通信息,合理安排出行路线及时间,注意交通安全。同时天气变化比较大,出门要适时增减衣物。(文/叶瑶　徐诚　粟畅)

四川大雾致多条高速关闭　　未来5天区域性大雾难再现

中国天气网讯　近日,四川盆地频发大雾,今(9日)晨大雾范围和强度大幅减弱,航班未受影响,但仍有多条高速全线关闭。预计未来几天四川盆地出现大范围大雾天气的可能性很小。

从12月3日起,大雾频扰四川,多地出现能见度不足200米的浓雾,局地能见度不足50米。其中8日雾天最为严重,出现浓雾的县(市)多达70个,占整个测站的44.59%。今晨,四川省气象台连续第7天发布大雾橙色预警信号。

受大雾影响,今晨四川多条高速全线关闭。据四川在线报道,G42沪蓉高速(成南、南广、广邻段)、G5京昆高速(成绵、绵广段)、G65包茂高速(达渝、达陕段)、G75兰海高速(广南、南渝段)、G93成渝环线(绵遂段)、成都第二绕城、成绵复线、成德南、广巴、巴达、达万、南大梁、巴广渝、遂广、遂西高速全线实施交通管控。截至12时,因天气好转,大部高速公路已逐渐开放通行。

四川多条高速路全线关闭（图片来源：新浪微博）

不过，由于雾的强度和范围较昨天已有大幅减弱，机场虽有雾，但不影响航班起降。据四川在线消息，受浓雾影响，昨日双流国际机场的航班未执行完毕，部分顺延至今日。

此次四川多日区域性大雾的主要原因是境内无明显冷空气的影响，加之大气层结稳定，再配合各地偏大的相对湿度，因此才造就了天府之国的"大雾弥漫"。

四川省气象台预计，未来三天全省以阴天到阴天间多云的天气为主，局部有零星小雨。14日之前，盆地出现区域性大雾的可能性不大，但是仍有雾天出现。气象专家提醒，驾车的市民须关注最新的道路信息，合理安排出行路线与时间。（文/曾科）

四川大雾致双流机场航班大面积延误　多条高速管制

中国天气网讯　今晨（16日），受大雾影响，四川双流机场大量航班延误、多条高速公路交通管制。目前，四川省气象台发布的大雾橙色预警信号正在生效中，预计部分地区能见度小于200米、局地小于50米。公众出行注意行车安全。

16日，成都双流机场被雾笼罩，能见度差（图片来源：新浪微博@四川日报）

监测显示，今天 00 时，南充率先出现能见度低于 100 米的强浓雾；到 01 时，成都、眉山、资阳、德阳、遂宁、南充、绵阳、巴中等市均出现了能见度低于 100 米的强浓雾；03—04 时，强浓雾扩散到上述市大部分地区，并持续到现在。

为此，四川省气象台今天 05 时 50 分发布了大雾橙色预警信号，预计今天早晨到上午，德阳、成都、眉山、资阳、遂宁、南充 6 市和绵阳、巴中 2 市东部以及乐山北部有大雾，部分地方能见度小于 200 米，局部地方小于 50 米。

受大雾影响，四川省内机场及公路交通均受到不同程度的影响。据《成都商报》消息，今天凌晨 04 时左右起，成都双流机场遭受浓雾天气，能见度仅有 10 米左右，达不到航班起降标准，至早上 07 时 30 分，成都机场两条跑道仍处于关闭中，已停航关闭 3.5 小时，47 个班次的航班已被取消，机场已有 1 万多名旅客滞留，受影响和滞留旅客人数还将进一步增加。预计浓雾须等到上午 10 时 30 分后才会散去，航班才能恢复运行。

另据四川在线报道，截至今天 07 时 30 分，因大雾天气影响，成自泸高速、成乐高速、成雅高速、成渝高速、成南高速、成绵广高速、广南高速、成都一绕和二绕高速、绵遂高速、广邻高速、乐宜高速、遂渝高速、成绵复线高速、成温邛高速、成彭高速、南大梁高速、遂西高速、成德南高速、巴广渝高速、巴南高速、乐自高速全线实施交通管制。

四川省气象台预计，未来三天盆地主要以多云或阴天间多云天气为主，出现大雾天气的可能性依然较大。

气象专家提醒，秋、冬季盆地多雾，驾车的朋友须时刻关注天气与交通信息，合理安排出行路线及时间，注意交通安全。（文/魏挪巍）

今晨四川绵阳、遂宁等 6 市局地现强浓雾　今夜明晨仍将有雾

中国天气网讯　今天（2 日）早晨，四川省 14 市出现大雾天气，其中遂宁、绵阳、内江、宜宾、眉山、乐山局地出现能见度小于 100 米的强浓雾，预计今夜明晨还有大雾天气，午后大雾将逐渐消散。未来三天，四川省以晴间多云天气为主，部分地区有阵雨（阵雪），气温无明显起伏。

今天早晨，四川多地出现大雾天气。监测显示，今天 08 时，成都、南充、广安、达州、巴中、资阳、乐山、自贡、泸州等 14 市出现大雾，其中，遂宁、绵阳、内江、宜宾、眉山、乐山 6 市部分地区出现能见度小于 100 米的强浓雾。四川省气象台已于今天 05 时 30 分发布大雾橙色预警信号。

据气象部门专家孙明分析，此次强浓雾的成因是由于前期四川盆地大部地区持续阴雨天气，近地面湿度较大，随着天气转晴，夜里地表辐射冷却降温明显，使地面气层水汽凝结而形成雾。

遂宁市出现特强浓雾（图/张满山）

广安市出现大雾天气（图/张平）

四川省气象台预计,未来三天四川无明显的冷空气影响,气温均较为平稳,全省大部地区最高气温为 22～23℃,最低气温为 11～16℃。其中,今天白天到夜间,盆地各市、川西高原大部多云间晴,部分地区有大雾,甘孜州南部和攀西地区有阵雨(阵雪)。明天,盆地大部地区、川西高原、攀西地区以晴间多云天气为主,甘孜州南部和攀西局地仍有阵雨(阵雪)。后天,盆地北部有小雨,局部中雨。

四川 > 成都 > 城区					07:30更新 | 数据来源 中央气象台	
今天	7天	8-15天	40天		雷达图	
2日(今天)	3日(明天)	4日(后天)	5日(周日)	6日(周一)	7日(周二)	8日(周三)
多云	多云	多云	多云	多云	多云	多云转小雨
22/15℃	23/15℃	23/15℃	22/14℃	22/13℃	25/14℃	23/17℃
微风	微风	微风	微风	微风	微风	微风

气象专家提醒,今天白天到夜间,四川盆地出现大雾天气,局部特强浓雾,能见度低,驾车出行人员必须严格控制车速,打开雾灯,雾浓处鸣笛,注意交通安全。另外,未来三天气温起伏不大,部分地区有阵雨或阵雪,公众须及时关注天气变化,出门携带雨具。(文/陈洁默)

四川盆地大雾频发,明天仍有雾 九寨沟多阵雨

中国天气网讯 今晨(7日),四川盆地浓雾萦绕,局地能见度不足 100 米。受大雾影响,成绵高速的德阳站上行匝道全线关闭,预计明天四川盆地仍有雾。此外,据中国地震台网消息,今晨阿坝州九寨沟县发生 4.5 级地震,多地震感明显,所幸目前暂无房屋倒塌和人员伤亡发生,预计明后两天九寨沟多阵雨。

近日四川盆地大雾频发。监测显示,今晨成都、广元、绵阳东部、德阳、眉山、达州、巴中、南

充、广安、遂宁、资阳等多地出现大雾天气，其中成都双流、德阳广汉、绵阳三台、南充高坪等地能见度小于 100 米。受大雾影响，今天早晨成绵高速德阳站上行匝道全线关闭，现场等待通行的车辆排起了长龙。

明天四川盆地多地仍将有雾。四川省气象台首席预报员陈朝平表示，明天成都、德阳、绵阳东部、遂宁、南充、达州南部、广安、资阳、内江、自贡、宜宾、泸州、眉山、乐山等地早上仍多雾，此外，广元、绵阳、德阳、成都、雅安、乐山、眉山 7 市阴天间多云，还将有零星小雨。

另外，据中国地震台网消息，今晨 05 时 31 分四川阿坝州九寨沟县（北纬 33.21°，东经 103.79°）发生 4.5 级地震，震源深度 16 千米。另据中国新闻网消息，此次地震九寨沟县城震感较强，绵阳、广元、成都及甘肃文县等地民众也反映有震感，其中漳扎镇公路沿线有滚石现象，所幸截至目前暂无房屋倒塌和人员伤亡发生。四川省气象台预计，明后两天九寨沟多阵雨，8 日最高气温 20℃，9 日气温将下跌。

成都市温江区雾气弥漫（摄影：粟畅）

气象专家提醒，近日四川盆地大雾频发，公众驾车出行须注意合理安排线路行程，谨慎驾驶。此外，九寨沟附近公众须注意防雨。（文/粟畅）

四川盆地遭"霾伏"成都污染连日升级

中国天气网讯　28 日起，四川多地遭雾/霾袭击，部分地方有重度霾。预计霾天气将持续一周，到 1 月 5 日强冷空气入川空气质量才会有较明显改善。

四川盆地连片污染。霾将持续到 1 月 5 日。自 28 日起，四川成都、崇州、乐山、广安等地先后出现中度霾，部分地区重度霾。随着区域性污染态势进一步加重，昨晚 21 时四川省气象台发布了霾橙色预警信号。

四川省气象台预计，未来几天，静稳天气仍将持续，不利于污染物扩散，雾/霾将持续一周。直到 1 月 5 日左右，会有强冷空气入川，6—8 日盆地地区将有小雨，攀西地区局部地方将有阵雪（雨），届时空气质量或将有较明显改善。

成都污染状况连日升级，空气质量指数（AQI）突破 300。

今日 09 时成都市青羊区能见度不佳(摄影:薛勤)

从本月 21 日开始,成都市空气一直处于污染状态,空气质量从轻度污染恶化到重度污染。今天 00 时更是监测到 AQI 值达到 303,为严重污染级别。

成都市气象台预计,30 日白天到晚上阴天间多云,大部分地方有霾;31 日部分地方有小雨,但短时降水对空气质量改善无明显影响。

专家提醒公众适量减少户外活动,呼吸道疾病患者尽量避免外出,外出时戴上口罩。空气质量差,人员须适当防护,并注意霾天气带来的不利交通影响。(文/胡婧媛)

四川发布霾黄色预警　未来几天霾将持续

中国天气网讯　新年第一天,四川遭遇霾天气。今天(1 日)上午,四川省气象台发布霾黄色预警信号,预计成都等 7 市有中度霾,部分地区重度霾。未来几天霾将持续,须做好健康防护。

受静稳天气影响,四川盆地空气污染扩散条件转差。今天上午 09 时 50 分,四川省气象台发布了今年第 1 号霾黄色预警信号,预计未来 24 小时内,成都、德阳、眉山、乐山、自贡、内江、资阳 7 市有中度霾,部分地方可达重度霾。10 时,成都大部分地区能见度为 1~2 千米,局地700 米;截至 11 时,空气质量指数(AQI)已达 300。

成都能见度不佳(图片来源:新浪微博)

四川省气象台预计,未来几天霾还将持续,预计到5日前后会有一次降水天气过程,能对霾的消散起到一定作用。

气象专家提醒,应对霾天气,应采取适当措施。比如外出戴棉质口罩、适当减少室外锻炼时间和强度、饮食宜选择清淡易消化的食物、多吃新鲜蔬菜和水果、适量补充维生素D、在家里种些绿色植物等。当然,还需要多为减少污染物排放尽一份力,出行尽量选择公共交通。(文/粟畅 叶瑶)

2.2.5 高温灾害

四川发布今年首个高温橙色预警 热浪将持续至20日

中国天气网讯 受强盛的副热带高压影响,四川盆地从昨天(13日)起迎来新一轮高温热浪。今晨四川省气象台发布今年首个高温橙色预警,预计今天局地可达40℃。此轮高温热浪将持续至20日。

今年7月,四川热得不同寻常。据四川省气象台统计,全省7月平均气温24.4℃,与常年同期相比偏高0.8℃,而成都的7月平均气温,更是创下最近10年的最高纪录。

8月13日,成都天气晴热,光照强(摄影:李军强)

昨天,新一轮高温来袭。监测数据显示,四川盆地内105个国家级监测站中,有89个国家级监测站突破了35℃高温线,也就是说,84.76%以上的站点都出现高温。其中最高气温出现在达州达川区站,高达39.7℃,排名第二的渠县站为39.1℃。

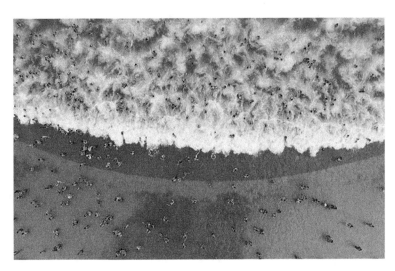

8月13日,成都市民在泸州市纳溪区一乐园中戏水避暑(图片来源:《四川日报》)

四川省气象台于今晨09时发布高温橙色预警信号:预计本周末全省大部地区将以晴热天气为主,今天白天,盆地大部分地方最高气温将达35℃或以上,其中广元、巴中、达州、广安、南充、遂宁、资阳7市的部分地方最高气温将达37~40℃。

预计此轮高温热浪将持续至20日,期间四川盆地将以晴热天气为主,大部地区最高气温将上升至35~38℃。另外,受偏东气流影响,午后局部地方发生雷电、大风、短时强降雨等强对流天气的可能性较大,须注意加强防范。

由于近期天气晴热,专家提醒,公众须注意防暑降温,多饮水,保证充足睡眠。外出时最好随身携带晴雨伞,阻挡紫外线的同时,也能防范短时阵雨的发生。(文/单莹)

四川气温昨破新高　清明雨纷纷"魔咒"难破

中国天气网讯　25日起,四川结束了缠绵多时的阴雨天气。昨天(31日)四川盆地大部地区升温明显,省会成都最高气温22.3℃,达到了今年以来的气温最大值。然而从今天开始清明小长假期间,阴雨又将再次笼罩四川大部地区。

25日起,四川结束了缠绵多时的阴雨天气,春光明媚,好天气持续不断。昨天四川盆地大部分地区都突破了今年温度最大值。以省会成都为例,昨天最高温度22.3℃,达到了今年以来的气温新高。昨天成都阳光明媚,碧空如洗,大家纷纷在微信朋友圈晒起了"成都蓝"。

今天四川盆地大部分地区仍然以多云天气为主。不过,明后两天四川终究还是难逃"清明时节雨纷纷"的魔咒,备受大家关注的清明小长假期间将持续阴雨缠绵。四川省气象台预计,2日白天到晚上,盆地各市阴天有小雨,其中广元、绵阳、德阳三市局部地方有中雨;川西高原和攀西地区阴天有小雨(雪)。3日白天到晚上,盆地各市阴天间多云,早晚有小雨或零星小雨,其中广安、达州2市局部地方有中雨;川西高原和攀西地区阴天间多云有小雨(雪)。

雨水的到来将暂缓四川升温的脚步,明后两天成都气温也将跌回至20℃以下,不过清明小长假后期气温将再次走高。预计清明节当天(4日),成都的气温将突破23℃。

31日,成都阳光明媚,风靡微信朋友圈的"成都蓝"(图片来源:微博@成都高新)

四川 > 成都 > 城区						07:30更新
今天	7天	8-15天	40天			雷达图
1日(今天)	2日(明天)	3日(后天)	4日(周二)	5日(周三)	6日(周四)	7日(周五)
阴转小雨	小雨转中雨	小雨转晴	多云	晴转多云	阴转多云	小雨
22/12℃	19/11℃	20/9℃	23/13℃	24/12℃	26/16℃	27/17℃
微风	微风	微风	微风	微风	微风	微风

清明小长假期间,四川大部将迎来绵绵阴雨天气。气象专家提醒,清明期间气温变化大,须及时增减衣物,谨防感冒。另外,清明节前后扫墓祭祖、焚香烧纸等活动频繁,踏青出游增多,森林火险指数较高,要注意预防林火的发生。(文/魏挪巍)

四川攀枝花局地最高温接近39℃　未来三天晴热继续

中国天气网讯　从4月4日开始,攀枝花市天气连续晴好,气温迅速拉升,昨天(9日)局地最高气温接近39℃。预计未来三天,攀枝花晴热仍将持续,市区最高气温在34℃左右,公众注意补水防晒。

通常,每年4月攀枝花市就开始进入全年最热的阶段。但今年由于3月下旬一直到4月2日攀枝花出现4次明显降水,稍微拖延了气温上升的速度,在本该炎热的时候出现了难得的凉爽。随着降水结束,连晴开始,气温出现了一轮连续快速的攀升。

监测数据显示,昨天,市区和所辖区县城区测得的日最高气温均在34℃以上(其中仁和区最高气温达36.5℃),另外,分散在全市各乡镇的区域自动气象站观测点中有4处测得最高气温达到38℃以上,其中位于仁和拉鲊村的观测点的最高气温达到了38.8℃。

4月10日,攀枝花晴热,天空湛蓝(图/李阜楠)

攀枝花市气象台预计未来三天晴热仍将持续,市区最高气温在34℃左右,最低气温在20℃左右。

气象专家提醒,由于气温较高,特别是紫外线强度较高,露天或高空作业时尤其注意防暑降温,切忌不要饮用冰镇的饮料或者矿泉水,因为剧烈低温会对人脑产生损伤,会出现偏头疼。(文/李阜楠)

未来三天四川盆地有暴雨,东部高温,震区须防地质灾害

中国天气网讯　预计今(17日)起三天,四川盆地将有一次中到大雨、局地暴雨的降雨过程,绵阳、雅安、眉山等地部分地区雨势较大,有大到暴雨;同时九寨沟震区多阵雨,请注意防范强降雨可能引发的山洪、滑坡等次生灾害。

昨天,四川雨水比较分散,盆地局部出现中到大雨,南部的凉山等地出现小到中雨。监测显示,16日08时—17日08时,共有乐山等10个市(县、区)出现中雨,绵阳、资阳等地的4个市(县、区)出现大雨,广安武胜雨量最大,为39.2毫米。同时川东的巴中、达州等地出现高温。

16日夜间,巴中城区出现雷电过程(摄影:冯禹文)

四川气象台预计,未来三天,四川盆地西部、南部等地将有一次中到大雨、局地暴雨的降雨过程,并伴有短时强降水和雷暴大风等强对流天气。从降雨落区预报来看,绵阳、雅安、眉山等地部分地区有大到暴雨。同时,川西高原和攀西地区仍多阵雨或雷雨,局部有中雨。

九寨沟震区未来三天多阵雨,预计17日阴天间多云有阵雨;18日阴天有阵雨;19日阴天有小到中雨。震区地质条件脆弱,请注意加强对泥石流、滑坡、落石等次生灾害的监测防范。

雨水打压下,四川西部地区最高气温多在29～31℃,虽然仍稍感闷热,但总体上还是比较舒适。而雨水较少的东部地区,如达州、南充、巴中等地,最高气温仍可达34～37℃,闷热持续。

气象专家提醒,四川将迎来新一轮强降水过程,有关部门须密切关注实时天气预报及预警信息,特别是九寨沟地震灾区要密切关注雨情、水情变化,加强山洪、滑坡、泥石流等次生灾害的防御工作。此外还须继续注意防范短时强降水、雷电、阵性大风等强对流天气的危害。建议前期高温少雨干旱地区在保证用水安全的同时,注意适时蓄水。

2.2.6　专题资讯

四川3月来雨日为同期第4多　周日转晴回暖

中国天气网讯　从2月中旬开始,四川盆地各市逐渐入春,但此后大部气温偏低,雨日多,日照偏少。春寒料峭,大家都直呼过了"假春天"。预计,周日(26日)起,四川盆地大部将转晴,久违的阳光露脸。28日起,四川盆地又将转为多雨天气。

3月以来,成都多阴雨,今天,天空依然阴沉(摄影:叶瑶)

2月中旬至3月初,四川盆地各地陆续入春。但入春之后,气温并没有随之走高,且多阴雨,体感阴凉。统计显示,3月1—22日,全省平均降水量为23.8毫米,较常年同期偏多35%。全省除甘孜州和攀西地区大部偏少外,四川盆地和阿坝州偏多,其中盆地中部、西部北及阿坝州北部偏多5成至1倍以上。除了降雨量多以外,全省平均降水日数为9.9天,为历史同期第4多。省会成都3月以来降雨日数达13天,累积雨量28.8毫米,比历史同期偏多8成。

在雨水影响下,盆地气温持续低迷。统计显示,3月以来全省平均气温9.9℃,较常年同期偏低0.6℃。全省大部地区偏低,其中盆地南部、盆地西部偏低较为明显,达0.5～1℃。

持续阴雨给农业生产、居民生活等带来不小的影响。在盆地北部农区,由于阴雨日数较多,光照不足,小春作物的正常生长受到影响;同时多阴雨天气,田间温湿环境利于小麦条锈病等小春病害发生发展。

天气阴凉,网友纷纷发问:"成都的春天去哪里了? 一天比一天冷,我怀疑我在过冬天。"也有网友抱怨买了美丽的春装却没有机会穿,希望"真春天"快点来。

晴朗温暖的日子就要来了。今明两天,四川大部以阴天或小雨为主;25 日晚上到 27 日四川盆地大部将转为多云到晴的天气,气温也将回升至 20℃左右。但是,28 日开始四川盆地又将回归早、晚多雨的天气。

周末四川大部天气较好,适宜外出踏青赏花,但昼夜温差较大,年老体弱者应及时增减衣物。同时,26 日天气转晴,建议农民朋友提前做好计划,抢晴播种。(文/粟畅)

近期四川气温飙升　迎最佳赏花季

中国天气网讯　3 月以来,四川盆地阴雨绵绵。从前天(25 日)开始阴雨天气结束,阳光普照之下各地气温飙升,省会成都气温明天或将突破新高。天气回暖,春花竞相开放,四川迎来赏花最佳时期。

3 月以来,四川盆地就陷入了阴雨天气的"单曲循环",大部地区气温低、降水多,过了个"假冬天"后又来了个"假春天",秋裤、秋衣硬是脱不了。

不过从前天开始,四川盆地阴雨天气逐渐结束,昨天全省以多云到晴天气为主。阳光普照之下,四川盆地大部分地方气温快速回升,部分地区日最高温达到 18～21℃。今天四川盆地大部地区天气晴好,气温继续攀升。以省会成都为例,今天最高气温达 19.9℃。

明天升温过程还将继续。四川气象台预计,明天四川盆地各市州多云间阴天,西部沿山早晚有零星小雨,最高气温西部 20～22℃,其余地方 22～24℃;最低气温 8～11℃。晴好天气之下,省会成都气温也将创下新高,预计明天最高气温或将突破 23℃。

随着气温回升,春花竞相开放。据四川省林业厅发布的第五期花卉观赏指数,现在正是观赏杏花、郁金香、桃花、梨花的最佳时机,赏景正当时,莫负花期。

26 日四川乐山绿心路,路人观赏桃花(摄影:张世妫)

气象专家提醒,春季气温不稳定,昼夜温差太大,外出记得多带衣物,避免着凉。另外,赏花旺季,自驾游客要做好行程安排,到达景区要做到车辆不乱停乱放、不争道抢行,避免因违法停车及擦碰事故造成道路拥堵。(文/纪欣)

四川明晚起多雷阵雨　九寨沟震区须防范次生灾害

中国天气网讯　今(16日)明两天,四川盆地将持续闷热,不过从17日晚上开始,四川将迎来一次明显的雷雨或阵雨天气过程。预计17日晚上到19日,成都、宜宾等10市有中到大雨,局部暴雨;甘孜州东部和阿坝州有中到大雨,局部暴雨。此外,九寨沟县明后天也将迎来降水,有关部门须注意防范次生灾害。

16日上午,四川成都天空阴沉(图/纪欣)

13日开始,四川盆地开启了持续闷热模式,日最高气温普遍在32～34℃,宜宾、泸州两市最高气温达到34～36℃。由于盆地湿度较大,大部地区的平均湿度在65%～75%,体感相当闷热。

今明两天,四川盆地还将继续维持这样的闷热天气,不过从17日晚上开始,四川将迎来一次明显的雷雨或阵雨天气过程,四川省气象台预计,17日晚上到19日:广元、绵阳、德阳、成都、雅安、眉山、乐山、内江、自贡、宜宾10市部分地区有中到大雨,局部暴雨;川西高原和攀西地区有阵雨或雷雨,其中甘孜州东部和阿坝州有中到大雨,局部暴雨。降雨的同时可能伴有雷电和短时阵性大风,请及时关注临近预报,注意防范雷电、大风和强降雨的影响。

此外,前期受地震影响的九寨沟县明后两天也将迎来降水,预计17日九寨沟县有阵雨,18日小到中雨。降雨天气对九寨沟地震灾区的影响大,有关部门须特别注意加强对震区泥石流、滑坡、落石等次生灾害的监测防范。

明晚起四川将迎新一轮强降水天气,气象专家提醒,有关部门须密切关注当地气象台站的实时天气预报及预警信息,特别是九寨沟地震灾区要密切关注雨情、水情变化,加强山洪、滑坡、泥石流等次生灾害的防御工作。此外,还须继续注意防范短时强降水、雷电、阵性大风等强对流天气的危害。建议前期高温少雨干旱地区在保证用水安全的同时,注意适时蓄水。(文/孙明)

四川成都等10市局地暴雨　未来三天多降雨,须防次生灾害

中国天气网讯　预计今(25日)起三天,四川仍多雨水。其中今天雨势较大,广元、绵阳、德阳、成都、雅安等10市将普遍有中到大雨,局部暴雨。近期四川降雨频繁,请注意防范滑坡、山洪等地质灾害的发生。

昨天四川盆地大部分地方出现了明显降雨,强降雨主要位于盆地西南部和盆地西部沿山的雅安、乐山、眉山、宜宾、泸州等地。监测显示,24日08时至25日08时共有437个气象监测站出现暴雨,江安、珙县、兴文、长宁等13区县局部出现大暴雨,最大降雨出现在宜宾兴文的东风水库,雨量为226.9毫米。

24日,宜宾兴文部分农田被淹(图/应红)

针对本次强降雨,四川省气象局于24日11时启动重大气象灾害暴雨Ⅳ级应急响应,四川省气象台发布暴雨蓝色预警。受降雨影响,泸州部分溪流水位快速上涨,部分低洼地段被淹,并出现山土塌方等情况;宜宾局部也发生了滑坡、农田被淹等灾害。

目前,四川暴雨蓝色预警仍在生效中,四川省气象台预计,今天四川盆地和攀西地区雨势仍然较强,广元、绵阳、德阳、成都、雅安、眉山、乐山、宜宾、自贡、内江10市阴天间多云,有阵雨或雷雨,雨量普遍中到大雨,局部暴雨;盆地其余各市部分地方有阵雨或雷雨,局部有中雨;川西高原东部南部边缘有中雨,攀西地区大部地方雨量可达中雨,局部大雨到暴雨。

明后天雨势有所减弱。预计明天,广元、绵阳、德阳、成都、雅安、乐山、眉山7市有小到中雨,局部大雨,盆地其余各市局部有阵雨或雷雨;川西高原多云间阴,有分散阵雨或雷雨,南部局部有中雨,攀西地区阴天间多云有阵雨或雷雨,部分地方有中雨,局部大雨。

27日,广元、绵阳、德阳、成都、雅安、乐山、眉山7市阴天间多云,有阵雨或雷雨,西部沿山有中到大雨,局部暴雨,盆地其余各市多云;川西高原和攀西地区多云间阴,有分散阵雨或雷雨,其中阿坝州东部局部有中雨。

气象专家提醒,近日四川盆地西部、南部和攀西地区的降水还将持续,出现山体滑坡、泥石流、局地山洪等次生灾害的风险高,请相关地区密切关注天气预报及预警信息,加强对滑坡、泥石流、崩塌等灾害的监测和预防。同时注意防范短时强降水、大风、雷电等强对流天气带来的危害。(文/潘媞　孙明)

四川高温天"全面熄火"　未来三天持续阴雨

中国天气网讯　今天(31日),雨水笼罩了四川大部,前期一直"高烧"不退的盆地东北部也开始"退烧"。未来三天,四川多地持续阴雨,气温较低,提醒市民随身携带雨具,关注临近预报。

实况监测显示,30日08时至31日08时,雅安、宜宾、内江、资阳、遂宁、南充、巴中、达州、广安、凉山等10市州的24个县(市、区)的局部地方降了暴雨,雨量在50~100毫米的有62站,100毫米以上有2站,最大降雨量出现在广安市华蓥市溪口镇,达167.8毫米。

31日早上,成都阴雨绵绵,市民添衣出行(图片来源:四川气象微博)

阴雨绵绵的天气和低迷的气温让四川人民感受到了秋天的气息,事实上四川距离气象意义上的入秋还有一段时间。历史数据显示,虽然四川各地的入秋时间各不相同,但大多出现在9月中下旬前后。省会成都常年入秋时间是在9月中旬,去年是9月13日。受冷空气影响,未来一周成都以阴天为主,多阵雨天气,体感较为凉爽,最高气温在24~26℃,最低气温19~21℃。

未来三天四川多地持续阴雨,气温较低,公众请注意早晚添衣,夜间休息时不适宜再吹空调或风扇,谨防感冒。四川省气象台预计,今天白天巴中、达州、广安、南充、遂宁5市以及绵阳东部有中雨,局地有大雨,甘孜州局地有中雨。今天晚上巴中、达州2市以及广元东部、南充北部有中雨,局地有大雨,攀西地区南部局部有中雨。明天,盆地东北部和南部及中部有中雨,局地有大到暴雨。后天,盆地东北部和南部阴天有分散性阵雨,局部有中到大雨,川西高原和攀西地区阴有阵雨或雷雨,局部有中到大雨。

气象专家提醒,市民出行须注意携带雨具,注意关注临近预报,随时增添衣物,以防感冒。持续阴雨易引发滑坡、泥石流等地质灾害,有关部门须注意做好防范工作。(文/陈洁默)

未来三天四川盆地持续降雨　易发地质灾害，须警惕

中国天气网讯　虽然昨天（27日）台风"帕卡"已经停编，但受其残余环流和西南季风的共同影响，未来三天四川的降雨仍将持续。预计今天成都、雅安等14市有中到大雨，局部暴雨；明后天成都、南充等地局地仍有大到暴雨。持续降雨易引发滑坡、泥石流等地质灾害，须注意防范。

受台风"天鸽"外围气流影响，8月24日晚上开始至26日，四川盆地西部和南部多地出现了暴雨天气。昨天"天鸽"的影响逐渐远去，但受到副热带高压西侧暖湿气流影响，四川多地仍有强降雨。监测显示，昨天08时至今天08时，广元、绵阳、德阳、成都、雅安、眉山、乐山、阿坝、甘孜等9市州的24个区市县部分地方降了暴雨，其中雨量达到暴雨量级的有86站，大暴雨以上有20站，最大降雨量出现在成都市彭州市中坝村（175.6毫米）。

连续暴雨导致四川灾情不断，据凤凰网消息，昨日强降雨导致四川北川老县城地震遗址靠近三道拐路段发生塌方，曲（山）桂（溪）线交通暂时中断。今天国道351线炳阳沟处也发生了泥石流灾害，路基下陷。

四川北川老县城地震遗址发生塌方（图片来源：凤凰网四川）

"天鸽"刚走，"帕卡"又至。虽然昨天"帕卡"已经停编，但受其残余环流和西南季风的共同影响，未来三天四川的降雨仍将持续，降雨范围还将有所扩大。四川省气象台预计，今天广元、绵阳、德阳、成都、雅安、眉山、乐山、宜宾、自贡、内江、资阳、巴中、南充、遂宁14市普遍有中到大雨，局部暴雨；川西高原和攀西地区多云间阴有雷雨或阵雨，其中攀西地区有中到大雨。

29日白天到晚上，广元、巴中、南充、成都、雅安、眉山、乐山、宜宾、资阳9市的部分地方有大雨到暴雨；川西高原和攀西地区阴天有阵雨或雷雨，其中川西高原北部和攀西地区南部有中到大雨。30日白天到晚上，广元、绵阳、德阳、成都、雅安、巴中、南充、达州、广安、遂宁、内江、资阳、自贡13市阴天有中雨，局部地方大雨到暴雨；川西高原和攀西地区阴天有阵雨或雷雨，其中川西高原北部和攀西地区部分地方中雨。

四川已连续多日出现强降水天气，目前盆地西部沿山地区、南部山区以及岷江上游部分地

区极易产生山体滑坡、崩塌、泥石流、局地山洪等次生灾害,气象专家提醒,有关部门须密切关注当地气象台站发布的实时天气预报及预警信息,加强对滑坡、崩塌、泥石流等灾害的监测和预防。(文/潘媞 孙明)

明后天暴雨再袭盆地东部 预计9月四川多降雨过程

中国天气网讯 每年9、10月份,四川就会出现持续数日的连阴雨天气,当地称为"秋绵雨"。今年四川已于8月29日进入秋雨期。分布不均的强降雨造成达州、甘孜等部分地区出现道路垮塌、房屋受损等灾情。四川省气候中心预测,9月四川多降雨过程,盆地南部、东北部降雨较常年偏多。明天起,全省大部又将出现新一轮降雨过程,遂宁、资阳、内江等地雨势较大。

影响≫四川已于8月29日进入秋雨期 达州等地现灾情

在四川,秋季连阴雨被称为秋绵雨,今年的秋绵雨来得有些早。据四川省气候中心监测,8月29日,四川进入秋雨期,常年是9月初。秋绵雨这一名词也形象地反映了秋雨的特征,即雨势缠绵。8月29日至9月7日,省会成都下雨日数达5天,即每2天就有一个雨日;但总降雨量仅有16.4毫米,平均每天不到2毫米,细雨绵绵。

尽管秋雨整体强度较弱,但由于持续时间长、累积效应明显,易引发山体滑坡、泥石流等地质灾害;同时,分布不均的强降雨也会造成中小河流洪水、内涝等次生灾害。

9月4日夜间至5日,达州北部出现暴雨,致使万源市部分道路沿线出现滑坡、垮塌,居民生活出行受到阻碍。目前,万源秦河乡向岗岭村龙须沟水库蓄水量20万米^{3}水已蓄满。据民政部网站消息,9月4日以来的强降雨造成达州市万源市、甘孜藏族自治州炉霍县和德格县近1200人受灾,100余间房屋不同程度损坏,直接经济损失900余万元。

9月5日,受强降雨影响,达州万源市部分道路垮塌(图片来源:微博@最in达州)

解读》华西秋雨如何形成？

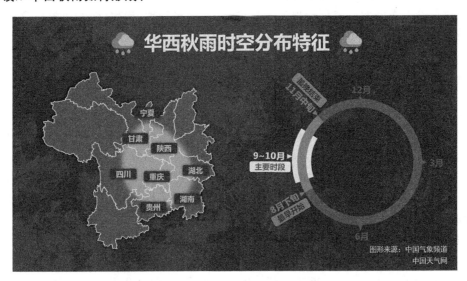

华西秋雨时空分布特征（图片来源：中国天气网）

不仅四川会出现这种秋雨连绵的现象。每年9—10月，四川、重庆、渭水流域（甘肃南部和陕西中南部）、汉水流域（陕西南部和湖北中西部）、云南东部、贵州等地都会出现秋雨连绵的气候现象，气象上称之为华西秋雨。其中尤以四川盆地和川西南山地及贵州的西部和北部最为常见。

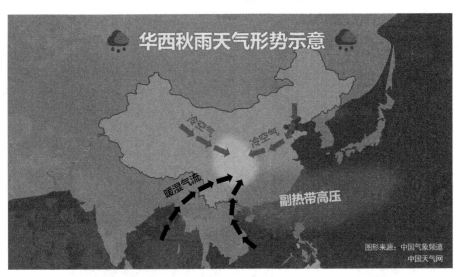

华西秋雨天气形势示意（图片来源：中国天气网）

简单来说，华西秋雨是冷暖空气交汇的产物。此时，副热带高压向南撤退，来自印度洋的暖湿气流和来自北方的冷空气在副高西侧"相遇"，引发降雨。受副高位置决定，冷暖空气"相遇"的位置正好在云贵川一带，因此造成了这种气候现象。

预报》今年秋雨强不强？

四川省气候中心预计，今年9月多降水天气过程，川西高原、攀西地区、盆地南部、盆地东北部降水量较常年均值偏多 1～2 成,其余地区降水量较常年均值偏少 1～2 成。攀西地区、盆地东北部气温较常年均值偏低 0.5～1.0℃,其余地区气温较常年均值偏高 0.5～1.0℃。

明天起,四川将现新一轮较强降雨。四川省气象台预计,8—9 日四川大部地方有阵雨,其中达州、广安、南充、巴中、自贡、泸州、宜宾、雅安、乐山 9 市的部分地方及遂宁、资阳、内江三市东部有中到大雨,局部暴雨。川西高原东部、南部以及攀西地区的部分地方有中雨,局部地方有大雨。

14—16 日,四川省有一次明显的降水天气过程,盆地东北部、中部、南部的部分地方有中雨,局地大雨到暴雨;甘孜州南部和攀西地区有中雨,局部大雨。

其余时段,四川省大部以多云天气为主。

防御≫盆地东北部须防范地质灾害

预计今年华西秋雨偏强,容易形成低温寡照天气和农田渍害,不利于晚秋作物正常生长、大春作物的收获晾晒和小春生产备耕与播栽,严重的秋绵雨天气可导致农业的大幅减产。须加强农田排水设施的建设,减轻灾害影响。

盆地东北部、盆地南部等局地降水强度大,可能出现秋汛,易发生山洪地质灾害。上述地区须关注临近预报,加强监测,及时防范可能发生的地质灾害。

回顾≫秋雨也有"狂暴"时

秋雨整体较弱,但也不排除某些具体年份强度偏强,造成洪涝灾害、人员伤亡及农业损失。1980 年乐山市、彭山县、宣汉县、古蔺县、浦江县、彭水县和苍溪县由于受长时间低温阴雨寡照天气影响,农作物受灾严重。其中乐山市粮食作物受灾约 2000 公顷;彭山县水稻减产 2/3;宣汉县棉花烂桃严重,每公顷减产约 7.5 千克;古蔺县 6667 公顷水稻受到影响;浦江县水稻收割期推迟 5～7 天,部分稻谷发芽、霉烂,稻秆霉烂达 50%。

2014 年,秋雨开始于 8 月 26 日,较常年偏早 4 天,结束于 11 月 19 日,较常年偏晚 17 天,秋雨日达 54 天,位列历史同期第 4 多位。2014 年秋雨期出现两次区域性暴雨过程,其中 10 月下旬的区域性暴雨过程为历史最晚过程,强降水对人民生产生活造成较大危害。9 月 17—18 日出现区域性暴雨,广元、南充、甘孜等 15 市(州)51 个县(市、区)379.3 万人受灾、6 人死亡、12 人失踪。10 月 26—28 日,盆地东北部出现了一次区域性暴雨天气过程,南充市高坪区、蓬安县和乐山市夹江县 2.4 万人受灾、1 人死亡,近 100 人紧急转移安置,200 余间房屋倒损,农作物受灾面积 300 余公顷,直接经济损失近 1100 万元。(文/粟畅)

四川达州局地今有大暴雨　明起全省大部迎阳光

中国天气网讯　预计今天(9 日),四川达州、广安、巴中等 9 市有中到大雨,局地暴雨,达州个别地方有大暴雨。好在明天开始雨水暂歇,大部地区将迎来阳光。但 14 日开始各市州逐渐转阴,将开启新一轮降雨天气。

昨天四川多地出现降雨,据四川省气象台统计,9 月 8 日 08 时至 9 日 08 时,遂宁、雅安、资阳等 8 市(州)的 22 个县(市、区)局部地方降了暴雨,雨量在 50～100 毫米的有 85 站,最大降雨量出现在巴中市通江县铁溪镇,为 111.8 毫米。

今天,达州、广安、巴中等地仍有雨水,四川省气象台预计,今天盆地各市阴天有阵雨,其中达州、广安、巴中、南充、自贡、泸州、宜宾、雅安、乐山 9 市有中到大雨,局部暴雨,达州的个别地方大暴雨;川西高原和攀西地区阴天间多云,有阵雨或雷雨,其中甘孜州南、阿坝州和攀西地区有中到大雨,局部暴雨。

9日上午,四川乐山乌云密布(图/张世妨)

降雨过后,明天开始将迎来阳光,预计10日到13日四川大部地方晴间多云,气温明显回升,盆地大部最高气温会达到30～32℃。

但是,从14日开始,四川各市(州)逐渐转阴,将开启新一轮的降雨天气。预计14—18日四川大部多阵雨或小雨,攀西地区局部中雨,其中,14日到15日盆地西部、南部和中部的部分地方有中到大雨;川西高原局部和攀西地区有中雨,局部大雨。由于预报时效较长,公众须关注临近预报。

气象专家提醒,持续性降水容易导致山体滑坡、泥石流、局地山洪等次生灾害的发生,公众须注意防范。预计今年华西秋雨偏强,容易形成低温寡照天气和农田渍害,须加强农田排水设施的建设,减轻灾害影响。(文/潘媞　孙明)

四川国庆假期无大范围降水　攀西川西雨势较强

中国天气网讯　昨天(28日)四川省雨势不大,以小雨为主,部分地区有中雨。预计雨势今天将继续减弱;明天,巴中及达州北部又将有中到大雨出现,局地暴雨。国庆长假期间,四川无大范围降雨过程,大部地区为阴天或多云天气,多分散降雨,大部地区的降雨日数在3～5天,但多为夜雨。

昨天,四川盆地大部地区出现小雨,东北部局地中雨,川西高原和攀西地区出现小雨,局部中雨。监测显示,昨天08时到今天08时,广元市旺苍雨量最大,为16.8毫米,达中雨量级。

今天雨势继续减弱,但明天四川东北部地区将遭遇大到暴雨。四川省气象台预计,今天白天,四川盆地有阵雨或零星小雨,广安及达州南部、泸州的部分地方有中雨;川西高原和攀西地区有阵雨或雷雨,其中攀西局部地区有中雨;明天,盆地大部以阴天间多云的天气为主,其中巴中及达州北部有中到大雨,局部暴雨,盆地其余地方有分散性的小雨或零星小雨;川西高原和攀西地区以多云间阴的天气为主,有分散性的阵雨或雷雨。

成都天空乌云密布(图/席圣博)

四川省气象台预计,国庆假期期间,四川省虽无大范围强降雨过程,却也少有万里晴空出现,大部分地区为阴天或多云天气,多分散降雨,且以夜雨为主,气温接近常年,但盆地东北部和攀西地区、川西高原部分时段有中到大雨,局部暴雨。

另据四川交通运输厅消息,今年国庆假期又逢中秋,四川高速路网车流量预计将达到2139万辆,再创新高,其中,日均车流量将达267万辆,预计出行的高峰主要集中在30日下午、1日上午,返程的高峰则会出现在7日、8日的下午时段。假日期间,成都、乐山、攀枝花、西昌等城市景区周边道路交通压力将明显增加,易造成交通拥堵。

气象专家提醒,国庆节长假期间,四川白天主要以阴天或多云天气为主,比较适宜出行,但局地可能有阵雨,随身携带雨具不失为一个好选择;前往攀西地区和川西高原的游客则须密切关注实时天气情况,注意避开多雨时段,合理安排出行计划;去高海拔地区旅游的游客,则要带好厚衣服,注意保暖。(文/陈洁默)

第3章　气象微博和微信的编创

3.1　气象微博和微信的定位与编写

公众对于公共气象服务的要求,伴随着社会的发展与日俱增。为了突出公共服务的核心价值,满足公众的实际需求,需要不断创新气象服务产品和讯息传播方式这两个方面。公共气象服务的核心内容是气象服务产品,发布和传播是通过多种渠道的,因此气象服务产品的丰富性、天气预报的准确性与产品发布的及时性成为公共气象服务发展的几个至关重要的要点。实际上,随着时代的进步,气象服务产品一直在不断变化和创新。从传统的广播、报纸到电视节目,从纯语言的手机短信到图文并茂的彩信,从基础简洁的预报服务到更具有专业性的气象服务等,关于气象服务产品所展现的内容和形式以及气象讯息传播方式等都能不断迎合当时的公众和社会。而现在,微博、微信逐渐进入了公众的生活。以这样的历史发展背景为衬托,微博、微信的出现为气象服务的进一步发展带来了新的机遇。

气象微博和微信作为一种全新的气象服务方式,近年来在全国开始迅速发展起来,深受广大老百姓尤其是青年群体的喜爱,气象微博和微信粉丝群体的增长速度超乎公众的想象,让人们感觉到其良好的发展前景。由于其方便快捷、内容丰富、到达率高、互动性强等诸多特性,满足了"微"时代下公众对于公共气象服务的新需求,因而全国各级气象部门开始尝试在微博、微信上发布天气预报、天气实况、气候预测、气象灾害预警等气象服务产品,这不仅创新了新时期下公共气象的服务工作方式,同时也加快了气象信息在公众间的传播速度,转变了气象与公众互动沟通的方式。

作为新晋的传播平台,许多气象工作者就微博、微信在气象实际服务中的应用展开了一系列研究,这从侧面充分肯定了微博、微信在公共气象服务中的重要宣传地位。因此,如何发挥好气象微博和微信的特色与作用,如何把握好气象微博和微信在公众间的姿态,推动公共气象服务向前发展,需要认真探索。

3.1.1　气象微博和微信的定位

近年来,随着微博、微信的不断发展以及气象部门的支持,中央气象台、中国天气、中国气象频道以及全国各地的官方气象微博和微信开始源源不断地开通和增加,其中一部分地区还建立起了微博和微信群,以四川为例,以省级官方气象微博和微信为首、市级官方气象微博和微信以及区县级官方气象微博和微信紧随的方式,形成了点对点区域服务的气象关联网以及省级的气象微博和微信矩阵,为气象预警消息的传播、了解公众相应所需、科普气象知识等服务工作提供了良好的平台。虽然现今官方气象微博和微信建立起了应有的官民互动平台,服务性也显著提高,但是仍然存在一些定位模糊,甚至错误的情况。为了给公众提供更好、更高效和更及时的气象服务,同时树立和维持起自身的良好形象,显而易见,精确找准自己的定位和扮演角色是十分必要的。

（1）官方性

作为气象部门提供公共气象服务的新媒体平台，官方气象微博、微信的发声具备官方特点，它发布的预警消息、天气实况和预报等一系列气象内容具有唯一性，任何其他单位或个人不得擅自捏造及修改。比如气象局通过微博、微信及时发布气象信息，让公众能在第一时间和以最便捷的方式获取近期的天气趋势与变化，以及相关防灾减灾和预警的消息，那么可以说这个信息是具有权威性的。反之，若是公众从其他非官方渠道获取并分享了相应的虚假天气信息，基于微博、微信的传播裂变性，势必会在短时间内对社会造成极大的影响和危害。

例如，在2017年6月22日前后，华北地区将出现降雨过程，一些不考虑真实信息源的媒体相继介入以及大量公众转发此类非官方渠道获取到的消息，导致该暴雨新闻占据媒体头条，甚至相关谣言四起："据预判，后天22号中午到夜间，有特大暴雨、极大的狂风和强烈雷电覆盖北京全境，其强度可能不亚于前几年的'7·21'和'6·23'，已经大到雷达回波无法测量的上限。建议这两天有上班的请假，千万不要开车上路，不要经过低洼地带，更绝对不可以进山！六年来京津冀最大冷涡暴雨！请注意防范！"针对此谣言，中央气象台还不算迟的发声还是起到了一定的辟谣作用，但是因为错过了新闻转发的爆发期，使得影响的效果极为有限。

所以，根据上面的例子可以看出，公众要想得到最新、最可靠的天气信息，一定要关注官方的气象微博、微信，切勿被造谣者牵着鼻子走，避免给自己和社会造成极大困扰。

（2）服务性

官方气象微博、微信的作用是能为公众提供最及时、最完整地反映天气的各种资讯，同时以事实为依据，以服务为宗旨，尽心尽力扮演好搬运工和提醒者应该有的职责和形态。只有站在公众的立场，时刻心系群众的冷暖，从旅游、交通、生活以及健康等多方面做到提醒服务，才能使公众体会到温暖、感受到贴切，从而赢得他们的认同。而气象微博和微信意义上的服务性又具体体现为两个方面：一种是气象信息发布的及时性，一种是与公众之间的互动性。

1）及时性。官方气象微博是可以在短时间内最迅速、最全方位地反映气象各种资讯的迅捷平台，相较于传统的媒体，如电视、报纸与广播等，微博拥有精简和及时的媒介特性，凭借它极速的发布机理，能够在一定意义上提升信息发布、传播的频次，从而使得信息在公众间可以广泛传播，扩大传播范围，为防灾减灾赢得宝贵的时间。以气象预警信息为示例，假设气象部门发布一条气象预警信息，那么相应地区的官方气象微博将在第一时间发布相应的预警信息，在此基础上标注即将发生的气象灾害的类型以及预警图标等。当发布完预警后，可以紧接着发布相关的注意事项以及对应的防御指南，提醒公众做好防护措施，随后密切关注灾害性天气的动态，保证及时地为公众提供最新的相关天气讯息。等到预警信号解除，官方气象微博将会在最短的时间内及时发布解除信息。值得注意的是，在整个预警发布的时段内，官方气象微博还会编写和分享相关的微博，为公众提供更多关于灾害性天气的介绍、形成原因、可能达到的灾情程度以及带来的生命和财产损失等信息，让公众了解和熟悉"灾害性天气"。

2）互动性。与96121、短信和电视天气预报等传统媒体单方向的接受讯息相比，微博和微信具有评论、点赞和转发等较明显的双向性互动功能。目前使用微信的人越来越多，当公众在微博、微信上获取对自己有用的气象信息后，还可以在私信或评论区提出自己的看法与观点，与气象编辑形成互动，加深对气象知识的理解和认识。如网友常会问："立冬等同于入冬？"气象微博、微信则会耐心给予解释："立冬是每年的11月7日或8日，时间相对固定，属于二十四节气之一。而入冬，从气象标准而言，是要连续5天的日平均气温低于10℃，那么这5天中的第一天就称为入冬日。"通过与公众的相互交流，既能使公众了解立冬与入冬的含义，又能拉近气象微博、微信与公众之间的距离，从而创立起气象微博、微信"平易近人"的亲切形象。除了线上交流互动外，还可以举办多种形式的线下活动,增强公众的参与,如 2015 年 8 月,四川省气象局的官方微博、微信"四川气象"开展的"'气象我来啦'—— 全国高校学生,走进四川气象部门"的大型暑假实践活动以及每年的"3·23 气象日",这两个活动都是通过微博、微信线上的报名,邀请对气象充满好奇、充满热情的公众到气象局进行探访,使得公众与气象部门有更进一步的沟通与交流,让大家参与气象,为公众打开"气象"这道神秘领域的大门。

(3)科普性

作为科学普及工作的重要组成部分,在各地气象部门的不懈努力下,气象科普工作以落实科学发展观为基础,在公民科学素质建设实践中实现了多角度、多层次、全方位的科普宣传活动,提高了气象服务的整体效益,虽然结果可喜可贺,但是在这过程中依然存在不少问题。

传统的气象科普宣传方法主要为:邀请专家讲解、对外分发科普资料、通过广播电视和举办展会等进行气象科普知识的宣传。这些手段往往具有一系列的弊端,如宣传成本高、受科普者处于被动地位、科普知识的发布需要长时间的准备、传播速度较慢等。由于微博、微信具有诸多特性,并且恰好能够弥补这些不足,通过气象知识的科普宣传与微博、微信的完全结合,这有利于我们做出更好的气象科普工作。同时,在当今"微"时代的引领下,需要不断更新观念,创新形式,通过现代化技术对气象科普影像、音频、语言和图像等内容进行有效筛选和融合,增加媒体气象信息量,丰富气象科普数据库,从而强化公众防灾减灾的意识,真正做到"以人为本、无微不至、无所不在"的气象科普服务。

"四川气象"官方微博由省气象服务中心监管,于 2011 年 6 月 8 日开通,先后登录新浪、腾讯两大平台。为了提高微博发布能力,省气象服务中心组建了微博编辑团队,每日博文涉及天气预报、天气实况、省市各类预警信号、气象灾害预警、气象科普、衣食住行等,权威的发布、便捷的方式和活泼的内容受到众多网友的关注和喜爱。2013 年四川气象微博发展进入了"快车道",在微博的管理和运营上做了很多尝试和摸索。采用长微博、图文结合等方式播报每日天气,开展了"微直播""微访谈"方式关注雾/霾等热点问题,回答网友对气象知识的疑问。图文并茂播报的"3·23"气象日活动,为粉丝呈现了丰富的气象信息,获得了粉丝的好评。同时被"四川发布""新浪四川"等知名度较高的"大 V"微博大量转发。通过不断努力和改进,2013 年底"四川气象"被评为"全省十大最受欢迎的政务微博"之一,并以综合成绩 65.5 分,位列省级政务微博第六名。可以说"四川气象"微博在公共气象服务方面起着重要的作用,在减少由气象灾害造成的损失和降低对经济社会不利影响等方面发挥着积极作用。2014 年"四川气象"更进入了"三微"时代,"微博、微信、微视"三微一体,气象服务充分利用新媒体平台的强大功能,将三者相互补充,作为一种新渠道,基本实现了气象服务新突破。

3.1.2　气象微博和微信的编写

气象官方微博、微信的内容主要是基于气象服务产品之上,主要推送包括天气预报、天气实况、预警信息、气象资讯和专题栏目等具有地方性、实用性、贴切性和预警性的服务产品,它们最初的形态是专业化的气象业务产品,其相对于公众而言较难理解,所以如何加工和润色服务产品,使其转变成通俗易懂的天气讯息,成为气象微博、微信的重要研究内容。

以微博为例,其每次的出现本身只有 140 字,如何在短短的规定字数内既要描述天气又要兼备服务,既能突出重点又能生动易懂,这本身就是对气象编辑人员功力的一个摸底考验。这不仅要求气象编写人员拥有良好的气象基础,还需要编写人员有细致的生活体验,在编写时融入自己的亲身体验与想象,使自己的感觉和公众形成共鸣。

提到微博语言编辑的幽默性,就不得不提"中央气象台"。作为一个"不正经"的正经官方气象微博,它常常一反其他政府部门官方微博的语言风格,表现出卖萌、傲娇、严肃等多种特性。例如,2017年2月20日,中央气象台发布了一条暴雪黄色预警,其内容为:"新疆下,新疆下,新疆下完,陕西下。陕西下,陕西下,陕西下完,山西下。山西下,山西下,山西下完,河南下。河南下,河南下,河南下完,山东下。山东下,山东下,山东下完,嗯,就该下完了。"可以看出,编写人员将冷空气南下依次影响省(市)的天气过程描绘为"萝卜蹲"的方式,以幽默、诙谐的言语而非低俗的语言向公众传递天气讯息,其实质就是调整自身为公众更为喜爱和易于接受的语言风格,并与之交流,通俗意义上讲,这叫"接地气",这也是广大网友纷纷为中央气象台官方微博的"萝卜蹲"点赞的原因所在。该微博一经发出便立即引来众多网友前来围观,同时在评论区里纷纷表达出自己的观点与看法。网友@LM执子之手说道:"莫名戳中萌点,果断路转粉!"@璟儿就爱看他喝可乐评论道:"官博这么萌,我只好关注了。"除了网友对萌萌的中央气象台关注不断,就连一些品牌官博也前来蹭蹭热评,顺势推销自己,如@沃品科技写道:"这真的可能是个假的气象台。充电的记得找我。"@国泰君安证券学习着萝卜蹲体说道:"买完跌,买完跌,买完跌了卖了涨;卖完涨,卖完涨,卖完涨了买了还跌……"我们不妨假设,若中央气象台直接发布:"今天晚上到明天白天,新疆、陕西、山西、河南以及山东地区将依次出现暴雪。"此类生硬的预报用语,结果可想而知。所以,以上可完全成为一篇成功的气象微博案例,给广大气象微博和微信编写人员提供"互联网+政务"的新思维。通过此次事件,中央气象台不仅收获了大批粉丝,而且对于自身的公共形象和公信力有较大提升。

气象官方微博、微信当然是建立在气象服务产品的基础上,公众气象服务产品主要包括天气实况、天气预报、气候服务、气象灾害预警等服务产品,但基础的气象业务产品过于专业化,对于公众来说不好理解,如何将服务产品转化成通俗易懂的天气资讯成为气象微博的重要课题。依托基本气象业务产品进行深加工,得到具有贴近性、针对性、实用性、个性化和精细化等特性的服务产品,如早晚间天气预报、主要城市天气预报、环境预报服务、气象资讯和专题服务产品等就构成了气象微博的主要内容。

针对2013年和2014年"四川气象"发微博情况进行统计,新浪微博截至2014年12月14日共计发博数10196条,其中原创微博7412条。服务产品大致可以分为三类:天气服务类产品、气象资讯类产品、专题类产品。其中以天气服务类产品总数最多占78%,其次为气象资讯类产品(15%),专题类产品(7%)。从微博数据可以看出,气象微博、微信必须以天气作为基础,其中天气服务类产品的原创微博主要以获取天气信息为主,气象资讯类和专题类的原创微博可在可读性以及娱乐性方面多做文章,但要注意所有微博都不能因为博取粉丝眼球或追求粉丝数量,而发一些不相关微博。

(1)天气服务类

天气服务类产品总体来说分为三类:预报类、气象灾害预警类、实况类。通过数据分析发现,气象灾害预警类服务产品所占比重最大,达34%,这也说明气象微博最重要的功能之一就是快速及时地警示公众灾害的来临,进而做好防护措施,减少损失。

气象灾害预警类服务产品主要包括发布的针对暴雨、寒潮、大风、高温、雷电、大雾、霾、道路结冰等气象灾害预报警报和预警信号等,以确保气象灾害预警信息第一时间权威发布、快速传播。微博用户只要关注气象微博,就能在微博上同步收到其发布的各类气象信息。当预警信息发布时,微博不仅会全网发布预警信息,还将以"自动弹出提示"的方式第一时间警示在线用户。如果公众错过了微博,还可以通过微信获取,利用微博、微信平台,大幅度提高发布效率。四川省内以暴雨、雷电以及大雾的预警和预警信号占最多。

预报类服务产品主要是发布常规天气预报,一般包括临近(0~2 h)、短时(0~12 h)、短期

(1～3 天)、中期(4～10 天)、长期(10 天以上)天气预报。

实况类服务产品一般包括天气实况(包括天气现象、气压、温度、湿度、降水量等)以及对暴雨、雷暴、大风等灾害性天气发生的地域及强度的监测和跟踪服务。通过统计发现,每日两次的气温排行榜是最受公众欢迎的原创微博之一,另外,对气象历史资料的统计及对比也是网友的关注热门。"达州 40.2℃!"的实况微博、微信一经发出立即引来大批网友围观,特别是达州本地的网友,纷纷评论表达各自的看法。有些很乐观的网友@开启我心爱的小高达说道:"好歹在四川拿了个第一,万州热得凶。"@趴趴爱井宝评论道:"我大达州要进军'火炉'的称号了。"有些网友则抱怨道:"简直不让人愉快地出门了,每天都是开启的炭烤模式。"有些官方的微博则是很贴心地转发给出提示,@达州市广播电视台评论道:"达州,可以不要这么热么? 亲们注意防暑吧。"

以上三种产品虽说都可直接在各类媒体上发布,但在气象微博、微信上发布时都要针对各种天气的实况观测资料以及出现的地点、时间和强度进行新闻挖掘,文字再加工后搭配相应图片,形成微博、微信产品发布,通过统计发现表达方式是一条微博、一则微信能否被关注转发的重点。

(2)专题类服务产品

在遇到突发重大事件和高影响天气事件时,围绕一个主题,独家、集束、专门、深度地制作气象科普专题节目,供电视、网站、手机等媒体播放;或制作网站专题,全面报道事件影响的来龙去脉以及相关影响等。"四川气象"发布的专题类报道大致可以分为节假日专题预报和特殊事件的专题预报。

节假日专题就是在节前对假日期间的天气以及热门景点提前做预报并做出行提示。微博在给出预报的同时一般结合微博平台提供的表情组以及呼应节日的语言风格做专题预报,并且连续几日做跟踪报道。不断更新预报和其他相关天气提示。特殊事件的专题预报包括芦山地震专题预报、5·12 防灾减灾专题报道、西博会专题报道、康定地震专题报道等。

在"微时代"的大背景下,要找准微博的自身特点。与微信微视不同,微博更加开放,像是一个外向的朋友,它的扩散与传播能力更强。气象微博对目前气象短信、声讯及其他服务项目的冲击是显而易见的,预计未来手机短信用户很可能对气象短信渐生离情,其中以"80""90"后群体最甚。公共气象服务已迈入"微博"时代,气象微博发展的前景十分广阔,并且随着 4G 无线网络的发展,将来"微博""微信""微视"的发展不容忽视。新媒体传播天气资讯算是近些年的新方法,对于公众还是预报员都很新鲜,所以探索"新时期"下如何利用新媒体做公共气象服务很有必要。

随着气象微博、微信的进一步发展,公众对气象的关注度将日趋提升。所以,每一位从事微博、微信编写的人员如何有效地将专业性极强的基础气象业务产品转化为适宜于大众的服务产品就显得尤为重要,只有编写人员不断总结、不断学习、不断创新,坚持"以服务为宗旨",站在公众的立场思考问题,才能创造出真正属于气象微博、微信特色的推送内容。

3.2　气象微博和微信集锦

3.2.1　气象微博集锦

"四川气象"每日的气温排行榜是王牌栏目,也是最受公众欢迎的原创微博之一。每天有大量的网友跟踪实况天气榜,也有众多媒体引用天气榜作为天气新闻的素材。编辑对天气排行榜的解读文字时而严肃,时而幽默,紧跟社会热点,用通俗清新的语言传递天气信息。

♯08 时气温实况♯栏目

四川各市8时气温排行榜

1	宜宾	23.7
2	自贡	23.6
3	攀枝花	23.5
4	乐山	23.2
5	眉山	22.9
6	遂宁	22.6
7	内江	22.6
8	泸州	22.6
9	达州	22.4
10	资阳	22.4
11	南充	22.2
12	巴中	22
13	西昌	22
14	广安	21.8
15	德阳	21.7
16	绵阳	21.7
17	成都	21.4
18	广元	21.3
19	雅安	20.8
20	马尔康	14.4
21	康定	13.6

3.20　众弟兄基本上都在十几度的位置上徘徊,"二康"继续高唱单身情歌,不过值得恭喜的是"马儿"今天跑得快,成功"减负"。

4.18　21个兄弟姐妹今天走丢了一个啊,这是友谊的小船说翻就翻的后果么? 你隐身了我也要给你找出来,"小西西"你10.8℃,排名第三啊

5.4　今天康定成功脱单而去,全省只有马尔康一个人孤零零的单身汉了,"马儿"啊,你要快些走啊!

5.20　马尔康,有点不合群的感觉哦。成都今儿气温还是很宜人的。当"小满"遇上"520"到底会擦出怎样的火花呢? 今日周末各位同学抓紧了!

6.14　今天广安拔得头筹,达州居第二,遂宁夺得探花,但最让人意外的是马尔康居然连10℃不到,别人热得毛焦火辣,马尔康却是风景这边独好! "马儿"唉,你慢些走唉,慢些走唉!

7.28　今日虽然全省的气温都有回升,但谁没有红色的底线,达州一直当着老大,威风凛凛,南充与巴中分别居二、三位,前三名都是川东北的,真是升温三兄弟啊。而康定与马尔康还是那样潇洒,让人眼馋啊。

8.17　本次温度长跑比赛化为三个集团,其中代表第一集团的遂宁遥遥领先。那么问题来了,达州何时能够实现反超呢?

9.7　雨水的脚步慢下之后,气温叫嚷着要收复前段时间失守的高地,今晨的气温明显比

昨晨上升了,气温能够如愿以偿吗? 让我们拭目以待吧。

10.14　一大早就只有攀枝花一个人黄袍加身,其他的"弟兄"气温都不高,升温尚未成功,同志仍须努力。

11.17　气温仍是慢悠悠上升,"二康"仍是我行我素的垫底,没法,任性是这对"好兄弟"的专利。

12.9　气温排行榜是一片蓝,穿衣不可任性喔。说句心里话,小编非常希望天空也是这样的颜色。

12.11　蓝色成了目前气温排行榜统一使用的色彩,任性是不需任何理由的,气温不给力,注意防寒保暖喔!

1.24　阳光昨日露了一个相,今天就溜号了,您老就不能主动点,给购置年货与回家的人们提供点热度吗? 难道是嫌没有加班费吗?

2.15　阳光休假归来,今日开始上线,气温也将随之上升,春天初露头角,但早晚气温偏低,还是要注意保暖哦。想要踏青的朋友可以收拾收拾行囊啰。

3.13　老话说"阳春三月",结果北风呼号,广大群众本以为过了一个暖冬,却在倒春寒里冷成"汪"……成都人民应该是过了一个假的春天!

4.2　有三个"弟兄"披上了黄袍,其余的"弟兄"还是蓝袍裹身,而"二康"居然又唱起了单身情歌,让人大跌眼镜!

4.5　众"弟兄"的气温都开始回升,但"二康"的动作确实不敢恭维,"二康",你们得加把劲了。

5.15　今日的气温还比较斯文,一点也不张扬,但告诫各位,这只是假象,阳光的后劲猛着呢,大家等着瞧吧。

5.20　今天是小满节气,同时也是5·20表白日,"小攀攀"一马当先,成为唯一一个登上30℃关口的"牛人",也不知道他是向谁表白了还是谁向他表白了,这么兴奋;其他的"弟兄"也全都"成双成对"了,看来今天真不是一般的日子。

6.30　今晨全"弟兄"的气温几乎都排上了20℃的关口,唯有西昌、康定、马尔康例外,其中马尔康才8℃,这也太低了点吧,马尔康,你要快些跑才行啊。

7.23　广安卫冕08时气温冠军,并且比昨日气温更高咯,南充紧随其后,进入30℃大军。其他小伙伴们,你们要不要向榜首靠近?

7.25　川东、川南的小伙伴们一早就占领了气温排行榜前几位,达州是要赢在起跑线的节奏呀。

7.26　目前广安已经超过32℃了,是不是可以把冰冻西瓜当早餐啊?

8.4　一大早,自贡就领跑了全省,宜宾和广安紧随其后,"二康"是目前最舒适的地方了,不知道他俩能保持多久。

8.5　一大早就只有眉山一个人披红挂彩,其他的"弟兄"都非常低调,难道他们都提前预知了什么消息,集体保持沉默? 眉山,高处不胜寒,你孤零零的一个人,冷吗?

8.6　一大早自贡就领跑了全省,今天的气温马拉松正式鸣枪开赛,各位选手们,看你们的了。

8.8　今晨的排行榜上就没有披红的了,众弟兄的气温都非常舒适,而"二康"竟然只有14℃多一点,让人羡慕不已!

8.25　达州的实力不要太强劲! 再次领跑全省。盆地东北部、中部(达州、广安、巴中、南充、遂宁、资阳)降雨不及盆地其余各市。但久旱逢甘霖,体感究竟如何? 那边儿的"宝宝"们都来说说看。

9.17　"二康"继续低调行事,你俩"谈恋爱"呢,这么黏呼? 与其他的"兄弟伙"保持着距离。

9.20　今天蓝袍行列除了"二康"外,又多了一个西昌,看来西昌不忍看到"二康"独行,特来与他们做伴,西昌,真够意思!

　　9.21　蓝袍三剑客依然是西昌和"二康",你们真是情同手足的"好哥们",其余的"弟兄"气温都很舒适!

　　10.6　除了"小攀攀",其他兄弟姐妹都直哆嗦!

♯14时气温实况♯栏目

	四川各市14时气温排行榜	
1	攀枝花	29
2	西昌	28.3
3	达州	19
4	资阳	16.8
5	宜宾	15.9
6	乐山	15.6
7	雅安	15.5
8	遂宁	15.5
9	广安	15.4
10	眉山	15.2
11	自贡	15.2
12	巴中	15.1
13	内江	14.7
14	泸州	14.4
15	德阳	14.4
16	广元	14.4
17	马尔康	14.2
18	绵阳	13.6
19	成都	13.6
20	南充	13.1
21	康定	13

　　3.16　初春的阳光活力十足,众弟兄搭着阳光的顺风车一路高歌,站在20℃关口的就有十八罗汉,就连早上疲软无力的"二康"都唱起了《这里的山路十八弯》,得陇而望蜀,问一句,刚刚进入气象学意义上的春天没多久,你们就想着入夏了吗?

　　4.17　今日的气温排行榜说白了就是一场舞会,攀枝花身披红袍负责指挥,八个"弟兄"拉着二胡负责演奏;十二个"弟兄"配成六对跳起了双人舞,好热闹啊。气温不高也不低,体感舒适宜人,这场舞会只有一个字——赞!

　　4.20　今日的"小攀攀"成了唯一的一个"奔三",再次披上红袍担任了乐队的总指挥,有17个"弟兄"合奏二泉映月,还有4个"弟兄"分成两对,跳起了双人舞,曲随舞走,舞助曲兴,这场气温音乐会很热闹嘛!

　　6.1　今日宜宾以微弱的优势力压攀枝花,占住了第一,共有17个"弟兄"身披红袍,只剩下4个"弟兄"在拉二胡了。借问一下这边拉二胡边打麻将的4位,你们打算什么时候"披红"啊?

6.29   今日排行榜上演三剑客勇闯十八罗汉阵,看来众多弟兄对"小攀攀"独吃雪糕很不满,也要来尝上一口。天气闷热,但解燥的雨水已经在赶来的路上了,耐心点,心急可吃不了"凉豆腐"喔。

7.10   今天的前三名完全是昨日的翻版,而全省几乎都披红挂彩了,咋的,高温很光荣吗?看你们那副猴急的样子,相对于"小康康"的 21.4℃,37.4℃的"小达达",你想哭就哭吧,没什么不好意思的,我们能理解。

7.12   也许是不忍心看"小康康"唱独角戏,今天有四个弟兄脱掉红袍来陪他做伴了,今日绵阳拔得头筹,宜宾占得第二,广安拿到了探花,全省的气温和昨日一比都有所收敛了,难道都知道雨水已经在集结待命,赶紧见好就收吗?

7.25   大红一片,前几名气温高的川川都不敢直视川东的"宝宝"们,悄悄给你们说嘛,有一波雨水正在密谋的路上,再耐心等两天。

8.22   内江今日拔得头筹,自贡心中委屈,明明是同样的温度,却被泸州排在前面,全省气温继续上演几乎一片红的模式,康定,你真是四川盆地里最后一块清凉的福地了。

8.23   全省只有康定没有臣服于高温的压迫,继续保持着自己本色,众人皆倒唯我立,壮士岂能垂傲头,壮哉,"小康康"!

8.24   全省除了康定外,全都在高温的压迫下称臣,达州占据着老大的位置,而康定仍保持着绝不低头的英雄本色,坚守着自己的底线。"小康康",等小编下了班就来约你哈。

8.30   攀枝花立在气温之巅,俯瞰足下群雄,厉声道:"谁敢挡我?"殊不知话音刚落,达州蠢蠢欲动,西北四煞(德阳、绵阳、广元、成都)虎视眈眈地望向高处……故事未完待续。

10.3   今天整个盆地是一片红。其中站上 30℃关口的就有 15 个,"小康康"虽仍是垫底,但比昨日又上升了,现在只有川西高原和攀西地区还是比较舒适。老天爷,现在是金秋,不是盛夏,您没有搞错季节吧?

1.4   排行榜的头两名仍然是"小攀攀"和"小西西",你们谈对象呢?缠绵得这么紧,分都分不开,众兄弟继续身裹蓝袍,天空,你就不能学一学他们吗?

4.7   虽然阳光不够热情,但温度还是相当舒适的。就是春困有点烦人。

5.1   今天才进入五月,排行榜上就是一副千军万马齐奔红的架势,敢情都要急着入夏吗?这也太猴急了点吧。

6.11   今天排行榜上有"八大金刚"冲上了 30℃的关口,披红的就有"十三太保",其余的"弟兄"中除了康定以外都是 20 多度,这完全就是一道番茄炒蛋的天气大餐嘛。

7.18   看来泸州就是比内江更热,也难怪,泸州是袍哥的故乡,脾气暴躁应该的。

7.20   此时已有 18 个弟兄披上红袍了,其中 17 个都冲上了 30℃的关口,现在全省还剩下的清凉地就只有西昌和康定了。

7.23   广安继早上 08 时之后,再次成功卫冕,看来广安觉得当老大很威风啊,达州奋力一搏,夺得了榜眼的位置,巴中虽竭尽全力,然最终仍以 0.7℃的差距不敌达州,只好安心当着探花。全省的清凉地只剩下"攀西康三兄弟"了。

7.25   阳光火力全开,众弟兄奋力攀高,达州一得意,就被广安钻了空子,让出了头把交椅,只好屈居第二,遂宁奋起直追,夺走了巴中的铜牌,全省 19 个弟兄身被红袍,"二康",你们是最后清凉阵地,一定要守住啊。

7.26   看来今天气温马拉松的老大已经被内定为广安了,跟在后面的达州此刻只怕在感叹:既生达,何生安? 泸州暗自得意:我不动声色,挤掉南充,后面还有好戏,等着瞧吧,马尔康突然发力,逐渐加码,康定累得脚步蹒跚,沦为了垫底。

8.23　达州是不想当第一名了吗? 竟然从排行榜中隐身掉了,害"川川"苦等好久,不过就算你隐身了,"川川"想方设法也要给你找出来,今天14时达州38.4℃,依然排行榜第一名哈,另外两个调皮的小伙伴:内江33.7℃,绵阳31.3℃。

8.31　只有"攀西两弟兄"还是披红,其他的"弟兄"都排在了24℃以下,而康定更是只有15.9℃了,这样的舒爽天实在难得,好好享受吧。

9.1　气温还是很舒适,共有19个弟兄披黄,唯有"攀、西"两个披红,问一下,你俩是四川的吗,怎么这么的与众不同呢?

9.3　除了宜宾一身红以外,其他的弟兄都是黄袍加身,而"二康"更是只有15℃上下,全省的气温都非常舒适,舒适的气温促进了不错的心情喔。

9.5　攀枝花一枝独秀,身披红袍,坐上头把交椅,眉山虽夺得第二,但与老大的差距实在明显,成都表现不弱,占得第三,而"二康"仍旧低调行事,你们俩配合得真是够默契的。

9.6　今日阳光绽放微笑,众弟兄搭着阳光的顺风车扶摇直上,有11个"弟兄"组成了红队,9个"弟兄"组成了黄队,只有"小康康"一个人独披蓝袍,"小康康",你还真有个性啊。

10.21　"小攀攀啊小攀攀",我只想说一句:你情何以堪啊! 兄弟姐妹们,我们都去攀枝花算了,你们同意不?

3.2.2　气象微信集锦

是谁,把暴雨蓝色预警带到你身边!

星期四　2017年8月24日　农历七月初三

8月22日开始,四川遭受了新一轮的强降水的袭击,其中,成都、德阳、绵阳、雅安、乐山、眉山、凉山七市州普降大到暴雨,局部大暴雨。雅安市有20个气象测站出现大暴雨,雨城区观化雨量最大,为168.3毫米;乐山市最大雨量出现在峨眉山市沙溪乡,为129.5毫米;眉山市最大降雨量在东坡区陈沟水库,为128.8毫米。

图为大风导致乐山城区行道树被吹倒(图/李燕)

马边县城一片汪洋（图片来源：网友@酱油饭大叔）   马边县居民捞鱼（图/谭旭）

受降雨影响，22—23日四川多地出现灾情：眉山市青神县万沟村部分道路发生塌方；马边县鄢家沟出现小流域洪涝灾情；凉山州雷波县境内的金沙江支流西宁河西宁站23日00时05分出现洪峰，水位767.57米，超保证水位0.07米；另据四川在线消息，23日凌晨，雅安天全县发生山体垮塌致4人被埋，其中1人确认死亡，另外3人获救。

图为23日雅安天全县山体垮塌现场（图片来源：四川在线）

如果你以为这仅仅只是过去式，那就大错特错了！因为……

四川省气象台24日16时发布暴雨蓝色预警：24日20时—25日20时，我省大部地方有一次雷雨或阵雨天气过程，雷雨时伴有短时阵性大风，雨量分布不均，其中，雅安、眉山、乐山、宜宾、泸州、自贡、内江7市和凉山州东部的部分地方有大雨到暴雨（雨量40～80毫米），局部地方有大暴雨（雨量100～150毫米）。

另外,预计九寨沟县 25 日阴有中雨,局地大到暴雨;26 日多云有阵雨。九寨沟地震灾区应密切关注雨情、水情变化,加强对山洪、滑坡、泥石流等次生灾害的防御。

气象专家提醒,未来强降雨区仍位于盆地西部沿山和攀西地区东部,前期降水已致部分地方土壤含水量达到饱和,持续性降水容易导致山体滑坡、泥石流、局地山洪等次生灾害的发生,请相关地区密切关注当地气象台站发布的实时天气预报及预警信息,加强对滑坡、泥石流、崩塌等灾害的监测和预防。同时注意防范短时强降水、大风、雷电等强对流天气带来的危害。

请记住:如遇灾害,关键时刻一定要首先保证人身安全! 勿因抢救财物而置身于危险的境地,避免悲剧的发生! 切记!!!

16 时气温实况

四川气象 天气排行榜 WHEATHER TRENDS 腾讯微博 微信 新浪微博

四川各市16时气温排行榜		
1	达州	36.4
2	南充	35.1
3	巴中	34.7
4	遂宁	33.8
5	资阳	33
6	广安	32.7
7	自贡	31.8
8	内江	31
9	攀枝花	30.9
10	德阳	30.7
11	眉山	30.5
12	绵阳	29.8
13	乐山	29.6
14	马尔康	29.1
15	成都	28.8
16	雅安	28.6
17	宜宾	27.7
18	泸州	27.6
19	西昌	27.1
20	广元	25.4
21	康定	21.6

为什么同在盆地内,达州和广元的气温却差了十几度呢?

希望雨水能对保持酷热的城市多加照顾一点,因为,小编只能帮你到这里了

♥最后,每日必备♥

未来 24 小时天气预报:

今天晚上到明天白天:我省大部地方有一次雷雨或阵雨天气过程,雷雨时伴有短时阵性大风,雨量分布不均,其中,雅安、眉山、乐山、宜宾、泸州、自贡、内江 7 市和凉山州东部的部分地方有大雨到暴雨(雨量 40~80 毫米),局部地方有大暴雨(雨量 100~150 毫米);川西高原大部多云间阴,有分散阵雨或雷雨,攀西地区阴天有雷雨或阵雨,雨量中到大雨,东部、南部局部有暴雨。

24 小时内,盆地最低气温:西部:21～23℃,其余地方:24～27℃;最高气温:盆地东北部 31～33℃,盆地其余地方 28～30℃。

温馨提示:一定要注意防暴雨、雷电、大风等强对流天气带来的不利影响!

高温持续发酵

星期三　2017 年 7 月 26 日　农历闰六月初四　大暑节气中

高温现在成了维缠的家伙

摆不脱,甩不掉,避不开

今日盆地各市的气温仍是一如既往的

上

向上

还向上

截至 26 日 17 时,全省共有 22 个站点冲上了 38℃的关口

有 3 个站点冲上了 40℃的关口

叙永　40.9℃

合江　40.7℃

兴文　40.3℃

不要以为这就到极点了,高温还有后手

咱们拭目以待吧!

高温天气,极易引发中暑、急性胃肠炎、感冒等症状

要多补充淡盐开水或含盐饮料,保证充足睡眠。户外作业人员应尽量避免高温作业。

高温天气下,出行要多注意安全喔!

↓↓↓

高温天,出游开车上高速需注意

准备好饮用水和水箱用水　保护车辆　出发前仔细检查车况和轮胎

准备好灭火器和三角警示标　避免事故　定时到服务区停车检查,给爱车降温

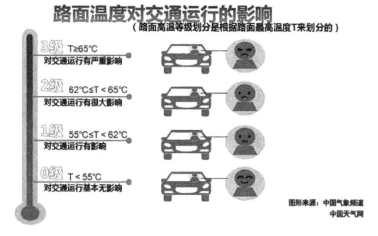

在中伏天里强对流会成为常客,提起强对流,人们总有一种"谈虎色变"的感觉,
其实强对流也不尽是惹是生非,有时候它也能带来意想不到的景观喔。

↓↓↓

7月25日傍晚,成都双流区受对流天气影响,天空中同时出现丁达尔和雨幡天气现象,再配上大鹏展翅般的晚霞,形成了如此奇美的景象。

(摄影:李军强)

如果觉得强对流是创造奇景的话,那你就错了,它既有艺术的细胞,也有阴狠的一面。

7月25日傍晚18时30分左右,由于局地短时强降雨,雅安市宝兴县灵关镇大沟村突发山洪,1 小时最大降雨量(18—19 时)出现在宝兴县新光村(48.7 毫米)。截至目前,受威胁群众 600 余人已安全转移,1 人失联,受损桥梁三座,房屋 5 户,电力线路 5 公里。

(文/吴亚平　图/雅安国土局)

四川省未来 24 小时天气预报

今天晚上到明天白天:盆地各市多云间晴,其中西部和西南部有分散的雷阵雨,雷雨时伴有短时阵性大风,局部地方大雨到暴雨;川西高原和攀西地区多云间晴,有分散性的雷雨或阵雨,局部地方有中雨。

24 小时内,盆地最低气温:西部 24～26℃,东部 26～28℃;最高气温:西部:34～36℃,东部:37～39℃。

温馨提示:盆地东部,南部仍然被高温所控制,仍须注意防暑和防晒,而盆地西部和川西高原以及攀西地区降雨仍然频繁,多地会有中雨,局部大雨到暴雨,前往的朋友们请随时关注天气预报,预防降雨引发的滑坡、泥石流等自然灾害!

此次寒潮,气温创极致了吗?

先看看席卷全国的寒潮影响有多大吧。"霸王级"寒潮刷新我国下雪的最南"底线"↓↓↓

图中白线为我国下雪的最南"底线"（来源：中国气象局公共气象服务中心）

此次"霸王级"寒潮影响了我国大部分地区，对不少地区来说都是有气象记录以来唯一的一次降雪。截至 25 日 08 时的图可以看到，降雪范围已经直抵两广沿海地区，两广地区的降雪南界相比之前 60 余年明显向南推进，抵达了有完整气象记录以来（1951 年以来）的最南界。当地网友喜大普奔，纷纷晒雪景，激动欢呼"活久见"（图文来自中国天气网）。

中央气象台发布全国最低气温预报

25 日早晨较昨天早晨，我国北方大部地区气温明显回升，内蒙古地区中东部、华北大部、黄淮北部等地升温 6～9℃，而江南大部、四川西部和北部、云南中西部等地降温 3～6℃，云南西部局地气温下降 8～10℃。

全国多地最低气温都创造了极致，我四川也紧跟节奏，亦步亦趋，也创造了极致！
我省出现区域性寒潮部分地方降了小到中雪。

一、天气实况

19—23 日，受北方强冷空气影响，我省出现明显降温、降雨雪天气过程，盆地南部、甘孜州东部和南部、凉山州东部和北部降雪明显，其中自贡、内江、宜宾、泸州、雅安等地的部分地方降了大雪；盆地日平均气温累计下降了 4～8℃；24 日盆地内日平均气温普遍在 1～2℃。25 日 08 时，几个观测站测得的气温均打破本站全年历史最低极值。该时段内，全省最低气温出现在石渠，为－28℃；峨眉山达到－20℃。

1 月 25 日 08 时最低气温

序号	地点	气温（℃）
1	广元	－8.6
2	绵阳安县	－6.7
3	北川	－5.5
4	德阳什邡	－6.1
5	崇州	－6.6
全省最低气温	石渠	－28

二、未来天气趋势

预计:26—30日,盆地大部以多云间阴天气为主,气温将缓慢回升,但仍较常年同期偏低,其中26日早上大部地方还将伴有霜冻;川西高原和攀西地区以多云天气为主,局地有阵雪(雨)。31日—2月2日,受高原低槽和冷空气影响,盆地气温将有所下降,大部地方有小雨,北部山区有雨夹雪或小雪,川西高原和攀西地区大部有小雪(雨),甘孜州南部和凉山州北部局地有中到大雪。

成都温江历史最低气温纪录在保持了40年后,在本次寒潮的影响下也于今晨被打破。

成都温江历史最低气温纪录被打破

观测时间	观测站	气温(℃)
1975年	成都温江	−5.1
2016年	成都温江	−6.5

注:数据由温江站测得。

2016年01月25日15时四川省气象台对第10号霜冻蓝色预警信号进行第一次确认:预计未来24小时,我省大部地方有霜冻,请公众注意霜冻天气带来的不利影响。

寒潮虽然结束,但早晚气温仍然偏低,起床仍然需要勇气才得行啊。本次寒潮对四川的影响除降温外,就是多地喜迎瑞雪!

话说回来,春运开始了!

寒风,吹不散回家的热情,冷意,阻不断思乡的脚步,请关注天气变化,合理安排行程,并注意旅途安全,祝一路顺风,平安到家!

未来24小时天气预报:今天晚上到明天白天:盆地各市阴天间多云,大部地方早上有霜冻,其中雅安、乐山2市的局部地方有阵雨或雨夹雪;甘孜州大部和凉山州北部阴天有阵雪(雨),川西高原和攀西地区其余地方多云间晴。24小时内,盆地最低气温:北部−4～−1℃,南部−1～1℃;最高气温:6～9℃。

虽然近期我省盆地天气晴好,但个别地方却遭遇短时强对流天气,其中广元市苍溪、旺苍两县遭遇30年不遇的强对流天气,并伴随着冰雹、雷电、强降雨等;绵竹市突发强雷暴阵性大风天气等;对当地造成严重的财产损失和人员伤亡。

7月16日17—18时:广元旺苍县城和多个乡镇遭遇雷电、短时强降雨和冰雹袭击,冰雹直径5～7毫米。

7月16日19—22时:广元苍溪县鸳溪镇至云峰镇沿线7乡镇遭遇冰雹、大风、雷电、强降水等强对流天气。其中,县城区是近30年所遇的最大强对流天气,损失较重。此次强对流天气主要发生在鸳溪、五龙、白鹤、浙水、亭子、陵江、云峰等乡镇。其中,县城区在半小时左右降水达到89毫米,瞬间风速达每秒26.6米,最大冰雹直径达1厘米。

7月18日16时38分—17时28分:德阳绵竹市突发强雷暴阵性大风天气,风力达7级,瞬时最高风速达14.7米/秒,最大降雨量达42.7毫米。

强对流天气│揭秘

强对流天气是指发生突然、移动迅速、天气剧烈、破坏力极大的灾害性天气,主要有雷雨大风、冰雹、龙卷风、局部强降雨等。强对流天气一般水平范围大约在十几公里至二三百公里,有的水平范围只有几十米至十几公里。其生命史短暂并带有明显的突发性,约为一小时至十几小时,较短的仅有几分钟至一小时。强对流天气来临时,经常伴随着电闪雷鸣、风大雨急等恶劣天气,致使房屋倒塌,庄稼树木受毁,电信交通遭破坏,甚至造成人员伤亡等。

强对流天气常伴有雷暴发生,四川年平均雷暴日数,川西高原多在 50 天以上,盆地多年平均年雷暴日数一般在 30～40 天。全省各地雷暴一般出现于春、夏、秋三季,以夏季最多。

最后强调一下:

强对流天气发生时,瞬时大风容易造成树木折断和房屋倒塌,进而造成人员伤亡。公众要远离易折断的树木、广告牌以及危房等。此外,要加强对雷电的防范,不要待在空旷的环境中,应躲避到有避雷设施的建筑物里;如果在室外,有车的话要尽量在车内躲避。

强对流天气 | 预报

我省未来 24 小时天气预报:

今天晚上到明天白天:盆地大部阴天间多云,有阵雨或雷雨,雷雨时有短时阵性大风,德阳、成都、雅安、眉山、乐山 5 市局部有中雨;川西高原及攀西地区阴天间多云有阵雨或雷雨,甘孜州南部及攀西地区有中雨,局部大到暴雨。24 小时内,盆地最低气温:22～25℃;最高气温:32～35℃。

根据预报来看,我省局部地方仍有短时强对流天气,大家一定要注意安全!

参考文献

陈强,2016.网络旅游新闻的角色定位与发展方向研究[J].新闻研究导刊,7(21):113.

程莹,周亦平,李倩,等,2013.如何用微博做好气象服务的思考[J].科技通报,29(3):29-31,87.

邓长菊,李津,马小会,2012.气象微博发展得问题分析及对策思考[J].安徽农业科学,40(33):16292-16294,16327.

丁灏,张哲睿,2014.初探气象新闻制作技巧[J].气象研究与应用,35(02):119-120.

窦玉翠,2017.气象新闻报道特点及其传播发展[J].科技经济导刊,(05):295.

高迎新,史天宇,2014.气象微博在公共气象服务中的作用[C].北京:第31届中国气象学会年会.

郭洁,2004.浅谈手机气象短信[J].四川气象,(03):60-62.

郭鹏,陈玥煜,李晓娜,2011.微博在气象服务中的应用探讨[C].厦门:第28届中国气象学会年会.

库瑞,水冰晖,2015.浅谈网络旅游新闻的定位与发展趋势[J].新闻知识,(06):108-109.

李娜,卢伟萍,秦鹏,2012.微博在公共气象服务中的应用及发展[J].气象研究与应用,33(02):107-109,121.

梁晓妮,雷俊,周亦平,2011.微博在气象服务中的应用探析[J].浙江气象,32(03):37-40.

刘新传,陈璐,2012.突发事件中网民心理特征与微博传播效果分析[N].广西师范学院报,33(4):143-146.

刘馨泽,卢映红,邹宇晨等,2014.气象微博在重大天气过程中的服务效应分析[C].北京:第31届中国气象学会年会.

刘馨泽,汪昕,卢映红,等,2014.东莞市2012年重大天气过程微博服务分析[J].广东气象,36(1):1-3.

卢雪香,梁妙芝,罗延林,等,2012.天气网气象新闻稿件撰写应注意的几个问题[J].气象研究与应用,33(S2):154,159.

潘昭宇,2017.浅析人工智能技术对新闻生产的重构[J].科技传播,9(16):78-79.

孙帅,周毅,2013.政务微博对突发事件的响应研究[J].电子政务,5:30-40.

唐昌秀,邓丽玲,冷伟,2012.做好气象微博客户服务的初步探讨与实践[J].北京农业,(06):237-238.

王兵,2014.浅谈气象新闻采访写作重点和技巧[J].新闻研究导刊,5(09):89.

王冠宇,刘昕,赵柳扬,等,2012.气象微博在防灾减灾服务中的重要作用[J].黑龙江气象,29(04):43,45.

许苏,刘强,2008.电视民生新闻的定位与发展策略[J].电影文学,(21):103-104.

严海涛,2016.网络旅游新闻的定位与发展[J].新闻战线,(16):75-76.